21世纪高等教育土木工程系列教材

建 筑 结 构 抗 震

第 2 版

主　编　窦立军

副主编　李玉胜

参　编　刘正保　张自荣　薛　刚

主　审　刘晶波

机 械 工 业 出 版 社

本书以 GB 50011—2010《建筑抗震设计规范》为依据进行编写，详细阐述了建筑结构抗震设计的基本概念和抗震设计原理。本书共 8 章，主要内容包括抗震设计的基本要求，场地、地基和基础，地震作用与结构抗震验算，多层及高层钢筋混凝土房屋抗震设计，砌体结构房屋抗震设计，多层及高层钢结构房屋抗震设计，单层钢筋混凝土柱厂房抗震设计，隔震与消能减震及非结构构件抗震设计等内容。为突出应用，本书有详细的设计步骤和相当数量的例题和思考题。

本书可作为高等院校土木工程专业的教材，也可供从事建筑结构抗震设计、施工、科研及管理人员参考。

图书在版编目（CIP）数据

建筑结构抗震/窦立军主编 . —2 版 . —北京：机械工业出版社，2012.6（2024.1 重印）

21 世纪高等教育土木工程系列教材

ISBN 978-7-111-38054-2

Ⅰ.①建… Ⅱ.①窦… Ⅲ.①建筑结构-抗震结构-结构设计-高等学校-教材 Ⅳ.①TU352.104

中国版本图书馆 CIP 数据核字（2012）第 070114 号

机械工业出版社（北京市百万庄大街 22 号 邮政编码 100037）
策划编辑：马军平 责任编辑：马军平 臧程程
版式设计：霍永明 责任校对：张 媛
封面设计：张 静 责任印制：单爱军
北京虎彩文化传播有限公司印刷
2024 年 1 月第 2 版第 8 次印刷
184mm×260mm · 14.75 印张 · 362 千字
标准书号：ISBN 978-7-111-38054-2
定价：39.80 元

电话服务 网络服务
客服电话：010-88361066 机 工 官 网：www.cmpbook.com
010-88379833 机 工 官 博：weibo.com/cmp1952
010-68326294 金 书 网：www.golden-book.com
封底无防伪标均为盗版 机工教育服务网：www.cmpedu.com

第2版前言

地震是一种突发性的自然灾害，给人民生命和财产造成了巨大损失。我国是地震多发国家之一，大多数地区的抗震设防烈度都在6度以上，所以，结构抗震设计是建筑设计的重要内容。结构抗震是一门多学科性、综合性很强的学科，它涉及地球物理学、地质学、地震学、结构动力学及工程结构学等学科。随着学科研究的深入和震害经验的不断积累，结构抗震设计的新理论、新方法不断出现，建筑抗震设计规范是结构抗震设计新理论、新方法的集中体现。本书以 GB 50011—2010《建筑抗震设计规范》为依据进行编写，详细阐述了建筑结构抗震设计的基本概念和抗震设计原理。本书主要内容包括抗震设计的基本要求，场地、地基和基础，地震作用与结构抗震验算，多层及高层钢筋混凝土房屋抗震设计，砌体结构房屋抗震设计，多层及高层钢结构房屋抗震设计，单层钢筋混凝土柱厂房抗震设计，隔震与消能减震及非结构构件抗震设计等内容。为突出应用，本书有详细的设计步骤和相当数量的例题和思考题。

本书由窦立军任主编，李玉胜任副主编。具体编写分工如下：窦立军编写第1~3章，李玉胜编写第4章，张自荣编写第5章和第8章，刘正保编写第6章，薛刚编写第7章。全书由窦立军统稿，长春工程学院卢纯恕教授为本书提出了很多宝贵意见，在这里表示衷心的感谢。清华大学刘晶波教授审阅了书稿，并提出了宝贵意见，在此表示衷心感谢。

编写过程中参考和引用了国内外近年来正式出版的有关建筑结构抗震的规范、教材等，在此向有关作者谨表感谢。由于编者水平有限，书中难免存在不妥之处，欢迎广大读者批评指正。

编　者

目　　录

第 1 章

抗震设计的基本要求

地震是一种突发性的自然灾害，通常给人类带来巨大的生命和财产损失，其产生的影响是长久的。目前，科学技术还不能准确预测并控制地震的发生，但是完全可以运用现代科学技术手段来减轻和防止地震灾害，对建筑结构进行抗震设计就是减轻地震灾害的一种积极有效的方法。

我国地处世界上两个最活跃的地震带中间，东部处于环太平洋地震带，西部和西南部处于欧亚地震带，是世界上多地震国家之一。根据统计，全国 450 个城市中有 70% 以上处于地震区，而其中 80% 以上的大中城市均在地震区。由于城市人口及设施集中，地震灾害会带来严重的生命和财产损失。因此，为了抗御和减轻地震灾害，有必要进行建筑结构的抗震分析与设计。GB 50011—2010《建筑抗震设计规范》[⊖]（文中简称"规范"）中明确规定：抗震设防烈度为 6 度及以上地区的建筑，必须进行抗震设计。

1.1 地震基本知识

1.1.1 地震的类型

地震就是地球内某处岩层突然破裂，或因局部岩层塌陷、火山爆发等发生振动，并以波的形式传到地表，从而引起地面的运动。地震按其成因主要分为构造地震、火山地震、陷落地震和诱发地震 4 种类型。

构造地震是由于地壳运动，推挤地壳岩层，使其薄弱部位发生断裂错动而引起的地震。火山地震是指由于火山爆发，岩浆猛烈冲出地面而引起的地震。陷落地震是由于地表或地下岩层，如石灰岩地区较大的地下溶洞或古旧矿坑等，突然发生大规模的陷落和崩塌时所引起的小范围内的地面振动。诱发地震是由于水库蓄水或深井注水等引起的地面振动。

在上述 4 种类型地震中，构造地震分布最广，危害最大，发生次数最多（约占发生地震的 90%）。其他三类地震发生的概率很小，且灾害影响面也较小。因此，在地震工程学中主要的研究对象是构造地震。在建筑抗震设防中所指的地震就是构造地震，通常简称为地震。

导致地震的起源区域叫做震源，震源通常是一定范围，但地震学中通常都把它简化成一个点来处理。震源正上方的地面位置，或震源在地表的投影叫做震中。震中附近地面运动

⊖ 如未作特别说明，本书中均指 GB 50011—2010《建筑抗震设计规范》。

最剧烈，也是破坏最严重的地区，叫做震中区或极震区。地面上被地震波及的某一地区称为场地。由场地到震中的水平距离叫做震中距，由场地到震源的距离叫做震源距，震源到震中的垂直距离称为震源深度。

根据震源深度（以 d 表示），将构造地震分为浅源地震（$d < 60km$）、中源地震（$d = 60 \sim 300km$）和深源地震（$d > 300km$）。浅源地震距地面近，在震中区附近造成危害最大，但相对而言，它所波及的范围较小。深源地震波及的范围较大，但由于地震释放的能量在长距离传播中大部分被耗散掉，所以对地面上建筑物的破坏程度相对较轻。世界上绝大部分地震是浅源地震，震源深度集中在 $5 \sim 20km$。

1.1.2　地震波

地震引起的振动以波的形式从震源向各个方向传播并释放能量，这就是地震波。根据在地壳中传播的路径不同，地震波可分为体波和面波，下面分别介绍这两种波的特点。

1. 体波

在地球内部传播的地震波称为体波。根据介质质点振动方向与波传播方向不同，体波又可分为纵波和横波，或称 P 波和 S 波。

当质点的振动方向与波的传播方向一致时称为纵波。在纵波由震源向外传播的过程中，介质质点间不断地被压缩与拉伸，所以纵波又称为压缩波，它可以在固体和液体里传播。纵波在震中区主要引起地面垂直方向的振动。纵波的特点是周期短、振幅小。

横波是指质点的振动方向与波的前进方向垂直的地震波。横波又称为剪切波，由于横波的传播过程是介质不断受剪变形的过程，因此横波只能在固体介质中传播。横波在震中区主要引起地面水平方向的振动。横波一般周期较长、振幅较大。

根据弹性理论，纵波传播速度 v_P 和横波传播速度 v_S 可分别按下列公式计算

$$v_P = \sqrt{\frac{E(1-\mu)}{\rho(1+\mu)(1-2\mu)}} \tag{1-1}$$

$$v_S = \sqrt{\frac{E}{2\rho(1+\mu)}} = \sqrt{\frac{G}{\rho}} \tag{1-2}$$

$$\frac{v_P}{v_S} = \sqrt{1 + \frac{1}{1-2\mu}} \tag{1-3}$$

式中　E——介质的弹性模量；

G——介质的切变模量，$G = \frac{E}{2(1+\mu)}$；

ρ——介质的密度；

μ——介质的泊松比。

从式（1-3）中可以看出，一般情况下，纵波的传播速度比横波的传播速度快。当泊松比 $\mu = 0.25$ 时，$v_P = 1.73v_S$。由于纵波和横波的传播速度不同，纵波传播速度快，先到达地面，其质点振动方向与波前进方向一致而首先引起地表垂直振动，当横波到达时才引起水平振动，所以在地震时，人们先是感觉到上下颠簸，然后才左右摇摆。

2. 面波

面波是沿地表或地壳不同地质层界面传播的波。面波是体波经地层界面多次反射、折射

所形成的次生波。

面波包括瑞利波（R 波）和乐夫波（L 波）。瑞利波传播时，质点在波的传播方向和地表面法向所组成的平面内做与波前进方向相反的椭圆运动，在地面上表现为滚动形式。乐夫波传播时，质点在地平面内产生与波前进方向相垂直的运动，在地面上表现为蛇形运动。面波的传播速度较慢，波周期长、振幅大、衰减慢，故能传播到很远的地方。面波使地面既产生垂直振动又产生水平振动。

地震波的传播速度以纵波最快，横波次之，面波最慢。所以在一般地震波记录图上，纵波最先到达，横波次之，面波到达最晚；振幅则恰好相反，纵波的振幅最小，横波的振幅较大，面波的振幅最大。

1.1.3　地震动特性

地震引起地面运动，称为地震动。地震动可以用地面上质点的加速度、速度和位移的时间函数来表示，这些函数关系成为地震动的时程曲线。地震动的位移、速度和加速度时程曲线可以用地震仪记录下来。地震动时程曲线是地震工程的重要资料。建筑抗震设计采用直接动力法计算地震时程反应时，需要用到强震地震动时程曲线，绘制地震反应谱曲线（供抗震设计之用）时，更需要有大量的强震地震动时程曲线。人们一般通过记录地震动的加速度时程曲线来了解地震动的特征，对加速度时程曲线进行积分可进一步得到地面运动的速度时程曲线和位移时程曲线，下面就以加速度时程曲线来分析地震动特性。

1. 振幅

地震动的振幅是地震动的加速度时程曲线的峰值，是描述地震动强烈程度最直观的参数。在抗震设计中对结构进行时程反应分析时，往往要给出输入的最大加速度峰值，在设计用反应谱中，地震影响系数的最大值也与地震动最大加速度峰值有着直接的关系。

2. 频谱

地震动不是简单的谐和振动，而是振幅和频率都在变化的无规则振动。但是对于给定的地震动时程，总可以把它看做是由不同频率的简谐波组合而成的，这就说明地震动是由不同频谱组成的，在一次地震中不同的房屋破坏程度是不同的，如 1957 年、1962 年和 1985 年三次墨西哥地震，距震中很远的墨西哥城的高层建筑破坏程度高于低层建筑。频谱是用地震动中振幅与频率关系的曲线来表示，在地震工程中常用傅里叶谱、反应谱和功率谱来表示地震动的频谱特性。

3. 持时

持时就是指地震动持续的时间。人们从震害经验总结中认识到强震持续的时间对结构破坏的重要性，有一些结构的破坏不是在一次大的地震脉冲下发生倒塌破坏，而从开裂到倒塌经过了几次、几十次甚至几百次的反复振动过程，在一次振动过程中结构不一定发生破坏，但在每一次的反复振动中结构都发生了一定损伤，当损伤积累到一定程度的时候结构就发生了破坏。很显然，在结构已发生开裂时，持续振动的时间越长，则结构倒塌的可能性就越大。由此可以看出地震动的持时是地震动的重要参数。

地震动的振幅、频谱特性和持续时间，通常被称为地震动的三要素。工程结构的地震破坏，与地震动的三要素密切相关。

1.1.4 地震震害

全世界每年发生地震几百万次，其中破坏性地震近千次，7级以上的大地震近十几次，但是地震造成的灾害是毁灭性的。1976年7月28日发生在我国河北唐山的大地震，震级7.8级，震中烈度为11度。该次地震死亡24万多人，伤残16万多人，倒塌房屋320万间，直接经济损失近百亿人民币，是20世纪一次死亡人数最多的地震。1995年1月17日发生在日本神户的地震，该次地震造成的死亡人数近5438人，经济损失超过1000亿美元，是20世纪一次造成经济损失最大的地震。

地震灾害主要表现在三个方面：地表破坏、建筑物破坏及由地震引起的各种次生灾害。

1. 地表破坏

地震造成的地表破坏一般有地裂缝、地陷、地面喷水冒砂及滑坡、塌方等。

地震引起的地裂缝主要有两种：构造地裂缝和重力地裂缝。构造地裂缝是地壳深部断层错动延伸至地面的裂缝。构造裂缝比较长，可达几千米到几十千米；也比较宽，可以达到几米甚至几十米。重力地裂缝是由于土质软硬不均及微地貌重力影响，在地震作用下形成的。重力地裂缝在地震区规模较构造地裂缝小，缝长比较短，一般从几米到几十米；宽度比较小；深度较浅，一般为1~2m。地裂缝穿过的地方可引起房屋开裂和道路、桥梁、水坝等工程设施的破坏。

由地震引起的地面振动，使土颗粒间的摩擦力大大降低或链状结构破坏，土层变密实，造成松软而压缩性高的土层（如大面积回填、孔隙比大的黏性土和非黏性土），在地面下沉作用下，地面往往发生震陷，使建筑物破坏。此外，地震时，在岩溶洞和采空（采掘的土下坑道）地区也可能发生地陷。

地震时，地面的喷水冒砂现象多发生在地下水位较高、砂层埋藏较浅的平原及沿海地区。由于地震的强烈振动使地下水压力急剧增高，会使饱和的砂土或粉土层液化，地下水夹带着砂土颗粒，从地裂缝或土质较松软的地方冒出，形成喷水冒砂现象。喷水冒砂严重的地方会造成房屋下沉、倾斜、开裂和倒塌。

强烈地震作用下还常引起河岸、边坡滑坡，山崖的山石崩裂、塌方等现象。滑坡、塌方会造成公路阻塞，交通中断，冲毁房屋和桥梁，堵塞河流，淹没村庄等震害。

2. 建筑物的破坏

强地震引起的建筑物破坏有两类，一类是建筑物的振动破坏。这类破坏是由于地震时，地面运动引起建筑物振动，产生惯性力，不仅使结构构件内力增大很多，而且往往其受力性质也发生改变，导致结构承载力不足而破坏；在强烈地震作用下产生的惯性力，还可能使结构构件连接不牢、节点破坏、支撑系统失效，而导致结构丧失整体性破坏或倒塌；也可能使结构产生过大振动变形，有时主体结构并未达到强度破坏，但围护墙、隔墙、雨篷、各种装修等非结构构件往往由于变形过大而发生脱落或倒塌等震害。另一类是地基失效引起的破坏。这类破坏是由于强烈地震引起地裂缝、地陷、滑坡和地基土液化等而导致地基开裂、滑动或不均匀沉降，使地基失效，丧失稳定性，降低或丧失承载力，最终造成建筑物整体倾斜、拉裂或倒塌而破坏。

3. 次生灾害

地震不仅引起建筑物的破坏等产生灾害，还会引起火灾、水灾、有毒物质的泄漏、海啸、泥石流等灾害，这些灾害通常叫做次生灾害。由次生灾害造成的损失有时比地震直接产生的灾害造成的损失还要大，尤其是在大城市、大工业区。如 1906 年美国旧金山地震后的火灾，烧毁建筑物近 3 万栋，地震损失与火灾损失之比为 1:4。1970 年秘鲁大地震，瓦斯卡兰山北峰泥石流从 3750m 高度泻下，流速达每小时 320km，摧毁、淹没了村镇、建筑，使地形改观，死亡达 2 万多人。2004 年 12 月 26 日印尼苏门答腊岛附近海域特大地震，地震震级达 8.9 级，而由地震引发的印度洋海啸给印度尼西亚等国造成巨大人员伤亡，死亡近 30 万人。

1.1.5 地震震级和地震烈度

1. 地震震级

地震震级是表示地震本身强度或大小的一种度量指标。目前国际上比较通用的是里氏震级，最早由美国学者里克特（C. F. Richter）于 1935 年提出，用符号 M_L 表示，其给出的里氏震级计算公式为

$$M_L = \lg A - \lg A_0 \tag{1-4}$$

式中　A——地震记录图上量得的最大水平位移（μm）；

$\lg A_0$——依震中距变化的起算函数，当震中距为 100km 时，$A_0 = 1\mu m$，即 $\lg A_0 = 0$。

里氏震级具有一定的适用条件，如必须使用标准的地震仪（周期为 0.8s，阻尼系数为 0.8，放大倍率为 2800 倍）来记录。后来，人们在里氏震级的基础上，又提出了一些其他震级表示法，如面波震级、体波震级和矩震级等，这里不作详细介绍。利用震级可以估计出一次地震所释放出的能量，震级与地震释放的能量之间有如下关系

$$\lg E = 1.5 M_L + 11.8 \tag{1-5}$$

式中　E——地震释放的能量（尔格 erg），$1 erg = 10^{-7} J$。

由式（1-5）可以得到，震级每增加一级，地震释放的能量约增大 32 倍。根据震级 M_L 的大小，可将地震分为：微震（$M_L \leq 2$），人们感觉不到；有感地震（$M_L = 2 \sim 4$），人们能够感觉到；破坏地震（$M_L \geq 5$），会引起不同程度破坏；强烈地震（$M_L \geq 7$），可能会造成很大破坏；特大地震（$M_L \geq 8$），可能造成严重破坏。

2. 地震烈度

地震烈度是指某一地区的地面和各类建筑物遭受一次地震影响的强弱程度，是衡量地震引起的后果的一种度量。目前主要是根据地震时人的感觉、器物的反应、建筑物破损程度和地貌变化特征等宏观现象综合判定划分。地震烈度把地震的强烈程度，从无感到建筑物毁灭及山河改观等划分为若干等级，列成表格，即烈度表。地震烈度表是评定烈度大小的尺度和标准，目前我国和世界上绝大多数国家采用的是划分为 12 度的烈度表，欧洲一些国家采用划分为 10 度的烈度表，日本则采用划分为 8 度的烈度表。对于一次地震来说，震级只有一个，但相应这次地震的不同地区则有不同的地震烈度。一般地说，震中区地震影响最大，烈度最高；距震中越远，地震影响越小，烈度越低。

3. 地震区划图与设防烈度

地震区划就是地震区域的划分，地震区划图是指在地图上按地震情况的差异，划分不同的区域。根据地震区划的目的和指标不同分为：地震动活动区划、震害区划和地震动区划。我国在总结按地震烈度来划分的 3 代地震区划图的基础上，提出了直接以地震动参数表示的

新区划图。新区划图，即 GB 18306—2001《中国地震动参数区划图》，已于 2001 年 8 月 1 日起实施。该图根据地震危险性分析方法，提供了 II 类场地土，50 年超越概率为 10% 的地震动参数，共给出两张图：①地震动峰值加速度分区图；②地震动反应谱特征周期分区图。附录 II 中给出了《建筑抗震设计规范》提供的与新《中国地震动参数区划图》相对应的我国主要城市地震动参数值。附录 II 中给出的设计基本地震加速度的取值与《中国地震动参数区划图》中所规定的"地震动峰值加速度"相当。

抗震设防烈度是按国家规定的权限批准作为一个地区抗震设防依据的地震烈度。《建筑抗震设计规范》规定，一般情况下，抗震设防烈度可采用《中国地震动参数区划图》的地震基本烈度，或与规范中设计基本地震加速度对应的烈度值。对已编制抗震设防区划的城市，可按批准的抗震设防烈度或设计地震动参数进行抗震设防。抗震设防烈度和设计基本地震加速度取值的对应关系见表 1-1。设计基本地震加速度为 0.15g 和 0.30g 地区内的建筑，除《建筑抗震设计规范》另有规定外，应分别按抗震设防烈度 7 度和 8 度的要求进行抗震设计。

表 1-1　抗震设防烈度和设计基本地震加速度值的对应关系

抗震设防烈度	6	7	8	9
设计基本地震加速度值	0.05g	0.10 (0.15)g	0.20 (0.30)g	0.40g

注：g 为重力加速度。

1.2　建筑抗震设防要求

1.2.1　抗震设防目标

工程抗震设防的目的是在一定的经济条件下，最大限度地限制和减轻建筑物由地震引起的破坏，保障人员的安全，减少经济损失。为了实现这一目的，《建筑抗震设计规范》提出了"小震不坏，中震可修，大震不倒"三个水准的抗震设防目标。

第一水准：当遭受低于本地区设防烈度的多遇地震影响时，建筑物一般不受损坏或不需修理仍可继续使用。对应于"小震不坏"，要求建筑结构满足多遇地震作用下的承载力极限状态验算要求及建筑的弹性变形不超过规定的弹性变形限值。

第二水准：当遭受相当于本地区设防烈度的地震影响时，建筑物可能损坏，但经一般修理或不需修理仍可继续使用。对应于"中震可修"，要求建筑结构具有相当的延性能力（变形能力），不发生不可修复的脆性破坏。

第三水准：当遭受高于本地区设防烈度预估的罕遇地震影响时，建筑物不致倒塌或发生危及生命的严重破坏。对应于"大震不倒"，要求建筑结构具有足够的变形能力，其弹塑性变形不超过规定的弹塑性变形限值。

根据对我国一些主要地震区的地震危险性分析结果，50 年内超越概率为 63.2% 的地震烈度称为多遇地震烈度（又称为小震烈度），所对应的地震水准为多遇地震（小震）；50 年内的超越概率为 10% 的地震烈度为抗震设防烈度（又称为基本烈度），所对应的地震水准为设防烈度地震（中震）；50 年内超越概率为 2% ~3% 的地震烈度称为罕遇地震烈度，所对应的地震水准为罕遇地震（大震）。根据统计分析，若以基本烈度为基准，则多遇烈度比基本烈度约低1.55度，而罕遇烈度比基本烈度约高1度。

1.2.2 两阶段设计方法

建筑结构的抗震设计应满足上述三水准的抗震设防要求。为实现此目标，《建筑抗震设计规范》采用了简化的两阶段设计方法。

第一阶段设计是承载力验算，按第一水准多遇地震烈度对应的地震作用效应和其他荷载效应的组合验算结构构件的承载能力和结构的弹性变形。

第二阶段设计是弹塑性变形验算，按第三水准罕遇地震烈度对应的地震作用效应验算结构的弹塑性变形。

通过第一阶段设计，将保证第一水准下的"小震不坏"要求。通过第二阶段设计，使结构满足第三水准下的"大震不倒"要求。在设计中，通过良好的抗震构造措施使第二水准的要求得以实现，从而满足"中震可修"的要求。

在实际抗震设计中，只有对特殊要求的建筑、地震时易倒塌的结构及有明显薄弱层的不规则结构，除进行第一阶段设计外，还要进行结构薄弱部位的弹塑性层间变形验算并采取相应的抗震构造措施，实现第三水准的设防要求。

1.2.3 建筑抗震设防分类和设防标准

对于不同使用性质的建筑物，地震破坏造成的后果的严重性是不一样的。因此，建筑物的抗震设防应根据其使用功能的重要性和破坏后果而采用不同的设防标准。GB 50223—2008《建筑工程抗震设防分类标准》根据建筑使用功能的重要性，将建筑抗震设防分为甲、乙、丙、丁四个类别。

甲类建筑：重大建筑工程和地震时可能发生严重次生灾害的建筑。如可能产生大爆炸、核泄露、放射性污染、剧毒气体扩散的建筑。

乙类建筑：地震时使用功能不能中断或需尽快恢复的建筑。如城市生命线工程（供水、供电、交通、消防、医疗、通信等系统）的核心建筑。

丙类建筑：除甲、乙和丁类以外的一般建筑。如一般的工业与民用建筑、公共建筑等。

丁类建筑：抗震次要建筑。如一般的仓库、人员较少的辅助建筑物等。

对于不同的抗震设防类别，在进行建筑抗震设计时，应采用不同的抗震设防标准。《建筑工程抗震设防分类标准》规定：

甲类建筑，地震作用应高于本地区抗震设防烈度的要求，其值应按批准的地震安全性评价结果确定；抗震措施，当抗震设防烈度为6~8度时，应符合本地区抗震设防烈度提高1度的要求，当为9度时，应符合比9度抗震设防更高的要求。

乙类建筑，地震作用应符合本地区抗震设防烈度的要求（6度时可不进行计算）；抗震措施，一般情况下，当抗震设防烈度为6~8度时，应符合本地区抗震设防烈度提高1度的要求，当为9度时，应符合比9度抗震设防更高的要求；地基基础的抗震措施，应符合有关规定。

丙类建筑，地震作用应符合本地区抗震设防烈度的要求（6度时可不进行计算）；抗震措施，应符合本地区抗震设防烈度的要求。

丁类建筑，一般情况下，地震作用应符合本地区抗震设防烈度的要求（6度时可不进行计算）；抗震措施，允许比本地区抗震设防烈度的要求适当降低，但抗震设防烈度为 6 度时不应降低。

1.3 建筑抗震概念设计

建筑抗震设计一般包括三个方面：概念设计、抗震计算和构造措施。所谓概念设计是指根据地震灾害和工程经验等所形成的基本设计原则和设计思想，进行建筑和结构的总体布置并确定细部构造的过程，概念设计在总体上把握抗震设计的基本原则；抗震计算为建筑抗震设计提供定量手段；构造措施则可以在保证结构整体性、加强局部薄弱环节等意义上保证抗震计算结果的有效性。抗震设计上述三个层次的内容是一个不可割裂的整体，忽略任何一部分，都可能造成抗震设计的失败。

建筑抗震概念设计一般主要包括以下几个内容：注意场地选择和地基基础设计，把握建筑结构的规则性，选择合理抗震结构体系，合理利用结构延性，重视非结构因素，确保材料和施工质量。

1.3.1 场地和地基

选择建筑场地时，应掌握地震活动情况和工程地质的有关资料，宜选择有利地段，避开不利场地，严禁在危险地段建造甲、乙类建筑，不应建造丙类建筑。建筑场地为Ⅰ类时，甲、乙类建筑应允许按本地区设防烈度要求采取抗震构造措施；丙类建筑应允许按本地区抗震设防烈度降低 1 度的要求采取抗震构造措施，但抗震设防烈度为 6 度时应按本地区抗震设防烈度的要求采取抗震构造措施。

地基和基础设计应符合下列要求：

1) 同一结构单元的基础不宜设置在性质截然不同的地基上。

2) 同一结构单元不宜部分采用天然地基，部分采用桩基；当采用不同基础类型或基础埋深显著不同时，应根据地震时两部分地基基础的沉降差异，在基础、上部结构的相关部位采取相应措施。

3) 地基为软弱黏性土、液化土、新近填土或严重不均匀土时，应根据地震时地基不均匀沉降或其他不利影响，采取相应的措施。

山区建筑的场地和地基基础应符合下列要求：

1) 山区建筑场地勘察应有边坡稳定性评价和防治方案建议；应根据地质、地形条件和使用要求，因地制宜设置符合抗震设防要求的边坡工程。

2) 边坡设计应符合 GB 50330—2002《建筑边坡工程技术规范》的要求；其稳定性验算时，有关的摩擦角应按设防烈度的高低相应修正。

3) 边坡附近的建筑基础应进行抗震稳定性设计。建筑基础与土质、强风化岩质边坡的边缘应留有足够的距离，其值应根据设防烈度的高低确定，并采取措施避免地震时地基基础破坏。

1.3.2 建筑结构的规则性

建筑结构不规则可能造成较大地震扭转效应，产生严重应力集中，或形成抗震薄弱层。

因此，在建筑抗震设计中，应重视建筑物的平面、立面和竖向剖面的规则性对抗震性能及经济合理性的影响，宜择优选用规则的形体，其抗侧力构件的平面布置宜规则对称，侧向刚度沿竖向宜均匀变化。竖向抗侧力构件的截面尺寸和材料强度宜自下而上逐渐减小，避免抗侧力结构的侧向刚度和承载力突变而形成薄弱层。

建筑结构的不规则类型可分为平面不规则（见表 1-2）和竖向不规则（见表 1-3）。当采用不规则建筑结构时，应按《建筑抗震设计规范》的要求进行水平地震作用计算和内力调整，并应对薄弱部位采取有效的抗震构造措施。

对体型复杂、平立面特别不规则的建筑结构，可按实际需要在适当部位设置防震缝，形成多个较规则的结构单元，但应注意使设缝后形成的结构单元的自振周期避开场地的卓越周期。

表 1-2　平面不规则的类型

不规则类型	定　义
扭转不规则	在规定的水平力作用下，楼层的最大弹性水平位移（或层间位移）大于该楼层两端弹性水平位移（或层间位移）平均值的 1.2 倍
凹凸不规则	平面凹进的尺寸，大于相应投影方向总尺寸的 30%
楼板局部不连续	楼板的尺寸和平面刚度急剧变化，如有效楼板宽度小于该层楼板典型宽度的 50%，或开洞面积大于该层楼面面积的 30%，或较大的楼层错层

表 1-3　竖向不规则的类型

不规则类型	定　义
侧向刚度不规则	该层的侧向刚度小于相邻上一层的 70%，或小于其上相邻三个楼层侧向刚度平均值的 80%；除顶层或凸出屋面小建筑外，局部收进的水平向尺寸大于相邻下一层的 25%
竖向抗侧力构件不连续	竖向抗侧力构件（柱、抗震墙、抗震支撑）的内力由水平转换构件（梁、桁架等）向下传递
楼层承载力突变	抗侧力结构的层间受剪承载力小于相邻上一楼层的 80%

1.3.3　抗震结构体系

大量地震还表明，采取合理的抗震结构体系，加强结构的整体性，增强结构各个构件是减轻地震破坏、提高建筑物抗震能力的关键。结构体系应根据建筑的抗震设防类别、抗震设防烈度、建筑高度、场地条件、地基、结构材料和施工等因素，经技术、经济和使用条件综合比较确定。

（1）建筑抗震结构体系的选择要求　在选择建筑抗震结构体系时，应注意符合下列各项要求：

1）应具有明确的计算简图和合理的地震作用传递途径。

2）宜有多道抗震防线，应避免因部分结构或构件破坏而导致整个结构丧失抗震能力或对重力荷载的承载能力。在建筑抗震设计中，可以利用多种手段实现设置多道防线的目的，如增加结构超静定数、有目的地设置人工塑性铰、利用框架的填充墙、设置消能元件或消能装置等。

3）应具备必要的抗震承载力、良好的变形能力和消耗地震能量的能力。结构抵抗强烈地震的能力主要取决于其吸能和消能能力，这种能力依靠结构或构件在预定部位产生塑性铰，即结构可承受反复塑性变形而不倒塌，仍具有一定的承载能力。为实现上述目的，可利用结构各部位的联系构件形成消能元件，或将塑性铰控制在一系列有利部位，使这些并不危险的部位首先形成塑性铰或发生可以修复的破坏，从而保护主要承重体系。

4）宜具有合理的刚度和承载力分布，避免因局部削弱或突变形成薄弱部位，产生过大的应力集中或塑性变形集中；对可能出现的薄弱部位，应采取措施提高抗震能力。

5）结构在两个主轴方向的动力特性宜相近。

（2）结构构件的设计要求　对结构构件的设计应符合下列要求：

1）砌体结构应按规定设置钢筋混凝土圈梁和构造柱、芯柱，或采用约束砌体、配筋砌体等。

2）混凝土结构构件应控制截面尺寸和受力钢筋、箍筋的设置，防止剪切破坏先于弯曲破坏、混凝土的压溃先于钢筋的屈服、钢筋的锚固粘结破坏先于钢筋破坏。

3）预应力混凝土的构件，应配有足够的非预应力钢筋。

4）钢结构构件的尺寸应合理控制，避免局部失稳或整个构件失稳。

5）多、高层的混凝土楼、屋盖宜优先采用现浇混凝土板。当采用预制装配式混凝土楼、屋盖时，应从楼盖体系和构造上采取措施确保各预制板之间连接的整体性。

（3）构件连接要求　结构各构件之间应可靠连接，保证结构的整体性，应符合下列要求：

1）构件节点的破坏不应先于其连接的构件。

2）预埋件的锚固破坏不应先于连接件。

3）装配式结构构件的连接应能保证结构的整体性。

4）预应力混凝土构件的预应力钢筋宜在节点核心区以外锚固。

5）各种抗震支撑系统应能保证地震时结构的稳定。

1.3.4　非结构构件

非结构构件包括建筑非结构构件和建筑附属机电设备。为了防止附加震害，减少损失，应处理好非承重结构构件与主体结构之间的关系：

1）附着于楼、屋面结构上的非结构构件，以及楼梯间的非承重墙体，应与主体结构有可靠的连接或锚固，避免地震时倒塌伤人或砸坏重要设备。

2）框架结构的围护墙和隔墙，应估计其设置对结构抗震的不利影响，避免不合理设置而导致主体结构的破坏。

3）幕墙、装饰贴面与主体结构应有可靠连接，避免地震时脱落伤人。

4）安装在建筑上的附属机械、电气设备系统的支座和连接，应符合地震时使用功能的要求，且不应导致相关部件的损坏。

1.3.5　结构材料与施工

建筑结构材料及施工质量的好坏直接影响建筑物的抗震性能。因此，《建筑抗震设计规范》对结构材料性能指标提出了最低要求，对施工中的钢筋代换也提出了具体要求。抗震结构对材料和施工质量的特殊要求应在设计文件上注明，并应保证切实执行。

思 考 题

1-1 地震按其成因分为哪几种类型？

1-2 什么是地震的三要素？其作用分别是什么？

1-3 什么是地震震级？什么是地震烈度？什么是抗震设防烈度？

1-4 什么是三水准设防目标和两阶段设计方法？

1-5 建筑的抗震类别分为哪几类？分类的作用是什么？

第 2 章

场地、地基和基础

2.1 建筑场地

建筑场地是指建筑物所在地，具有相似的反应谱特征。其范围大体相当于厂区、居民小区和自然村或不小于 $1.0km^2$ 的平面面积。地震波由基岩传到场地，再由场地传到建筑物。场地对地震波具有放大和滤波作用。场地条件不同对地震波的放大和滤波作用就不同，建造在不同场地上的建筑物在同一次强地震作用下的破坏程度也不同，这已经被国内外的震害资料所证明。为了能够在宏观上指导设计人员合理地选择建筑场地，《建筑抗震设计规范》把建筑场地按照对建筑抗震有利、一般、不利和危险划分为 4 种地段。场地条件对地震的影响主要是岩土的物理力学性质和覆盖层厚度，为了具体反应场地条件对地震动的影响，《建筑抗震设计规范》根据建筑物所在地岩土的物理力学性质和覆盖层厚度的不同，将建筑场地划分为 4 种场地类别。

2.1.1 建筑地段的划分和选择

1. 建筑地段类别的划分

在《建筑抗震设计规范》中将建筑地段划分为有利、一般、不利和危险地段。具体划分标准见表 2-1。

表 2-1 有利、一般、不利和危险地段的划分

地段类别	地质、地形、地貌
有利地段	稳定基岩，坚硬土，开阔、平坦、密实、均匀的中硬土等
一般地段	不属于有利、不利和危险的地段
不利地段	软弱土，液化土，条状突出的山嘴，高耸孤立的山丘，陡坡，陡坎，河岸和边坡的边缘，平面分布上成因、岩性、状态明显不均匀的土层（如故河道、疏松的断层破碎带、暗埋的塘浜沟谷及半填半挖地基），高含水量的可塑黄土，地表存在结构性裂缝等
危险地段	地震时可能发生滑坡、崩塌、地陷、地裂、泥石流等及发震断裂带上可能发生地表位错的部位

2. 建筑地段的选择

在选择建筑地段时，应选择对抗震有利的地段，避开不利地段，当无法避开时，应采取

适当的抗震措施，不应在危险地段建造建筑物。

由于发震断裂带在地震时可能发生地表的错动和出露，使建在断裂带附近的建筑物发生严重破坏，因此对建筑场地内有发震断裂带的应做认真研究和评价。断裂带的错动和出露与地震震级、覆盖层厚度和地貌有关。地震震级越高，断层错位就越大，断层长度就越大；覆盖层越薄，出露于地表的错动和断层长度就越大；发生在平原、丘陵地区的地震，其出露于地表的断层长度和水平错位相对于山区小。所以《建筑抗震设计规范》规定：当抗震设防烈度小于8度，或抗震设防为8度和9度时，并且隐伏断裂带的土层覆盖厚度分别大于60m和90m时，均可以不考虑断裂错动对地面建筑的影响。如果地震烈度大，且土层覆盖层厚度又较薄，隐伏断裂带将在地震时重新错动并直通地表。因此对于这种危险地段选择建筑场地时应予以避开。避开发震断裂带的避让距离应大于200~400m。

宏观震害资料表明，建在局部孤突地形（条状突出的山嘴、高耸孤立的山丘、非岩石和强风化岩石的陡坡、河岸和边坡的边缘）地段上的建筑物，其震害一般均较平地上同类建筑物重。所以在建筑物选址时应尽可能避开上述地段，如不能避开，在这类地段上建造丙类及丙类以上建筑时，其地震影响系数最大值应乘以增大系数，其值可根据不利地段的具体情况确定，在1.1~1.6范围内采用。

2.1.2 建筑场地类别划分

国内外大量震害表明，由于场地对地震波的放大和滤波作用，不同场地上的建筑震害差异是十分明显的。一般认为，在坚硬场地上的自振周期短的刚性建筑物震害较严重，在软弱场地上的自振周期长的柔软建筑物震害较严重。场地条件对建筑震害的主要影响因素是：场地土的刚度（即坚硬或密实程度）大小和场地覆盖层厚度。

1. 场地土类型划分

为了能够反应场地土刚度对地震效应的影响，《建筑抗震设计规范》根据场地土的剪切波速将建筑场地土分为5类，当没有剪切波速资料时也可以根据岩土的名称和性状来划分，具体划分方法见表2-2。

表2-2 土的类型划分和剪切波速范围

土的类型	岩土名称和性状	土层剪切波速范围 / (m/s)
岩石	坚硬、较硬且完整的岩石	$v_S > 800$
坚硬土或软质岩石	破碎和较破碎的岩石或软和较软的岩石，密实的碎石土	$800 \geqslant v_S > 500$
中硬土	中密、稍密的碎石土，密实、中密的砾、粗、中砂，$f_{ak} > 150$kPa 的黏性土和粉土，坚硬黄土	$500 \geqslant v_S > 250$
中软土	稍密的砾、粗、中砂，除松散外的细、粉砂，$f_{ak} \leqslant 150$kPa 的黏性土和粉土，$f_{ak} > 130$kPa 的填土，可塑新黄土	$250 \geqslant v_S > 150$
软弱土	淤泥和淤泥质土，松散的砂，新近沉积的黏性土和粉土，$f_{ak} \leqslant 130$kPa 的填土，流塑黄土	$v_S \leqslant 150$

注：f_{ak} 为荷载试验等方法得到的地基承载力特征值（kPa）；v_S 为岩土剪切波速。

2. 场地覆盖层厚度

场地覆盖层厚度越薄对地震动短周期分量的放大作用就越大；相反，场地覆盖层厚度越厚对地震动中长周期分量的放大作用就越大。

在工程设计中，一般不以实际基岩面计算场地覆盖层厚度。对于比较复杂的场地条件，《建筑抗震设计规范》中按下列要求确定场地的覆盖层厚度：

1）一般情况下，应按地面至剪切波速大于 500m/s 且其下卧各层岩土的剪切波速均不小于 500m/s 的土层顶面的距离确定。

2）当地面 5m 以下存在剪切波速大于其上部各土层剪切波速 2.5 倍的土层，且该层及其下各层土的剪切波速均不小于 400m/s 时，可按地面至该土层顶面的距离确定。

3）剪切波速大于 500m/s 的孤石、透镜体，应视同周围土层。

4）土层中的火山岩硬夹层，应视为刚体，其厚度应从覆盖土层中扣除。

3. 土层等效剪切波速

场地土的组成是非常复杂的，对于成层场地土层可以用等效剪切波速反映各土层的综合刚度，其值可根据地震波通过计算深度范围内各土层的总时间等于该波通过同一计算深度的单一折算土层所需的时间求得。

设场地土计算深度 d_0 范围内有 n 种性质不同的土层，地震波通过它们的波速分别为 v_{S1}，v_{S2}，…，v_{Sn}，各土层的厚度分别为 d_1，d_2，…，d_n，则地震波通过各土层所需的时间为

$$t = \sum_{i=1}^{n} (d_i/v_{Si}) \tag{2-1}$$

将各土层折算为厚度为 d_0 的单一土层，则土层等效剪切波速为

$$v_{Se} = d_0/t \tag{2-2}$$

式中　v_{Se}——土层等效剪切波速（m/s）；

d_0——土层计算深度（m），取覆盖层厚度和 20m 两者的较小值；

t——剪切波在地面至计算深度之间的传播时间（s）；

d_i——计算深度范围内第 i 土层的厚度（m）；

v_{Si}——计算深度范围内第 i 土层的剪切波速（m/s）；

n——计算深度范围内土层的分层数。

4. 建筑场地类别划分

《建筑抗震设计规范》根据土层等效剪切波速和场地覆盖层厚度将建筑场地划分为 I、II、III、IV 四种类别，其中 I 类分为 I_0、I_1 两个亚类，见表 2-3。

表 2-3　各类建筑场地的覆盖层厚度　　　　　　　　　　　　　　（单位：m）

等效剪切波速 / (m/s)	场地类别				
	I_0	I_1	II	III	IV
$v_S > 800$	0	—	—	—	—
$800 \geqslant v_S > 500$	—	0	—	—	—
$500 \geqslant v_S > 250$	—	<5	≥5	—	—
$250 \geqslant v_S > 150$	—	<3	3～50	>50	—
$v_S \leqslant 150$	—	<3	3～15	15～80	>80

注：表中 v_S 是岩石的剪切波速。

划分建筑场地类别的目的是在地震作用计算中定量考虑场地条件对设计参数的影响，确定不同场地上的设计反应谱，以便采取合理的设计参数和有关的抗震构造措施。

【例 2-1】 已知某建筑场地的钻孔地质资料，见表 2-4，试确定该场地的类别。

表 2-4　例 2-1 钻孔地质资料

土层底部深度/m	土层厚度/m	岩土名称	土层剪波速/（m/s）
2.00	2.00	杂填土	200
6.00	4.00	粉土	320
9.00	3.00	中砂	400
15.50	6.50	碎石土	550

【解】　因为距地面 9m 以下土层的剪切波速 $v_S = 550\text{m/s} > 500\text{m/s}$，故场地覆盖层厚度 $d_{0v} = 9.0\text{m}$，又 $d_{0v} < 20\text{m}$，所以土层计算深度 $d_0 = 9.0\text{m}$。按式（2-1）、式（2-2）有

$$t = \sum_{i=1}^{n}(d_i/v_{Si}) = \left(\frac{2.0}{200} + \frac{4.0}{320} + \frac{3.0}{400}\right)\text{s} = 0.03\text{s}$$

$$v_{Se} = d_0/t = 9.0/0.03\text{m/s} = 300\text{m/s}$$

查表 2-2 得，v_{Se} 位于 $250 \sim 500\text{m/s}$ 之间，且 $d_{0v} > 5\text{m}$，因此该场地的类别为 Ⅱ 类。

2.2　天然地基和基础

2.2.1　一般原则

我国多次强烈地震的震害经验表明，在遭受破坏的建筑中，只有少数房屋是因为地基的失效而导致破坏；这类地基大多数是液化地基、易产生震陷的软土地基和严重不均匀地基；大量的一般性地基具有较好的抗震性能，极少发现因地基承载力不足而导致震害。基于这种情况，为了简化和减少抗震设计的工作量，《建筑抗震设计规范》规定，相当一部分建筑物可不进行天然地基及基础的抗震承载能力验算，而对于容易产生地基基础震害的液化地基、软土地基和严重不均匀地基，则规定了相应的抗震措施，以避免或减轻震害。下述建筑可不进行天然地基及基础的抗震承载力验算：

1）地基主要受力层范围内不存在软弱黏性土层的下列建筑：①一般的单层厂房和单层空旷房屋；②砌体房屋；③不超过 8 层且高度在 25m 以下的一般民用框架和框架-抗震墙房屋；④基础荷载与③相当的多层框架厂房和多层混凝土抗震墙房屋。

2）规范中规定可不进行上部结构抗震验算的建筑。

上述规定中所指的软弱黏性土层是指设防烈度为 7 度、8 度和 9 度时，地基承载力特征值分别小于 80kPa、100kPa 和 120kPa 的土层。

当地基主要受力层范围内存在软弱黏性土层与湿陷性黄土时，采用桩基，或对地基进行加固处理（如置换、加密、强夯等），或加强基础和上部结构处理等各项措施，也可根据软土震陷量的计算，采取相应措施。对可液化地基，应采取 2.3 节中的相应措施。

2.2.2　天然地基的抗震验算

研究表明，一般土的动力强度皆比静力强度高，同时考虑到地震作用的偶然性、短暂性

及工程经济性，地基在地震作用下的可靠度应该比静力荷载下有所降低。所以《建筑抗震设计规范》规定，地基抗震承载力的计算采取在地基静承载力的基础上乘以抗震承载力调整系数 ζ_a（$\geqslant 1$）的方法来确定。地基抗震承载力按下式计算

$$f_{aE} = \zeta_a f_a \tag{2-3}$$

式中　f_{aE}——调整后的地基抗震承载力；

　　　ζ_a——地基抗震承载力调整系数，按表 2-5 采用；

　　　f_a——深宽修正后的地基承载力特征值，按 GB 50007—2010《建筑地基基础设计规范》采用。

表 2-5　地基土抗震承载力调整系数

岩土名称和性状	ζ_a
岩石，密实的碎石土，密实的砾、粗、中砂，$f_{ak} \geqslant 300kPa$ 的黏性土和粉土	1.5
中密、稍密的碎石土，中密和稍密的砾、粗、中砂，密实和中密的细、粉砂，$150kPa \leqslant f_{ak} < 300kPa$ 的黏性土和粉土，坚硬黄土	1.3
稍密的细、粉砂，$100kPa \leqslant f_{ak} < 150kPa$ 的黏性土和粉土，可塑黄土	1.1
淤泥，淤泥质土，松散的砂，杂填土，新近堆积黄土及流塑黄土	1.0

2.2.3　天然地基抗震承载力验算

天然地基抗震承载力验算采用"拟静力法"，即假定地震作用如同静力作用，然后验算地基的承载力和稳定性。《建筑抗震设计规范》规定，验算地基地震作用下的竖向承载力时，按地震作用效应标准组合的基础底面平均压力和边缘最大压力应符合下列各式要求

$$p \leqslant f_{aE} \tag{2-4}$$

$$p_{max} \leqslant 1.2 f_{aE} \tag{2-5}$$

式中　　p——地震作用效应标准组合的基础底面平均压力，$p = (p_{max} + p_{min})/2$；

　　p_{max}、p_{min}——地震作用效应标准组合的基础边缘的最大和最小压力。

《建筑抗震设计规范》规定，高宽比大于 4 的高层建筑，在地震作用下基础底面不宜出现脱离区（零应力区）；其他建筑，基础底面与地基土之间零应力区面积不应超过基础底面面积的 15%，对矩形底面基础，则有 $b' \geqslant 0.85b$（图 2-1）。对于烟囱等构筑物的基础零应力区面积的限制值可参见相应的规范规定。

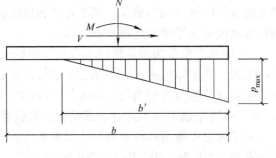

图 2-1　基底压力分布

2.3　液化地基判别和处理

2.3.1　液化的概念

在强烈地震下，处于地下水位以下的饱和砂土或粉土的颗粒趋于密实，孔隙水在短时间

内排泄不走而受到挤压，孔隙水压力将急剧增加，这种急剧上升的孔隙水压力不能及时消散，使土颗粒间有效应力减小。当孔隙水压力增加到与剪切面上的法向压应力接近或相等时，砂土或粉土受到的有效压应力完全消失，砂土颗粒局部或全部将处于悬浮状态，土体的抗剪强度等于零，形成了犹如"液体"的现象，即称为地基土的"液化"。只有饱和砂土或粉土才会出现液化，因此有时也称"砂土液化"。

液化时因下部土层的水压力比较高，所以水向上涌，把土颗粒带到地面上来，即经常在地震区出现喷水冒砂现象。地基土的液化可引起地面喷水冒砂、地基不均匀沉陷、地裂或土体滑移，从而造成建筑物的倾斜、开裂，甚至倒塌。

震害调查表明，影响地基土液化的因素很多，主要有以下几个方面：

（1）土层的地质年代　地质年代越古老的土层，其固结度、密实度和结构性就越好，抵抗液化能力就越强。

（2）土的组成　颗粒较细的、颗粒均匀单一的细砂容易液化。

（3）相对密度　松砂较密砂容易液化；对于粉土，黏性颗粒少的比多的容易液化。

（4）土层的埋深　砂土层埋深越大，土层上有效覆盖压力就越大，则土的侧向压力也就越大，就越不容易液化。

（5）地下水位　地下水位浅时较地下水位深时容易发生液化。对于砂土，一般地下水位小于 4m 时易液化，超过此深度后几乎不发生液化。

（6）地震烈度和地震持续时间　地震烈度越高和地震持续时间越长，越容易发生液化。

2.3.2　液化的判别

砂土液化的判别采用两步判别法，即初判和再判。

（1）初判　根据土层的地质年代、土的组成、覆盖层厚度和地下水位的深度等定性判别不液化土。

《建筑抗震设计规范》规定，对饱和砂土或粉土（不含黄土），当抗震设防烈度为 6 度时，一般情况下可不进行判别和处理；6 度设防以上，应进行液化判别。当符合下列条件之一时，可初步判别为不液化或可不考虑液化影响：

1）地质年代为第四纪晚更新世（Q_3）及其以前且设防烈度为 7 度、8 度时。

2）粉土中黏粒（粒径小于 0.005mm 的颗粒）的质量分数，当设防烈度为 7 度、8 度、9 度时分别不小于 10%、13% 和 16%。

3）天然地基的建筑，当上覆非液化土层厚度和地下水位深度符合下列条件之一时

$$d_u > d_0 + d_b - 2 \tag{2-6}$$

$$d_w > d_0 + d_b - 3 \tag{2-7}$$

$$d_u + d_w > 1.5d_0 + 2d_b - 4.5 \tag{2-8}$$

式中　d_w——地下水位深度（m），按设计基准期内年平均最高水位采用，也可按近期内年最高水位采用；

d_u——上覆盖非液化土层厚度（m），计算时宜将淤泥和淤泥质土层扣除；

d_b——基础埋置深度（m），小于 2m 时应采用 2m；

d_0——液化土特征深度（m），按表 2-6 采用。

表 2-6　液化土特征深度　　　　　　　　　　（单位：m）

饱和土类别	烈　　　度		
	7 度	8 度	9 度
粉土	6	7	8
砂土	7	8	9

（2）再判——标准贯入试验判别法　当初判地基土存在液化可能时，应采用标准贯入试验法进一步判别是否液化。

标准贯入试验设备由标准贯入器、触探杆和质量为 63.5kg 的穿心锤 3 部分组成。试验时，先用钻具钻至试验土层标高以上 15cm 处，再将贯入器打至标高位置，然后在锤的落距为 76cm 的条件下，连续打入土层 30cm，记录锤击数为 $N_{63.5}$。

一般情况下，应判别地面下 15m 深度范围内的液化。当饱和砂土或粉土的实测标准贯入锤击数 $N_{63.5}$（未经杆长修正）小于或等于液化判别标准贯入锤击数临界值 N_{cr}，即 $N_{63.5} \leqslant N_{cr}$ 时，则应判为液化土。N_{cr} 按下式计算

$$N_{cr} = N_0 \beta \left[\ln(0.6 d_s + 1.5) - 0.1 d_w \right] \sqrt{3/\rho_c} \tag{2-9}$$

式中　N_{cr}——液化判别标准贯入锤击数临界值；

　　　N_0——液化判别标准贯入锤击数基准值，按表 2-7 采用；

　　　β——调整系数，设计地震第一组取 0.80，第二组取 0.95，第三组取 1.05；

　　　d_s——饱和土标准贯入点深度（m）；

　　　d_w——地下水位深度（m），宜按设计基准期内年平均最高水位采用，也可按近期内年最高水位采用；

　　　ρ_c——黏粒的质量分数（%），当小于 3 或为砂土时，应采用 3。

表 2-7　液化判别标准贯入锤击数基准值 N_0

设计基本地震加速度（g）	0.10	0.15	0.20	0.30	0.40
液化判别标准贯入锤击数基准值	7	10	12	16	19

由以上分析可知，地基土液化判别的临界值 N_{cr} 的确定主要考虑了地下水位深度、土层所处位置、饱和土黏粒含量，以及地震烈度等影响土层液化的要素。

2.3.3　液化地基的评价

经过"初判"、"再判"只能判别土层是否液化，不能评价液化土可能造成的危害程度，以便进一步采取相应的抗液化措施。砂土液化造成的危害程度通常是通过计算地基液化指数来实现的。

地基土的液化指数可按下式确定

$$I_{lE} = \sum_{i=1}^{n} \left(1 - \frac{N_i}{N_{cri}} \right) d_i W_i \tag{2-10}$$

式中　I_{lE}——液化指数；

　　　n——在判别深度范围内每一个钻孔标准贯入试验点的总数；

　　N_i、N_{cri}——分别为 i 点标准贯入锤击数的实测值和临界值，当实测值大于临界值时应取临界值的数值，当只需要判别 15m 范围以内的液化时，15m 以下的实测值可按临

界值采用；

d_i——i 点所代表的土层厚度（m），可采用与该标准贯入试验点相邻的上、下两标准贯入试验点深度的一半，但上界不高于地下水位深度，下界不深于液化深度；

W_i——i 土层单位土层厚度的层位影响权函数值（m^{-1}），当该层中点深度不大于 5m 时应采用 10m，等于 20m 时应采用零值，5～20m 时应按线内插法取值。

根据液化指数的大小，将液化程度划分为 3 个等级，见表 2-8。不同液化等级可能造成的震害情况列于表 2-9。

表 2-8 液化等级

液化等级	轻 微	中 等	严 重
液化指数 I_{lE}	$0 < I_{lE} \le 6$	$6 < I_{lE} \le 18$	$I_{lE} > 18$

表 2-9 不同液化等级的可能震害

液化等级	地面喷水冒砂情况	对建筑的危害情况
轻微	地面无喷水冒砂，或仅在洼地、河边有零星的喷水冒砂点	危害性小，一般不至引起明显的震害
中等	喷水冒砂可能性大，从轻微到严重均有，多数属中等	危害性较大，可造成不均匀沉陷和开裂，有时不均匀沉陷可能达到 200mm
严重	一般喷水冒砂都很严重，地面变形很明显	危害性大，不均匀沉陷可能大于 200mm，高重心结构可能产生不允许的倾斜

2.3.4 地基抗液化措施

按照建筑物的重要性、地基液化等级，针对不同情况采取不同层次的抗液化措施。当液化土层比较平坦、均匀时，可依据表 2-10 选取适当的措施。通常情况下，不应将未经处理的液化土层作为天然地基的持力层。

表 2-10 地基抗液化措施

建筑类别	液化等级		
	轻 微	中 等	严 重
乙类	部分消除液化沉陷，或对基础和上部结构进行处理	全部消除液化沉陷，或部分消除液化沉陷且对基础和上部结构进行处理	全部消除液化沉陷
丙类	对基础和上部结构进行处理，亦可不采取措施	对基础和上部结构进行处理，或采用更高要求的措施	全部消除液化沉陷，或部分消除液化沉陷且对基础和上部结构进行处理
丁类	可不采取措施	可不采取措施	对基础和上部结构进行处理，或采用其他经济的措施

表 2-10 中全部消除地基液化沉陷、部分消除地基液化沉陷、进行基础和上部结构处理等措施的具体要求如下：

（1）全部消除地基液化沉陷　可采用桩基、深基础、土层加密法或用非液化土替换全部液化土层等措施。

1）采用桩基时，桩端伸入液化深度以下稳定土层中的长度（不包括桩尖部分）应按计算确定，且对碎石土，砾、粗、中砂，坚硬黏性土和密实粉土不应小于 0.8m，对其他非岩石土尚不宜小于 1.5m。

2）采用深基础时，基础底面应埋入液化深度以下的稳定土层中，其深度不应小于 0.5m。

3）采用加密法（如振冲、振动加密、挤密碎石桩、强夯等）对可液化地基进行加固时，应处理至液化深度下界，且处理后土层的标准贯入锤击数实测值不宜小于按式（2-9）计算的临界值。

4）当直接位于基底下的可液化土层较薄时，可采用非液化土替换全部液化土层或增加上覆非液化土层的厚度。

5）在采用加密法或换土法处理时，在基础边缘以外的处理宽度，应超过基础底面下处理深度的 1/2，且不小于基础宽度的 1/5。

（2）部分消除地基液化沉陷

1）处理深度应使处理后的地基液化指数减小，其值不宜大于5；大面积筏基、箱基的中心区域，处理后的液化指数可比上述规定降低1；对独立基础和条形基础，尚不应小于基础底面下液化土特征深度和基础宽度的较大值。

2）在处理深度范围内，应使处理后液化土层的标准贯入锤击数大于相应的临界值。

3）基础边缘以外的处理宽度，应符合上面全部消除地基液化沉陷的第5条要求。

4）采取减小液化震陷的其他方法，如增厚上覆非液化土层的厚度和改善周边的排水条件等。

（3）基础和上部结构处理

1）选择合适的基础埋深。

2）调整基础底面积，减小基础偏心。

3）加强基础的整体性和刚度，如采用箱形基础、筏形基础或钢筋混凝土交叉条形基础，加设基础圈梁等。

4）减轻荷载，增强上部结构的整体刚度和均匀对称性，合理设置沉降缝，避免采用对不均匀沉降敏感的结构形式等。

5）管道穿过建筑处应预留足够尺寸或采用柔性接头等。

思 考 题

2-1 什么是场地？怎么划分建筑场地的类别？

2-2 建筑场地类别与场地土类型是否相同？它们有什么区别？

2-3 怎样确定地基土的抗震承载力？哪些建筑可不进行天然地基基础的抗震承载力验算？为什么？

2-4 什么是地基土的液化？液化对建筑物有什么危害？如何判别？

2-5 如何确定地基土液化的严重程度？

2-6 哪些建筑物可不进行桩基的抗震承载能力验算？为什么？

第 3 章

地震作用与结构抗震验算

3.1 概述

结构抗震设计，首先要求出地震作用的大小，然后求得在地震作用下的结构地震效应。地震时，由于地面运动使原来处于静止的结构受到动力作用，产生强迫振动，由地面的强迫振动在结构上产生的惯性力称为结构的地震作用。结构的地震作用效应就是指在地震作用下在结构中产生的弯矩、剪力、轴向力和位移等，最后将地震作用效应与其他荷载效应按照规范的规定进行组合，并对结构进行验算，满足规范的抗震设计要求。结构的地震作用计算和抗震验算是建筑抗震设计的重要内容。

由于地震作用是由地面的强迫振动引起结构的惯性力，所以地震作用与一般荷载不同，它不仅与外来的强迫干扰作用的大小及其随时间的变化规律有关，而且还与结构的动力特性，如结构自振频率、阻尼等有密切的关系。又由于地震时地面运动是一种随机过程，运动极不规则，且工程结构物一般是由各种构件组成的空间体系，其动力特性十分复杂，所以确定地震作用要比确定一般荷载复杂得多，需要采用专门的理论来进行分析。目前广泛采用的是反应谱理论和动力理论两种方法。

反应谱理论将多个实测的地面振动波分别代入单自由度反应方程，计算出各自最大弹性地震反应（加速度、速度、位移），从而得出结构最大地震反应与该结构自振周期的关系曲线，这条关系曲线就称为反应谱，在工程中应用比较广泛的是加速度反应谱。由反应谱可计算出最大地震作用，然后按静分析法计算地震反应，所以仍属于等效静力法。但由于反应谱理论较真实地考虑了结构振动特点，计算简单实用，因此目前是各国建筑抗震设计规范中给出的一种主要抗震分析方法。

动力理论是直接通过动力方程采用逐步积分法求解出地震反应与时间的关系曲线，这条曲线称为时程曲线，因此该方法又称为时程分析法。时程分析法能更真实地反映结构地震响应随时间变化的全过程，并可处理强震下结构的弹塑性变形，因此已成为抗震分析的一种重要方法。但由于时程法只能使用特定的地震波，而且计算分析量大，因此目前我国规范仍主要采用反应谱法进行抗震分析。对于特别不规则建筑、甲类建筑及某些高层建筑，规范规定采用时程分析法进行补充计算。

3.2　单自由度弹性体系的地震反应

为了简化结构地震反应分析，通常把具体的结构体系抽象为质点体系。对于质量绝大部分集中于屋盖的结构，如图 3-1 所示的等高单层厂房，工程上可以抽象为单质点体系。若忽略杆的轴向变形，当体系只做水平单向振动时，质点只有单向水平位移，故为一个单自由度弹性体系。

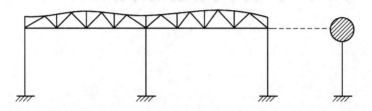

图 3-1　单层厂房及其计算简图

针对单自由度弹性体系，设其集中质量为 m，弹性直杆的刚度系数为 k（图 3-2）。设地震时地面水平运动的位移为 $x_0(t)$，质点相对地面的水平位移为 $x(t)$，它们皆为时间 t 的函数，则质点的绝对位移为 $x_0(t) + x(t)$，而绝对加速度为 $\ddot{x}_0(t) + \ddot{x}(t)$。

将质点取为隔离体，由动力学原理可知，作用在质点上的力有弹性恢复力 S、阻尼力 D 和惯性力 F。

弹性恢复力是使质点从振动位置恢复到平衡位置的一种力，它由支承杆弹性变形引起，其大小与质点的相对位移 $x(t)$ 成正比，而方向相反，可以表示为

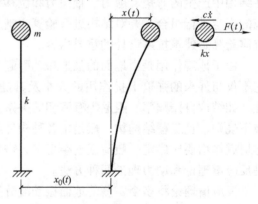

$$S(t) = -kx(t) \tag{3-1}$$

式中　k——弹性直杆的侧移刚度系数。

阻尼力 D 是使结构振动逐渐衰减的力，它是由造成系统能量耗散的各种因素（如材料内

图 3-2　地震作用下单自由度体系的振动

摩擦、节点连接件摩擦、地基土的内摩擦及周围介质等）引起的对振动阻力。阻尼力的计算有几种不同的理论，目前在工程计算中通常采用的是黏滞阻尼理论，即假定阻尼力与质点的相对速度 $\dot{x}(t)$ 成正比，而方向相反，即

$$D(t) = -c\dot{x}(t) \tag{3-2}$$

式中　c——阻尼系数。

惯性力 F 的大小与质点运动的绝对加速度成正比，而方向相反，于是有

$$F(t) = -m[\ddot{x}_0(t) + \ddot{x}(t)] \tag{3-3}$$

根据达朗贝尔原理，在质点运动的任一瞬时，作用在质点上的外力和惯性力互相平衡，故

$$S(t) + D(t) + F(t) = 0 \tag{3-4}$$

将式（3-1）、式（3-2）和式（3-3）代入式（3-4）得

$$-kx(t) - c\dot{x}(t) - m[\ddot{x}_0(t) + \ddot{x}(t)] = 0 \tag{3-5}$$

或

$$m\ddot{x}(t) + c\dot{x}(t) + kx(t) = -m\ddot{x}_0(t) \tag{3-6}$$

式（3-6）就是单自由度弹性体系在水平地震作用（$-m\ddot{x}_0(t)$）下的运动方程。

为便于运动方程的求解，式（3-6）可简化为

$$\ddot{x}(t) + 2\zeta\omega\dot{x}(t) + \omega^2 x(t) = -\ddot{x}_0(t) \tag{3-7}$$

式中　ω——结构振动圆频率，$\omega = \sqrt{\dfrac{k}{m}}$；

　　　ζ——结构的阻尼比，$\zeta = \dfrac{c}{2m\omega}$。

式（3-7）为一常系数二阶非齐次线性微分方程，其通解由两部分组成，一为齐次解，另一为特解。前者代表体系的自由振动，后者代表体系在地震作用下的强迫振动。在式（3-7）中令右端项为零可求得体系的自由振动运动方程如下

$$\ddot{x}(t) + 2\zeta\omega\dot{x}(t) + \omega^2 x(t) = 0 \tag{3-8}$$

在小阻尼（$\zeta < 1$）条件下，由结构动力学的计算结果可知单自由度弹性体系自由振动反应为

$$x(t) = e^{-\zeta\omega t}\left[x(0)\cos\omega't + \frac{\dot{x}(0) + \zeta\omega x(0)}{\omega'}\sin\omega't\right] \tag{3-9}$$

式中　$x(0)$、$\dot{x}(0)$——$t=0$ 时的初位移和初速度；

　　　ω'——有阻尼体系的自由振动频率，$\omega' = \omega\sqrt{1-\zeta^2}$。

式（3-7）中的 $\ddot{x}_0(t)$ 为地面水平地震动加速度，在工程设计中一般取实测地震波记录。由于地震动的随机性，对强迫振动反应不可能求得解析表达式，只能借助数值积分的方法求出数值解。在结构动力学中，式（3-7）的强迫振动反应由下面的杜哈梅（Duhamel）积分确定

$$x^*(t) = -\frac{1}{\omega'}\int_0^t \ddot{x}_0(\tau)e^{-\zeta\omega(t-\tau)}\sin\omega'(t-\tau)d\tau \tag{3-10}$$

当体系初始处于静止状态时，即初位移和初速度均为零，则由式（3-9）知，体系自由振动反应 $x_0(t) = 0$。另外，即使初位移和初速度不为零，由式（3-9）给出的自由振动反应也会由于阻尼的存在而迅速衰减，因此在地震反应分析时可不考虑其影响。对一般工程结构，阻尼比 $\zeta \ll 1$，约为 $0.01 \sim 0.10$，此时 $\omega' \approx \omega$。所以，弹性体系的地震反应可以表示为

$$x(t) = -\frac{1}{\omega}\int_0^t \ddot{x}_0(\tau)e^{-\zeta\omega(t-\tau)}\sin\omega(t-\tau)d\tau \tag{3-11}$$

3.3　单自由度弹性体系地震作用计算的反应谱法

反应谱是指单自由度体系最大地震反应与体系自振周期的关系曲线，根据反应量的不同，又可分为位移反应谱、速度反应谱和加速度反应谱。由于结构所受的地震作用（即质点上的惯性力）与质点运动的加速度直接相关，因此，在工程抗震领域，常采用加速度反应谱计算结构的地震作用。本节主要介绍抗震设计加速度反应谱理论。

3.3.1 单自由度弹性体系的水平地震作用

地震作用就是地震时结构质点上受到的惯性力，根据式（3-5），可求得作用于单自由度弹性质点上的惯性力为

$$F(t) = -m[\ddot{x}_0(t) + \ddot{x}(t)] = kx(t) + c\dot{x}(t) \tag{3-12}$$

通常，阻尼力 $c\dot{x}(t)$ 远远小于弹性恢复力 $kx(t)$。为了简化计算，在求地震作用时可略去阻尼力。因此，单自由度体系地震作用可表示为

$$F(t) \approx kx(t) = m\omega^2 x(t) \tag{3-13}$$

将式（3-11）代入式（3-13）得

$$F(t) = -m\omega \int_0^t \ddot{x}_0(\tau) e^{-\zeta\omega(t-\tau)} \sin\omega(t-\tau) d\tau \tag{3-14}$$

式（3-14）为结构地震作用随时间变化的表达式，可通过数值积分计算在各个时刻的值。但在结构抗震设计中，只需求出地震作用的最大绝对值 F，即

$$F = m\omega \left| \int_0^t \ddot{x}_0(\tau) e^{-\zeta\omega(t-\tau)} \sin\omega(t-\tau) d\tau \right|_{\max} = mS_a \tag{3-15}$$

式中 S_a——质点振动加速度最大绝对值，即

$$S_a = \omega \left| \int_0^t \ddot{x}_0(\tau) e^{-\zeta\omega(t-\tau)} \sin\omega(t-\tau) d\tau \right|_{\max} \tag{3-16}$$

3.3.2 地震系数、动力系数

为了便于工程应用，将式（3-15）作如下变换

$$F = mS_a = mg \frac{|\ddot{x}_0(t)|_{\max}}{g} \cdot \frac{S_a}{|\ddot{x}_0(t)|_{\max}} = Gk\beta \tag{3-17}$$

式中 $|\ddot{x}_0(t)|_{\max}$——地面运动加速度最大绝对值；

g——重力加速度；

G——质点的重力荷载代表值，$G = mg$；

k——地震系数，$k = \dfrac{|\ddot{x}_0(t)|_{\max}}{g}$；

β——动力系数，$\beta = \dfrac{S_a}{|\ddot{x}_0(t)|_{\max}}$。

1. 地震系数

地震系数 k 是地面运动加速度最大绝对值与重力加速度的比值，反映了地震动振幅对地震作用的影响。一般来说，地面运动加速度峰值越大，地震烈度越高，即地震系数与地震烈度之间有一定的对应关系。统计分析表明，烈度每增加 1 度，k 值大致增加 1 倍。《建筑抗震设计规范》中采用的地震系数与地震烈度的对应关系见表 3-1。

表 3-1 地震系数与地震烈度的关系

基本烈度	6	7	8	9
地震系数 k	0.05	0.10 (0.15)	0.20 (0.30)	0.40

注：括号中数值对应于设计基本地震加速度为 0.15g 和 0.30g 的地区。

2. 动力系数

动力系数 β 是单自由度弹性体系在地震作用下加速度反应最大绝对值与地面加速度最大绝对值之比，即质点最大加速度比地面最大加速度放大的倍数。β 值与地震烈度无关，因为当 $|\ddot{x}_0(t)|_{\max}$ 增大或减小时，S_a 也相应增大或减小。这样就可利用各种不同烈度的地震记录进行计算和统计，得出 β 的变化规律。

将 S_a 表达式（3-16）和 $\omega = \dfrac{2\pi}{T}$ 代入 β 表达式中，得

$$\beta = \frac{2\pi}{T} \cdot \frac{1}{|\ddot{x}_0(t)|_{\max}} \left| \int_0^t \ddot{x}_0(\tau) e^{-\zeta \frac{2\pi}{T}(t-\tau)} \sin\frac{2\pi}{T}(t-\tau) d\tau \right|_{\max} = |\beta(t)|_{\max} \tag{3-18}$$

式中

$$\beta(t) = \frac{2\pi}{T} \cdot \frac{1}{|\ddot{x}_0(t)|_{\max}} \int_0^t \ddot{x}_0(\tau) e^{-\zeta \frac{2\pi}{T}(t-\tau)} \sin\frac{2\pi}{T}(t-\tau) d\tau \tag{3-19}$$

从式（3-18）可以看出，影响 β 的因素主要有：①地面运动加速度 $\ddot{x}_0(t)$ 的特征；②结构的自振周期 T；③阻尼比 ζ。当给定地面加速度记录 $\ddot{x}_0(t)$ 和阻尼比 ζ 时，动力系数 β 仅与结构体系的自振周期 T 有关。对一确定的周期 T，通过式（3-19）可计算出在该周期下的一条 $\beta(t)$ 时程曲线，该曲线中最大峰值点的绝对值即是由式（3-18）确定的 β 值。对每一个给定的周期 T_i，都可按上述方法求得与之相应的一个 β_i 值，从而得到 β 与 T 一一对应的函数关系。若以 β 为纵坐标，T 为横坐标，就可得到一条 β 与 T 的关系曲线。对于不同的 ζ 值，可得到不同的这种曲线。这类曲线称为动力系数反应谱曲线，或称 β 谱曲线。由于对给定的地震记录，$|\ddot{x}_0(t)|_{\max}$ 是个定值，所以动力系数反应谱曲线实质上是加速度反应谱曲线。

图 3-3 是根据 1940 年美国 El-Centro 地震地面加速度记录绘出的 β 谱曲线。由图可见 β 谱曲线具有如下特点：

1）由于地面运动，β 谱曲线为多峰点曲线。

2）各条 β 谱曲线均在场地的卓越周期（特征周期）T_g 的附近达到峰值点。

3）β 谱曲线的变化规律是：当 $T < T_g$ 时，β 值随着周期的增大而急剧增长，在 $T = T_g$ 附近达到峰值，过峰值点（$T > T_g$）后，β 值随着周期的增大而逐渐衰减，并逐渐趋于平缓。

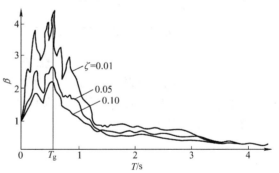

图 3-3　El-Centro 地震的 β 谱曲线

4）阻尼比 ζ 值对 β 谱曲线影响较大，ζ 值小则 β 谱曲线幅值大、峰点多；ζ 值大则 β 谱曲线幅值小、峰点少。

3.3.3　地震影响系数和抗震设计反应谱

根据式（3-17），令 $\alpha = k\beta$，则单自由度弹性体系的水平地震作用可表示为

$$F = \alpha G \tag{3-20}$$

式中　α——地震影响系数，根据定义，α 又可表示为

$$\alpha = k\beta = S_a/g \tag{3-21}$$

因此，地震影响系数 α 就是单质点弹性体系在地震时以重力加速度为单位的质点最大加速度反应。另外，由式（3-21）知，地震影响系数又可理解为作用于单质点弹性体系上的水平地震作用与质点重力荷载代表值之比。

由表3-1知，在不同烈度下，地震系数 k 为一具体数值。因此，α 曲线的形状由 β 谱决定。这样，通过地震系数 k 与动力系数 β 的乘积，即可得到抗震设计反应谱 α-T 曲线。

从上面的分析中可以看出，给一条加速度记录就可以算得不同的反应谱曲线。由于地震的随机性，即使是在同一地点、同一烈度，每次地震的地面运动加速度记录 $\ddot{x}_0(t)$ 也很不一样，所以用同一地点、同一烈度记录到的加速度所计算得到的反应谱，虽然具有某些共同特点，但仍存在着很多差别。因此，为了满足一般房屋结构抗震设计的需要，应根据大量强震地面运动加速度记录算出对应于每一条记录的反应谱曲线，按照影响反应谱曲线形状的因素进行分类，然后按每种分类进行统计分析，求出最有代表性的平均曲线作为设计依据，这种曲线称为标准反应谱。规范中采用的抗震设计反应谱 α-T 曲线即是根据上述方法得到的标准反应谱的曲线，如图3-4所示。

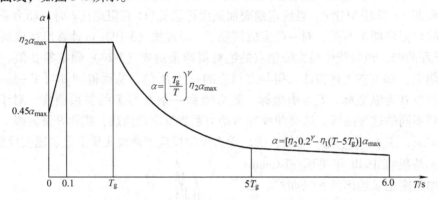

图3-4　抗震设计反应谱 α-T 曲线

在图3-4中，α 为地震影响系数；T 为结构自振周期（s）；$\alpha_{\max}$ 为地震影响系数最大值，按表3-2确定；T_g 为特征周期，与场地条件和设计地震分组有关，按表3-3确定；η_2 为阻尼调整系数，按下式计算

$$\eta_2 = 1 + \frac{0.05 - \zeta}{0.08 + 1.6\zeta} \tag{3-22}$$

表3-2　水平地震影响系数最大值 $\alpha_{\max}$

地震影响	设防烈度			
	6度	7度	8度	9度
多遇地震	0.40	0.08（0.12）	0.16（0.24）	0.32
罕遇地震	0.28	0.50（0.72）	0.90（1.20）	1.40

注：括号中数值分别用于设计基本地震加速度为 0.15g 和 0.30g 的地区。

当 η_2 小于 0.55 时，应取 0.55。

式中　ζ——阻尼比，一般情况下，对钢筋混凝土结构取 $\zeta = 0.05$，对钢结构取 $\zeta = 0.02$。

γ 为曲线下降段的衰减指数，按下式计算

$$\gamma = 0.9 + \frac{0.05 - \zeta}{0.3 + 6\zeta} \tag{3-23}$$

表 3-3　特征周期值 T_g　（单位：s）

设计地震分组	场地类别				
	I_0	I_1	II	III	IV
第一组	0.20	0.25	0.35	0.45	0.65
第二组	0.25	0.30	0.40	0.55	0.75
第三组	0.30	0.35	0.45	0.65	0.90

注：当计算 8 度、9 度罕遇地震作用时，特征周期应增加 0.05s。

η_1 为直线下降段的下降斜率调整系数，按下式计算，小于 0 时取 0。

$$\eta_1 = 0.02 + \frac{0.05 - \zeta}{4 + 32\zeta} \tag{3-24}$$

表 3-2 中给出的水平地震影响系数最大值 $\alpha_{\max}$ 是根据结构阻尼比 $\zeta = 0.05$ 制定的。根据式（3-21），$\alpha_{\max} = k\beta_{\max}$。统计分析表明，在相同阻尼比情况下，动力系数最大值 $\beta_{\max}$ 的离散性不是很大。为了简化计算，规范中取 $\beta_{\max} = 2.25$（对应的阻尼比 $\zeta = 0.05$）。根据三水准设防目标、二阶段设计原则，第一阶段的多遇地震烈度比基本烈度约低 1.55 度，其对应的 k 值约为相应基本烈度 k 值（见表 3-1）的 1/3。第二阶段的罕遇地震烈度比基本烈度高 1 度左右（在不同的烈度区有所差别），其 k 值相当于表 3-1 基本烈度 k 值的 1.5～2.2 倍（烈度高，k 值的放大倍数小）。将相应的 k 值与 $\beta_{\max}$ 求乘积，即得表 3-2 中的 $\alpha_{\max}$。

特征周期 T_g 是反应谱峰值拐点处的周期，强震时与场地的卓越周期相符。特征周期所在的反应谱峰值区，反映了当结构自振周期与场地自振周期相等或接近时，由于共振作用使反应放大。因此，不同的特征周期对各类建筑物的震害影响是不同的。特征周期对应的反应谱的峰值位置与场地类别和震中距直接相关，规范中采用设计地震分组来考虑由于震中距远近不同对各类建筑物造成的影响。在《建筑抗震设计规范》中，根据地震的近、中、远震影响，将设计地震分为一、二、三组，见表 3-3。

3.3.4　建筑物的重力荷载代表值

在按式（3-20）计算地震水平作用时，建筑物的重力荷载代表值 G 应取结构和构件自重标准值和各可变荷载组合值之和。各可变荷载的组合值系数按表 3-4 采用。由于重力荷载代表值是按标准值确定的，所以按式（3-20）计算得到的地震作用也是标准值。

表 3-4　可变荷载组合值系数

可变荷载种类		组合值系数
雪荷载		0.5
屋面积灰荷载		0.5
屋面活荷载		不计入
按实际情况计算的楼面活荷载		1.0
按等效均布荷载计算的楼面活荷载	藏书库、档案库	0.8
	其他民用建筑	0.5
起重机悬吊物重力	硬钩起重机	0.3
	软钩起重机	不计入

注：硬钩起重机的吊重较大时，组合值系数应按实际情况采用。

3.3.5 利用反应谱确定地震作用实例分析

由抗震设计反应谱确定结构所受的地震作用的基本步骤如下：

1）根据计算简图确定结构的重力荷载代表值 G 和自振周期 T。

2）根据结构所在地区的设防烈度、场地条件和设计地震分组，按表 3-2 和表 3-3 确定反应谱的最大地震影响系数 $\alpha_{\max}$ 和特征周期 T_g。

3）根据结构的自振周期，按图 3-4 确定地震影响系数 α。

4）按式（3-20）计算出地震作用 F 值。

【例 3-1】 图 3-5a 所示单跨单层厂房，屋盖刚度无穷大，屋盖自重标准值为 1980kN，屋面雪荷载标准值为 520kN，忽略柱自重，柱抗侧移刚度系数 $k_1 = k_2 = 5.2 \times 10^3 \text{kN/m}$，结构阻尼比 $\zeta = 0.05$，Ⅱ类建筑场地，设计地震分组为第一组，抗震设防烈度为 7 度。求厂房在多遇地震时水平地震作用。

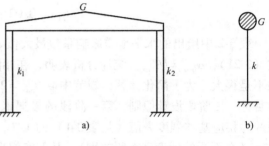

图 3-5　例 3-1 图
a）单层厂房　b）计算简图

【解】 因质量集中于屋盖，所以结构计算时可简化为图 3-5b 所示的单质点体系。

（1）确定重力荷载代表值 G 和自振周期 T　由表 3-4 知，雪荷载组合值系数为 0.5，所以

$$G = （1980 + 520 \times 0.5）\text{kN} = 2240\text{kN}$$

质点集中质量

$$m = \frac{G}{g} = \frac{2240\text{kN}}{9.8\text{m/s}^2} = 228.6 \times 10^3 \text{kg}$$

柱抗侧移刚度为两柱抗侧移刚度之和为

$$k = k_1 + k_2 = 10.4 \times 10^3 \text{kN/m} = 10.4 \times 10^6 \text{N/m}$$

于是得结构自振周期为

$$T = 2\pi \sqrt{\frac{m}{k}} = 2\pi \sqrt{\frac{228.6 \times 10^3}{10.4 \times 10^6}}\text{s} = 0.931\text{s}$$

（2）确定地震影响系数最大值 $\alpha_{\max}$ 和特征周期 T_g　根据抗震设防烈度为 7 度，由表 3-2 查得，在多遇地震时，$\alpha_{\max} = 0.08$。由表 3-3 查得，在Ⅱ类场地、设计地震第一组时，$T_g = 0.35\text{s}$。

（3）计算地震影响系数 α 值　因 $T_g = 0.35\text{s} < T = 0.931\text{s} < 5T_g = 1.75\text{s}$，所以 α 处于曲线下降段，α 的计算公式为

$$\alpha = \left(\frac{T_g}{T}\right)^\gamma \eta_2 \alpha_{\max}$$

当阻尼比 $\zeta = 0.05$ 时，由式（3-22）和式（3-23）可得 $\eta_2 = 1.0$，$\gamma = 0.9$，则

$$\alpha = \left(\frac{T_g}{T}\right)^\gamma \eta_2 \alpha_{\max} = \left(\frac{0.35}{0.931}\right)^{0.9} \times 1.0 \times 0.08 = 0.033$$

（4）计算水平地震作用　由式（3-20）得

$$F = \alpha G = 0.033 \times 2240 \text{kN} = 73.9 \text{kN}$$

3.4　多自由度弹性体系的水平地震反应

在实际工程中，除了少数质量比较集中的结构可以简化为单质点体系外，大多数建筑结构（如多、高层房屋，多跨不等高厂房等），质量比较分散，则应简化为多质点体系来分析。

3.4.1　多自由度弹性体系的运动方程

在地震激励下，多自由度弹性体系的水平振动状态如图3-6所示，其运动方程可表示为

$$m\ddot{x} + c\dot{x} + kx = -mI\ddot{x}_0(t) \qquad (3\text{-}25)$$

式中　m——质量矩阵；

　　　c——阻尼矩阵；

　　　k——刚度矩阵；

　　　I——单位列矢量；

$\ddot{x}_0(t)$——地面水平振动加速度；

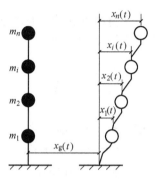

图3-6　多自由度弹性体系的水平振动

x、$\dot{x}$、$\ddot{x}$——质点运动的位移矢量、速度矢量和加速度矢量，用下式表示

$$x = \begin{pmatrix} x_1(t) \\ x_2(t) \\ \vdots \\ x_n(t) \end{pmatrix}, \ \dot{x} = \begin{pmatrix} \dot{x}_1(t) \\ \dot{x}_2(t) \\ \vdots \\ \dot{x}_n(t) \end{pmatrix}, \ \ddot{x} = \begin{pmatrix} \ddot{x}_1(t) \\ \ddot{x}_2(t) \\ \vdots \\ \ddot{x}_n(t) \end{pmatrix} \qquad (3\text{-}26)$$

当体系简化为图3-6的集中质量模型时，质量矩阵 m 为对角矩阵

$$m = \begin{pmatrix} m_1 & & & 0 \\ & m_2 & & \\ & & \ddots & \\ 0 & & & m_n \end{pmatrix} \qquad (3\text{-}27)$$

刚度矩阵 k 为对称矩阵，其表达式为

$$k = \begin{pmatrix} k_{11} & k_{12} & \cdots & k_{1n} \\ k_{21} & k_{22} & \cdots & k_{2n} \\ \vdots & \vdots & & \vdots \\ k_{n1} & k_{n2} & \cdots & k_{nn} \end{pmatrix} \qquad (3\text{-}28)$$

式中　k_{ij}——刚度系数，$k_{ij} = k_{ji}$，k_{ij}表示当 j 自由度产生单位位移，其余自由度不动时，在 i 自由度上需要施加的力。

阻尼矩阵 c 可写为如下形式

$$c = \begin{pmatrix} c_{11} & c_{12} & \cdots & c_{1n} \\ c_{21} & c_{22} & \cdots & c_{2n} \\ \vdots & \vdots & & \vdots \\ c_{n1} & c_{n2} & \cdots & c_{nn} \end{pmatrix} \tag{3-29}$$

式中 c_{ij}——阻尼系数，c_{ij}表示当j自由度产生单位速度，其余自由度不动时，在i自由度上产生的阻尼力。

3.4.2 多自由度弹性体系的自振频率与振型分析

多自由度弹性体系的自振频率和振型由体系的自由振动分析得到，由式（3-25）得无阻尼自由振动方程为

$$m\ddot{x} + kx = 0 \tag{3-30}$$

设解的形式为

$$x = X\sin(\omega t + \varphi) \tag{3-31}$$

式中 X——振幅矢量，$X = (X_1, X_2, \cdots, X_n)^{\mathrm{T}}$；

ω——自振频率；

φ——相位角。

将式（3-31）对时间t微分二次，得

$$\ddot{x} = -\omega^2 X\sin(\omega t + \varphi) \tag{3-32}$$

将式（3-31）、式（3-32）代入式（3-30），得

$$(k - \omega^2 m)X = 0 \tag{3-33}$$

因在振动过程中$X \neq 0$，所以式（3-33）的系数行列式必须等于零，即

$$|k - \omega^2 m| = 0 \tag{3-34}$$

式（3-34）称为体系的频率方程或特征方程。式（3-34）可进一步写为

$$\begin{vmatrix} k_{11} - \omega^2 m_1 & k_{12} & \cdots & k_{1n} \\ k_{21} & k_{22} - \omega^2 m_2 & \cdots & k_{2n} \\ \vdots & \vdots & & \vdots \\ k_{n1} & k_{n2} & \cdots & k_{nn} - \omega^2 m_n \end{vmatrix} = 0 \tag{3-35}$$

将行列式展开，可得关于ω^2的n次代数方程，n为体系自由度数。求解代数方程可得ω^2的n个根，将其从小到大排列得到体系的n个自振圆频率为ω_1，ω_2，$\cdots$，ω_n，其中体系的最小频率ω_1称为第一频率或基本频率。将解得的频率值逐一代入振幅方程式（3-34），便可得到对应于每一个自振频率下各质点的相对振幅比值，由此形成的曲线形式，就是该频率下的主振型，与ω_1相应的振型称为第一振型或基本振型。对n个自由度体系，有n个主振型存在。

主振型可用振型矢量表示，对应于频率ω_j的振型矢量为

$$x_j = \begin{pmatrix} X_{j1} \\ X_{j2} \\ \vdots \\ X_{jn} \end{pmatrix} \tag{3-36}$$

式中　X_{ji}——当体系按频率 ω_j 振动时，质点 i 的相对
位移幅值。

由于主振型只取决于各质点振幅之间的相对比值，为了简单起见，常将振型进行标准化处理。

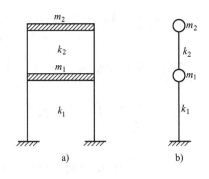

图 3-7　例 3-2 图
a）二层框架　b）计算简图

【例 3-2】　图 3-7a 所示二层框架结构，横梁刚度无限大，集中于楼面和屋面的质量分别为 $m_1 = 100\text{t}$，$m_2 = 50\text{t}$，各楼层层间剪切刚度为 $k_1 = 4 \times 10^4 \text{kN/m}$，$k_2 = 2 \times 10^4 \text{kN/m}$。求结构的自振频率和振型。

【解】　将结构简化为图 3-7b 所示的两自由度弹性体系。

结构的质量矩阵为

$$\boldsymbol{m} = \begin{pmatrix} m_1 & 0 \\ 0 & m_2 \end{pmatrix} = \begin{pmatrix} 100 & 0 \\ 0 & 50 \end{pmatrix}\text{t}$$

$$k_{11} = k_1 + k_2 = 6 \times 10^4 \text{kN/m}$$
$$k_{12} = k_{21} = -k_2 = -2 \times 10^4 \text{kN/m}$$
$$k_{22} = k_2 = 2 \times 10^4 \text{kN/m}$$

于是刚度矩阵为

$$\boldsymbol{k} = \begin{pmatrix} k_{11} & k_{12} \\ k_{21} & k_{22} \end{pmatrix} = \begin{pmatrix} 6 & -2 \\ -2 & 2 \end{pmatrix} \times 10^4 \text{kN/m}$$

由式（3-35）得频率方程为

$$\begin{vmatrix} 6 \times 10^4 - 100\omega^2 & -2 \times 10^4 \\ -2 \times 10^4 & 2 \times 10^4 - 50\omega^2 \end{vmatrix} = 0$$

将上式展开得

$$\omega^4 - 1000\omega^2 + 16 \times 10^4 = 0$$

解上列方程式得

$$\omega_1^2 = 200, \quad \omega_2^2 = 800$$

体系自振圆频率为

$$\omega_1 = 14.14\text{rad/s}, \quad \omega_2 = 28.28\text{rad/s}$$

相对于第一阶频率 ω_1，由式（3-33）可得

$$(\boldsymbol{k} - \omega_1^2\boldsymbol{m})\boldsymbol{X}_1 = 0$$

即

$$\begin{pmatrix} k_{11} - m_1\omega_1^2 & k_{12} \\ k_{21} & k_{22} - m_2\omega_1^2 \end{pmatrix}\begin{pmatrix} X_{11} \\ X_{12} \end{pmatrix} = 0$$

由上式得第一振型幅值的相对比值为

$$\frac{X_{12}}{X_{11}} = \frac{m_1\omega_1^2 - k_{11}}{k_{12}} = \frac{100 \times 200 - 6 \times 10^4}{-2 \times 10^4} = \frac{2}{1}$$

同理，第二振型幅值的相对比值为

$$\frac{X_{22}}{X_{21}} = \frac{m_1\omega_2^2 - k_{11}}{k_{12}} = \frac{100 \times 800 - 6 \times 10^4}{-2 \times 10^4} = \frac{-1}{1}$$

因此，第一振型为 $X_1 = \begin{pmatrix} X_{11} \\ X_{12} \end{pmatrix} = \begin{pmatrix} 1 \\ 2 \end{pmatrix}$；第二振

型为 $X_2 = \begin{pmatrix} X_{21} \\ X_{22} \end{pmatrix} = \begin{pmatrix} 1 \\ -1 \end{pmatrix}$。振型图分别示于图 3-8a、

b。

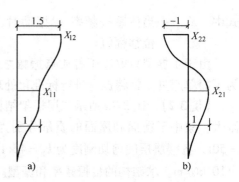

图 3-8　例 3-2 振型图
a）第一振型　b）第二振型

上述算例为两个自由度情况，对多自由度体系，采用手算方法较为困难，因此通常利用计算机进行分析。

3.4.3　频率、振型特点

1. 频率

由频率方程（3-34）知，频率 ω 只与结构固有参数 m、k 有关，与外荷载无关，因此 ω 称为结构的固有频率。一旦结构形式给定，ω 即有其确定值，不会因荷载作用形式改变。

2. 振型

由上面的分析可知，振型 X_j 只表示在频率 ω_j 下的振动形状。各质点的振型值并非代表其绝对位移值，而只反映各质点振幅之间的相对比值关系。同一振型下，各点的振幅比值不变。因此，各点幅值可按相同比例放大或缩小，而保持振动形状不变。

3. 惯性力

根据式（3-13）知，第 j 振型第 i 质点的惯性力可表示为 $\omega_j^2 m_i X_{ji}$。

4. 主振型正交性

主振型的正交性表现在两个方面：

1）主振型关于质量矩阵是正交的，即

$$X_j^{\mathrm{T}} m X_k = \begin{cases} 0 & (j \neq k) \\ M_j & (j = k) \end{cases} \tag{3-37}$$

2）主振型关于刚度矩阵也是正交的，即

$$X_j^{\mathrm{T}} k X_k = \begin{cases} 0 & (j \neq k) \\ K_j & (j = k) \end{cases} \tag{3-38}$$

证明如下：

将式（3-36）改写为

$$k X = \omega^2 m X \tag{3-39}$$

式（3-39）对体系任意第 j 阶和第 k 阶频率和振型均成立，即

$$k X_j = \omega_j^2 m X_j \tag{3-40}$$

$$k X_k = \omega_k^2 m X_k \tag{3-41}$$

将式（3-40）两边左乘 X_k^{T}，式（3-41）两边左乘 X_j^{T}，得

$$X_k^{\mathrm{T}} k X_j = \omega_j^2 X_k^{\mathrm{T}} m X_j \tag{3-42}$$

$$X_j^{\mathrm{T}} k X_k = \omega_k^2 X_j^{\mathrm{T}} m X_k \tag{3-43}$$

将式（3-42）两边转置，并注意到刚度矩阵和质量矩阵的对称性得

$$X_j^T k X_k = \omega_j^2 X_j^T m X_k \tag{3-44}$$

将式（3-44）与式（3-43）相减得

$$(\omega_j^2 - \omega_k^2) X_j^T m X_k = \mathbf{0} \tag{3-45}$$

若 $j \neq k$，则 $\omega_j \neq \omega_k$，于是必有如下正交性成立

$$X_j^T m X_k = 0 \qquad (j \neq k) \tag{3-46}$$

将式（3-46）代入式（3-43）得到关于刚度矩阵的正交性

$$X_j^T k X_k = 0 \qquad (j \neq k) \tag{3-47}$$

3.4.4　地震反应分析的振型分解法

由式（3-26）可知，多自由度弹性体系在水平地震作用下的运动方程为一组相互耦联的微分方程，联立求解非常困难。根据结构动力学知识，利用振型的正交性，将原来耦联的多自由度微分方程组分解为若干彼此独立的单自由度微分方程，由单自由体系结果分别得出各个独立方程的解，然后再将各个独立解进行组合叠加，得出总的体系反应。

一般，主振型关于阻尼矩阵不具有正交关系。为了能利用振型分解法，假定阻尼矩阵也满足正交关系，即

$$X_j^T c X_k = \begin{cases} 0 & (j \neq k) \\ C_j & (j = k) \end{cases} \tag{3-48}$$

阻尼的表达有很多种，通常采用瑞利（Rayleigh）阻尼矩阵形式，将阻尼矩阵表示为质量矩阵与刚度矩阵的线性组合，即

$$c = a m + b k \tag{3-49}$$

式中　a、b——比例常数。

将式（3-49）代入式（3-48）可得

$$X_j^T c X_k = \begin{cases} \mathbf{0} & (j \neq k) \\ a M_j + b K_j & (j = k) \end{cases} \tag{3-50}$$

有了上述正交性后，就可推导振型分解法。根据线性代数理论，n 维矢量 x 可表示为 n 个独立矢量的线性组合。引入广义坐标矢量 q

$$q = \begin{pmatrix} q_1(t) \\ q_2(t) \\ \vdots \\ q_n(t) \end{pmatrix} \tag{3-51}$$

将位移矢量 x 用振型的线性组合表示

$$x = X q \tag{3-52}$$

式中　X——振型矩阵，是由 n 个彼此正交的主振型矢量组成的方阵

$$X = (X_1 \quad X_2 \quad \cdots \quad X_n) = \begin{pmatrix} X_{11} & X_{21} & \cdots & X_{n1} \\ X_{12} & X_{22} & \cdots & X_{n2} \\ \vdots & \vdots & & \vdots \\ X_{1n} & X_{2n} & \cdots & X_{nn} \end{pmatrix} \tag{3-53}$$

矩阵 $\boldsymbol{X}$ 的元素 X_{ji} 中，j 表示振型序号，i 表示自由度序号。$\boldsymbol{x}$ 也可按主振型分解形式写为

$$\boldsymbol{x} = \boldsymbol{x}_1 q_1(t) + \boldsymbol{x}_2 q_2(t) + \cdots + \boldsymbol{X}_n q_n(t) \tag{3-54}$$

将式（3-52）代入式（3-25）得

$$\boldsymbol{m} \boldsymbol{X} \ddot{\boldsymbol{q}} + \boldsymbol{c} \boldsymbol{X} \dot{\boldsymbol{q}} + \boldsymbol{k} \boldsymbol{X} \boldsymbol{q} = - \boldsymbol{m} \ddot{\boldsymbol{x}}_0(t) \tag{3-55}$$

对上式的每一项均左乘 $\boldsymbol{X}_j^{\mathrm{T}}$，得

$$\boldsymbol{X}_j^{\mathrm{T}} \boldsymbol{m} \boldsymbol{X} \ddot{\boldsymbol{q}} + \boldsymbol{X}_j^{\mathrm{T}} \boldsymbol{c} \boldsymbol{X} \dot{\boldsymbol{q}} + \boldsymbol{X}_j^{\mathrm{T}} \boldsymbol{k} \boldsymbol{X} \boldsymbol{q}$$
$$= - \boldsymbol{X}_j^{\mathrm{T}} \boldsymbol{m} \ddot{\boldsymbol{x}}_0(t) \tag{3-56}$$

根据振型的正交性，上式各项展开相乘后，除第 j 项外，其他各项均为零。因此，方程化为如下独立形式

$$M_j \ddot{q}_j(t) + C_j \dot{q}_j(t) + K_j q_j(t) = - \ddot{x}_0(t) \sum_{i=1}^{n} m_i X_{ji} \tag{3-57}$$

或写为

$$\ddot{q}_j(t) + 2\zeta_j \omega_j \dot{q}_j(t) + \omega_j^2 q_j(t) = - \gamma_j \ddot{x}_0(t) \tag{3-58}$$

式中　M_j——第 j 振型广义质量

$$M_j = \boldsymbol{X}_j^{\mathrm{T}} \boldsymbol{m} \boldsymbol{X}_j = \sum_{i=1}^{n} m_i X_{ji}^2 \tag{3-59}$$

K_j——第 j 振型广义刚度

$$K_j = \boldsymbol{X}_j^{\mathrm{T}} \boldsymbol{k} \boldsymbol{X}_j = \omega_j^2 M_j \tag{3-60}$$

C_j——第 j 振型广义阻尼系数

$$C_j = \boldsymbol{X}_j^{\mathrm{T}} \boldsymbol{c} \boldsymbol{X}_j = 2\zeta_j \omega_j M_j \tag{3-61}$$

γ_j——第 j 振型参与系数

$$\gamma_j = \frac{\displaystyle\sum_{i=1}^{n} m_i X_{ji}}{\displaystyle\sum_{i=1}^{n} m_i X_{ji}^2} \tag{3-62}$$

ζ_j——第 j 振型阻尼比，由式（3-50）和式（3-61）得

$$a M_j + b K_j = 2\zeta_j \omega_j M_j \tag{3-63}$$

则

$$\zeta_j = \frac{1}{2} \left(\frac{a}{\omega_j} + b\omega_j \right) \tag{3-64}$$

式（3-64）中系数 a、b 通常由试验根据第一、二阶振型的频率和阻尼比，按下式确定

$$a = \frac{2\omega_1 \omega_2 (\zeta_1 \omega_2 - \zeta_2 \omega_1)}{\omega_2^2 - \omega_1^2} \tag{3-65}$$

$$b = \frac{2(\zeta_2 \omega_2 - \zeta_1 \omega_1)}{\omega_2^2 - \omega_1^2} \tag{3-66}$$

式（3-58）即相当于单自由度体系振动方程。取 $j = 1，2，\cdots，n$，可得 n 个彼此独立的关于广义坐标 $q_j(t)$ 的运行方程，第 j 方程的振动频率和阻尼比即为原多自由度体系的第 j 阶

频率和第 j 阶阻尼比。按照上述方法，实现了将原来多自由体系的耦联方程分解为若干彼此独立的单自由度方程的目的。对每一个方程进行独立求解，可分别解出 $q_1(t), q_2(t), \cdots, q_n(t)$。

比照方程（3-7）的解，可以得到方程（3-58）的解

$$q_j(t) = -\frac{\gamma_j}{\omega_j} \int_0^t \ddot{x}_0(\tau) e^{-\zeta_j \omega_j(t-\tau)} \sin\omega_j(t-\tau) d\tau = \gamma_j \Delta_j(t) \tag{3-67}$$

式中

$$\Delta_j(t) = -\frac{1}{\omega_k} \int_0^t \ddot{x}_0(\tau) e^{-\zeta_j \omega_j(t-\tau)} \sin\omega_j(t-\tau) d\tau \tag{3-68}$$

求出广义坐标 $\boldsymbol{q} = (q_1(t), q_2(t), \cdots, q_n(t))^T$ 后，即可按式（3-52）进行组合，求得以原坐标表示的质点位移。其中第 i 质点的位移 $x_i(t)$ 为

$$x_i(t) = X_{1i}q_1(t) + X_{2i}q_2(t) + \cdots + X_{ji}q_j(t) + \cdots + X_{ni}q_n(t)$$

$$= \sum_{j=1}^n q_j(t) X_{ji} = \sum_{j=1}^n \gamma_j \Delta_j(t) X_{ji} \tag{3-69}$$

在实际工程中，一般不需要计算全部振型，通常考虑前三阶振型就可以满足工程精度的要求。

3.5　振型分解反应谱法

对于多自由度体系地震作用的计算，《建筑抗震设计规范》推荐采用振型分解反应谱法。振型分解反应谱法是将振型分解法和反应谱法结合起来的一种计算多自由度体系地震作用的方法，首先利用振型分解法的概念，将多自由度体系分解成若干个单自由度系统的组合，然后引用单自由度体系的反应谱理论来计算各振型的地震作用，最后按照一定的方法将各振型的地震作用组合到一起，进而得到多自由度体系的地震作用。

3.5.1　多自由度体系的水平地震作用

由式（3-13）单自由度体系的地震作用为

$$F(t) = m\omega^2 x(t)$$

按照反应谱理论，单自由度体系的最大水平地震作用由式（3-20）确定

$$F = \alpha G$$

对多自由度体系，第 j 振型第 i 质点的地震作用可表示为

$$F_{ji}(t) = m_i \omega_j^2 x_{ji}(t) \tag{3-70}$$

由振型分解法知

$$x_{ji}(t) = X_{ji}q_j(t) = X_{ji}\gamma_j \Delta_j(t) \tag{3-71}$$

将式（3-71）代入式（3-70），则有

$$F_{ji}(t) = \gamma_j X_{ji} m_i \omega_j^2 \Delta_j(t) \tag{3-72}$$

式（3-72）的后 3 项相当于单自由度体系公式（3-13）。利用单自由度反应谱的概念，得第 j 振型第 i 质点的最大地震作用为

$$F_{ji} = \gamma_j X_{ji} \alpha_j G_i = \alpha_j \gamma_j X_{ji} G_i \qquad (i,j = 1,2,\cdots,n) \tag{3-73}$$

式中　F_{ji}——j 振型 i 质点的水平地震作用；

　　　　α_j——与第 j 振型自振周期 T_j 相应的地震影响系数，按图 3-4 确定；

　　　　G_i——集中于质点 i 的重力荷载代表值，按 3.4 节确定；

　　　　X_{ji}——j 振型 i 质点的水平相对位移；

　　　　γ_j——j 振型的参与系数，按式（3-62）计算，即

$$\gamma_j = \frac{\sum\limits_{i=1}^{n} X_{ji} G_i}{\sum\limits_{i=1}^{n} X_{ji}^2 G_i}$$

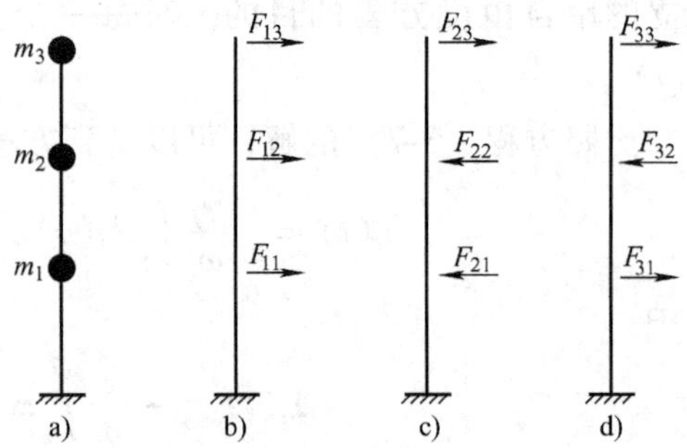

图 3-9　三质点体系各振型下的地震作用示意图
a) 体系简图　b) 第一振型 F_{1i}
c) 第二振型 F_{2i}　d) 第三振型 F_{3i}

式（3-73）即为按振型分解反应谱法计算多自由度体系地震作用的一般表达式，由此可求得各阶振型下各个质点上的最大水平地震作用。图 3-9 给出了某一三质点体系各振型下的地震作用示意。

3.5.2　地震作用效应的组合

按上述方法求出相应于各振型 j 各质点 i 的水平地震作用 F_{ji} 后，即可用一般结构力学方法计算相应于各振型时结构的弯矩、剪力、轴向力和变形，这些统称为地震作用效应，用 S_j 表示第 j 振型的作用效应。

规范给出了根据随机振动理论得出的计算结构地震作用效应的"平方和开方"公式（SRSS 法），就可以求得总的地震作用效应，即

$$S_{Ek} = \sqrt{\sum S_j^2} \tag{3-74}$$

式中　S_{Ek}——水平地震作用标准值的效应；

　　　　S_j——j 振型水平地震作用标准值的效应，可只取前 $2 \sim 3$ 个振型，当基本周期大于 1.5s 或房屋高宽比大于 5 时，振型个数应适当增加。

【例 3-3】　钢筋混凝土 4 层框架经质量集中后计算简图如图 3-10a 所示，各层高均为 4m，集中于各楼层的重力荷载代表值分别为 $G_1 = 435kN$，$G_2 = 440kN$，$G_3 = 430kN$，$G_4 = 380kN$。经频率分析得体系的前 3 阶自振频率为 $\omega_1 = 16.40rad/s$，$\omega_2 = 40.77rad/s$，$\omega_3 = 61.89rad/s$。体系的前 3 阶振型（图 3-10）为

$$X_1 = \begin{pmatrix} 0.238 \\ 0.508 \\ 0.782 \\ 1.0 \end{pmatrix}, \quad X_2 = \begin{pmatrix} -0.605 \\ -0.895 \\ -0.349 \\ 1.0 \end{pmatrix}, \quad X_3 = \begin{pmatrix} 1.542 \\ 0.756 \\ -2.108 \\ 1.0 \end{pmatrix},$$

结构阻尼比 $\zeta = 0.05$，I_1 类建筑场地，设计地震分组为第一组，抗震设防烈度为 8 度（设计基本地震加速度为 $0.20g$）。试按振型分解反应谱法确定该结构在多遇地震时的地震作用效应，并绘出层间地震剪力图。

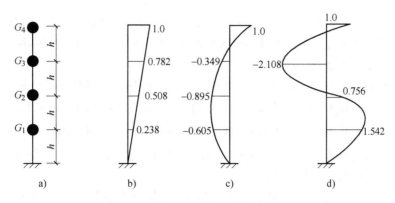

图 3-10　例 3-3 图

a) 体系简图　b) 第一振型　c) 第二振型　d) 第三振型

【解】　（1）计算地震影响系数 α_j　由表 3-3 查得，在 I_1 类场地、设计地震第一组时，$T_g = 0.25s$。由表 3-2 查得，当抗震设防烈度为 8 度，设计基本地震加速度为 $0.20g$，在多遇地震时，$\alpha_{max} = 0.16$。

当阻尼比 $\zeta = 0.05$ 时，由式（3-22）和式（3-23）得 $\eta_2 = 1.0$，$\gamma = 0.9$。

根据已知的自振频率，可求得自振周期为

$$T_1 = \frac{2\pi}{\omega_1} = \frac{2\pi}{16.40}s = 0.383s$$

$$T_2 = \frac{2\pi}{\omega_2} = \frac{2\pi}{40.77}s = 0.154s$$

$$T_3 = \frac{2\pi}{\omega_3} = \frac{2\pi}{61.89}s = 0.102s$$

因 $T_g < T_1 < 5T_g$，所以 $\alpha_1 = \left(\dfrac{T_g}{T_1}\right)^{\gamma} \eta_2 \alpha_{max} = \left(\dfrac{0.25}{0.383}\right)^{0.9} \times 1.0 \times 0.16 = 0.109$。

由于 $0.1 < T_2$，$T_3 < T_g$，所以 $\alpha_2 = \alpha_3 = \eta_2 \alpha_{max} = 0.16$。

（2）计算振型参与系数 γ_j

$$\gamma_1 = \frac{\sum\limits_{i=1}^{n} X_{1i} G_i}{\sum\limits_{i=1}^{n} X_{1i}^2 G_i} = \frac{0.238 \times 435 + 0.508 \times 440 + 0.782 \times 430 + 1 \times 380}{0.238^2 \times 435 + 0.508^2 \times 440 + 0.782^2 \times 430 + 1^2 \times 380} = 1.336$$

$$\gamma_2 = \frac{\sum\limits_{i=1}^{n} X_{2i} G_i}{\sum\limits_{i=1}^{n} X_{2i}^2 G_i} = \frac{-0.605 \times 435 - 0.895 \times 440 - 0.349 \times 430 + 1 \times 380}{0.605^2 \times 435 + 0.895^2 \times 440 + 0.349^2 \times 430 + 1^2 \times 380} = -0.452$$

$$\gamma_3 = \frac{\sum\limits_{i=1}^{n} X_{3i} G_i}{\sum\limits_{i=1}^{n} X_{3i}^2 G_i} = \frac{1.542 \times 435 + 0.756 \times 440 - 2.108 \times 430 + 1 \times 380}{1.542^2 \times 435 + 0.756^2 \times 440 + 2.108^2 \times 430 + 1^2 \times 380} = 0.133$$

（3）计算水平地震作用标准值 F_{ji}　第一振型时各质点地震作用 F_{1i} 为

$$F_{11} = \alpha_1 \gamma_1 X_{11} G_1 = 0.109 \times 1.336 \times 0.238 \times 435kN = 15.08kN$$

$$F_{12} = \alpha_1 \gamma_1 X_{12} G_2 = 0.109 \times 1.336 \times 0.508 \times 440kN = 32.55kN$$

$$F_{13} = \alpha_1\gamma_1X_{13}G_3 = 0.109 \times 1.336 \times 0.782 \times 430\text{kN} = 48.97\text{kN}$$

$$F_{14} = \alpha_1\gamma_1X_{14}G_4 = 0.109 \times 1.336 \times 1.0 \times 380\text{kN} = 55.34\text{kN}$$

第二振型时各质点地震作用 F_{2i} 为

$$F_{21} = \alpha_2\gamma_2X_{21}G_1 = 0.16 \times (-0.452) \times (-0.605) \times 435\text{kN} = 19.03\text{kN}$$

$$F_{22} = \alpha_2\gamma_2X_{22}G_2 = 0.16 \times (-0.452) \times (-0.895) \times 440\text{kN} = 28.48\text{kN}$$

$$F_{23} = \alpha_2\gamma_2X_{23}G_3 = 0.16 \times (-0.452) \times (-0.349) \times 430\text{kN} = 10.85\text{kN}$$

$$F_{24} = \alpha_2\gamma_2X_{24}G_4 = 0.16 \times (-0.452) \times 1.0 \times 380\text{kN} = -27.48\text{kN}$$

第三振型时各质点地震作用 F_{3i} 为

$$F_{31} = \alpha_3\gamma_3X_{31}G_1 = 0.16 \times 0.133 \times 1.542 \times 435\text{kN} = 14.27\text{kN}$$

$$F_{32} = \alpha_3\gamma_3X_{32}G_2 = 0.16 \times 0.133 \times 0.756 \times 440\text{kN} = 7.08\text{kN}$$

$$F_{33} = \alpha_3\gamma_3X_{33}G_3 = 0.16 \times 0.133 \times (-2.108) \times 430\text{kN} = -19.29\text{kN}$$

$$F_{34} = \alpha_3\gamma_3X_{34}G_4 = 0.16 \times 0.133 \times 1.0 \times 380\text{kN} = 8.09\text{kN}$$

（4）计算各振型下的地震作用效应 S_{ji}　将楼层的层间剪力看作要求的地震作用效应，根据隔离体平衡条件，所求层的层间剪力即为该层以上各地震作用之和。计算结果如图 3-11 所示，其中图 3-11a、c、e 为各振型的地震作用 F_{ji}，图 3-11b、d、f 为各振型下的层间剪力 S_{ji}。

（5）计算结构地震作用效应 S_{Ek}

$$S_{Ek1} = \sqrt{151.94^2 + 30.88^2 + 10.15^2}\text{kN} = 155.38\text{kN}$$

$$S_{Ek2} = \sqrt{136.86^2 + 11.85^2 + 4.12^2}\text{kN} = 137.43\text{kN}$$

$$S_{Ek3} = \sqrt{104.31^2 + 16.63^2 + 11.2^2}\text{kN} = 106.22\text{kN}$$

$$S_{Ek4} = \sqrt{55.34^2 + 27.48^2 + 8.09^2}\text{kN} = 62.31\text{kN}$$

层间剪力计算结果如图 3-11g 所示。

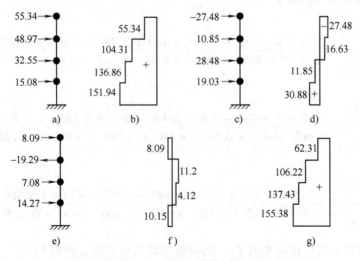

图 3-11　例 3-3 计算结果

a) F_{1i}　b) S_{1i}　c) F_{2i}　d) S_{2i}　e) F_{3i}　f) S_{3i}　g) S_{Ek}

3.6 底部剪力法

底部剪力法的主要思路是：先计算出作用于结构底部的总水平地震作用，然后将总水平地震作用按照一定的规律分配到各个质点上，从而得到各个质点的水平地震作用。

3.6.1 底部剪力法的基本公式

底部剪力法属一种近似方法，是针对某些建筑结构的振动特点提出的简化方法。因此，底部剪力法具有一定的适用范围。规范规定，对于以下两类建筑结构可采用底部剪力法进行抗震计算：

1）高度不超过 40m、以剪切变形为主且质量和刚度沿高度分布比较均匀的结构。

2）近似于单质点体系的结构。

上述结构在振动过程中具有如下特点：

1）地震位移反应以基本振型为主。

2）基本振型接近于倒三角形分布。

根据以上特点，假定只考虑第一振型的贡献，忽略高阶振型的影响，并将第一振型处理为倒三角形直线分布，如图 3-12 所示。因此，体系振动时质点 i 处的振幅与该质点距地面的高度成正比，即

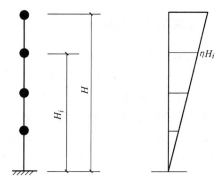

图 3-12 底部剪力法计算简图

$$X_{1i} = \eta H_i \tag{3-75}$$

式中 η——比例常数。

将式（3-75）代入式（3-73），得

$$F_i = \alpha_1 \gamma_1 \eta H_i G_i \tag{3-76}$$

结构总水平地震作用标准值（底部剪力）为

$$F_{Ek} = \sum_{i=1}^{n} F_i = \alpha_1 \gamma_1 \eta \sum_{i=1}^{n} G_i H_i \tag{3-77}$$

由式（3-77）得

$$\alpha_1 \gamma_1 \eta = \frac{F_{Ek}}{\sum\limits_{i=1}^{n} G_i H_i} \tag{3-78}$$

将式（3-78）代入式（3-76），得出计算 F_i 的表达式

$$F_i = \frac{G_i H_i}{\sum\limits_{j=1}^{n} G_j H_j} F_{Ek} \tag{3-79}$$

式中 F_{Ek}——结构总水平地震作用标准值（底部剪力）；

F_i——质点 i 的水平地震作用标准值；

G_i、G_j——集中于质点 i、j 的重力荷载代表值，按 3.4 节确定；

H_i、H_j——质点 i、j 计算高度。

根据底剪力相等的原则，将多质点体系等效为一个与其基本周期相同的单质点体系，这样就可方便地用单自由度体公式（3-20）计算底部总剪力 F_{Ek}，即

$$F_{Ek} = \alpha_1 G_{eq} \tag{3-80}$$

$$G_{eq} = \beta \sum_{i=1}^{n} G_i \tag{3-81}$$

式中 α_1——相对于结构基本自振周期的水平地震影响系数，根据图 3-4 确定，对多层砌体房屋、底部框架和多层内框架砖房，宜取水平地震影响系数最大值；

G_{eq}——结构等效总重力荷载；

β——等效系数，对单质点体系，取 $\beta = 1$，对多质点体系，$\beta = 0.85$。

3.6.2 底部剪力法的修正

1. 高振型影响

由式（3-79）计算出来的地震作用仅考虑了第一振型影响，并将其假定为直线倒三角形分布。当结构基本周期较长时，高阶振型对地震作用的影响不可忽略。对于周期较长的多层结构，按式（3-79）计算会过小地估计结构顶部的地震剪力。为此，需对式（3-79）进行修正。《建筑抗震设计规范》规定，对于 $T_1 > 1.4T_g$ 的周期结构，给出了如下的修正原则

1）在顶部质点增加一个附加地震作用 ΔF_n。

2）保持结构总底部剪力不变。

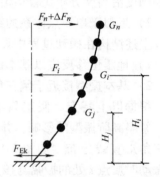

图 3-13 结构水平地震
作用计算简图

根据以上原则，规范给出计算水平地震作用的公式为（图 3-13）

$$\left. \begin{array}{l} F_{Ek} = \alpha_1 G_{eq} \\ F_i = \dfrac{G_i H_i}{\sum\limits_{j=1}^{n} G_j H_j} F_{Ek}(1 - \delta_n) \quad (i = 1,2,\cdots,n) \\ \Delta F_n = \delta_n F_{Ek} \end{array} \right\} \tag{3-82}$$

式中 δ_n——顶部附加地震作用系数，对于多层钢筋混凝土房屋和钢结构房屋，按表 3-5 采用，其他房屋可取 $\delta_n = 0$；

ΔF_n——顶部附加水平地震作用。

表 3-5 顶部附加地震作用系数 δ_n

T_g/s	$T_1 > 1.4T_g$	$T_1 \leq 1.4T_g$
$T_g \leq 0.35$	$0.08T_1 + 0.07$	
$0.35 < T_g \leq 0.55$	$0.08T_1 + 0.01$	0
$T_g > 0.55$	$0.08T_1 - 0.02$	

2. 鞭端效应

凸出屋面的屋顶间、女儿墙、烟囱等附属结构的质量和刚度比下层小很多，震害表明，

这部分结构破坏比较严重，这种由于顶层质量和刚度比下部小许多而使顶部振幅急剧加大、结构破坏严重的现象称为鞭端效应。鞭端效应对结构的影响，当按底部剪力法对具有凸出屋面的屋顶间、女儿间、烟囱等多层结构进行抗震计算时，宜按以下原则进行修正：

1）将顶层局部凸出结构的地震作用效应放大 3 倍（即取 $F_n \times 3$）设计顶层构件。

2）以上地震作用效应的增大部分（即 $2F_n$）不往下传递。

当结构基本周期 $T_1 > 1.4T_g$ 时，尚应考虑高振型的影响，此时附加地震作用 ΔF_n 置于主体结构的顶层（即质点 $n-1$ 处），而不应置于局部凸出部分的质点处（图 3-14）。

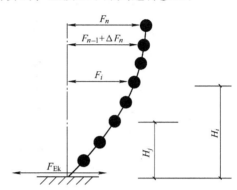

图 3-14　考虑鞭端效应结构的水平
地震作用计算简图

【例 3-4】　已知条件同例 3-3，但设计基本地震加速度改为 $0.30g$。按底部剪力法计算结构在多遇地震时的水平地震作用及地震剪力。

【解】　（1）计算地震影响系数 α_1　由表 3-3 查得，在 I_1 类场地、设计地震第一组时 $T_g = 0.25\mathrm{s}$。

由表 3-2 知，当设计基本地震加速度为 $0.30g$ 时，$\alpha_{\max} = 0.24$，当阻尼比 $\zeta = 0.05$ 时，$\eta_2 = 1.0$，$\gamma = 0.9$。在例 3-3 中已求得结构基本自振周期 $T_1 = 0.383\mathrm{s}$，因 $T_g < T_1 < 5T_g$，所以

$$\alpha_1 = \left(\frac{T_g}{T_1}\right)^{\gamma} \eta_2 \alpha_{\max} = \left(\frac{0.25}{0.383}\right)^{0.9} \times 1.0 \times 0.24 = 0.163$$

（2）计算结构等效总重力荷载 G_{eq}

$$G_{eq} = \beta \sum_{i=1}^{n} G_1 = 0.85 \times (435 + 440 + 430 + 380)\mathrm{kN} = 1432.25\mathrm{kN}$$

（3）计算底部剪力 F_{Ek}

$$F_{Ek} = \alpha_1 G_{eq} = 0.163 \times 1432.25\mathrm{kN} = 233.46\mathrm{kN}$$

（4）计算各质点的水平地震作用 F_i　因 $T_1 = 0.383\mathrm{s} > 1.4T_g = 0.35\mathrm{s}$，所以需考虑顶部附加地震作用，按式（3-82）进行计算。

由表 3-5 知，$\delta_n = 0.08T_1 + 0.07 = 0.101$，则

$$\Delta F_n = \delta_n F_{Ek} = 0.101 \times 233.46\mathrm{kN} = 23.58\mathrm{kN}$$

$$(1 - \delta_n) F_{Ek} = 209.88\mathrm{kN}$$

计算结果列于表 3-6，层间剪力图如图 3-15 所示。

表 3-6　例 3-4 计算结果

层数	G_i/kN	H_i/m	$G_i H_i/\mathrm{kN} \cdot \mathrm{m}$	$\sum G_i H_i/\mathrm{kN} \cdot \mathrm{m}$	F_i/kN	$\Delta F_n/\mathrm{kN}$	V_i/kN
4	380	16	6080		77.34		100.92
3	430	12	5160	16500	65.64	23.58	166.56
2	440	8	3520		44.77		211.33
1	435	4	1740		22.13		233.46

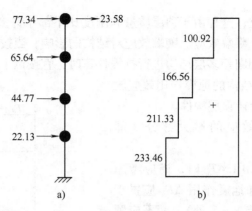

图 3-15　例 3-4 层间剪力图

a）地震作用力　b）层间剪力

3.7　结构基本周期的近似计算

在利用底部剪力法计算结构地震作用时，需要计算结构的基本周期值。本节介绍两种常用的计算结构基本周期的近似方法：能量法和顶点位移法。

3.7.1　能量法

设一 n 质点弹性体系（图 3-16），质点 i 的质量为 m_i，相应的重力荷载为 $G_i = m_i g$，g 为重力加速度。将重力荷载 G_i 水平作用于相应质点 m_i 上所产生的弹性变形曲线为基本振型，图中 Δ_i 为质点 i 的水平位移。于是，在振动过程中，质点 i 的瞬间水平位移为

$$x_i(t) = \Delta_i \sin(\omega_1 t + \varphi_1)$$

其瞬时速度为

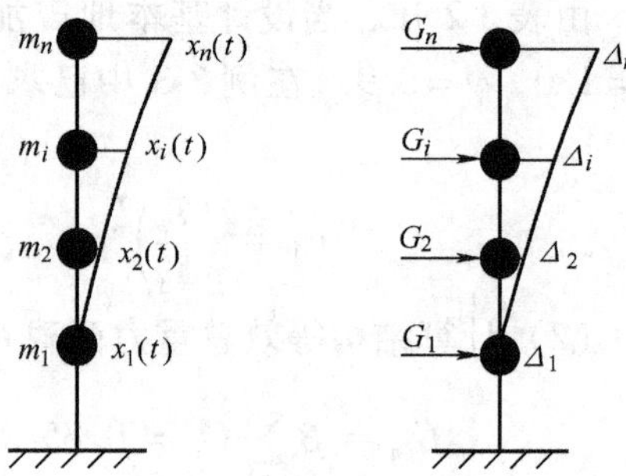

图 3-16　按能量法计算基本
周期的计算简图

$$\dot{x}_i(t) = \omega_1 \Delta_i \cos(\omega_1 t + \varphi_1)$$

当体系在振动过程中各质点位移同时达到最大时，动能为零，而变形位能达到最大值 $U_{\max}$，即

$$U_{\max} = \frac{1}{2} \sum_{i=1}^{n} G_i \Delta_i \tag{3-83}$$

当体系经过静平衡位置时，变形位能为零，体系动能达到最大值 $T_{\max}$，即

$$T_{\max} = \frac{1}{2} \sum_{i=1}^{n} m_i (\omega_1 \Delta_i)^2 = \frac{\omega_1^2}{2g} \sum_{i=1}^{n} G_i \Delta_i^2 \tag{3-84}$$

若忽略阻尼力影响，则体系没有能量损耗，总能量保持不变。根据能理守恒原理，令 $U_{\max} = T_{\max}$，则得体系基本频率的近似计算公式为

$$\omega_1 = \sqrt{\frac{g \sum\limits_{i=1}^{n} G_i \Delta_i}{\sum\limits_{i=1}^{n} G_i \Delta_i^2}} \tag{3-85}$$

体系的基本周期为

$$T_1 = \frac{2\pi}{\omega_1} = 2\pi \sqrt{\frac{\sum_{i=1}^{n} G_i \Delta_i^2}{g \sum_{i=1}^{n} G_i \Delta_i}} \approx 2 \sqrt{\frac{\sum_{i=1}^{n} G_i \Delta_i^2}{\sum_{i=1}^{n} G_i \Delta_i}} \tag{3-86}$$

式中　G_i——质点 i 的重力荷载；

　　　Δ_i——在各假想水平荷载 G_i 共同作用下，质点 i 处的水平弹性位移（m）。

3.7.2　顶点位移法

顶点位移法是常用的一种求结构体系基本周期的近似方法，该方法是利用均匀分布重力荷载水平作用下的结构顶点位移来确定体系的基本周期。

考虑一质量均匀的悬臂直杆（图 3-17a），杆单位长度的质量为 $\overline{m}$，相应重力荷载为 $q = \overline{m}g$。

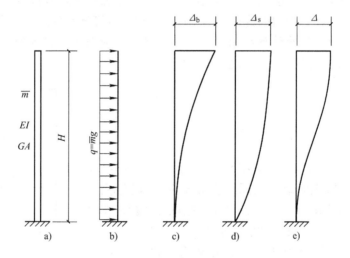

图 3-17　顶点位移法计算基本周期

当杆为弯曲型振动时，基本周期可按下式计算

$$T_b = 1.78 \sqrt{\frac{qH^4}{gEI}} \tag{3-87}$$

当杆为剪切型振动时，基本周期为

$$T_s = 1.28 \sqrt{\frac{\xi q H^2}{GA}} \tag{3-88}$$

式中　EI——杆的弯曲刚度；

　　　GA——杆的剪切刚度；

　　　ξ——切应力分布不均匀系数。

悬臂直杆在均布重力荷载 q 水平作用下（图 3-17b），弯曲变形时的顶点位移为

$$\Delta_b = \frac{qH^4}{8EI} \tag{3-89}$$

剪切变形时的顶点位移为

$$\Delta_s = \frac{\xi q H^2}{2GA} \qquad (3-90)$$

将式（3-89）代入式（3-87）得杆按弯曲振动时用顶点位移表示的基本周期计算公式

$$T_b = 1.6 \sqrt{\Delta_b} \qquad (3-91)$$

将式（3-90）代入式（3-88）得杆按剪切振动时的基本周期公式

$$T_s = 1.8 \sqrt{\Delta_s} \qquad (3-92)$$

若杆按弯剪振动，顶点位移为 Δ，则基本周期可按下式计算

$$T = 1.7 \sqrt{\Delta} \qquad (3-93)$$

上述各公式中，顶点位移的单位为 m，周期的单位为 s。对于一般多层框架结构，只要求得框架在集中楼（屋）盖的重力荷载水平作用时的顶点位移，即可求出其基本周期值。

3.7.3　基本周期的修正

在按能量法和顶点位移法求解基本周期时，没有考虑非承重构件（如填充墙）对刚度的影响，这将使理论计算的周期偏长。当用反应谱理论计算地震作用时，会使地震作用偏小而趋于不安全。因此，为使计算结果更接近实际情况，应对理论计算结果给予折减，对式（3-86）和式（3-93）分别乘以折减系数，得

$$T_1 = 2\psi_T \sqrt{\frac{\sum_{i=1}^{n} G_i \Delta_i^2}{\sum_{i=1}^{n} G_i \Delta_i}} \qquad (3-94)$$

$$T = 1.7\psi_T \sqrt{\Delta} \qquad (3-95)$$

式中　　ψ_T——考虑填充墙影响的周期折减系数，取值如下：
框架结构 $\psi_T = 0.6 \sim 0.7$，框架-抗震墙结构 $\psi_T = 0.7 \sim 0.8$，抗震墙结构 $\psi_T = 1.0$。

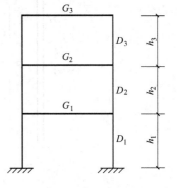

图 3-18　例 3-5 图

【例 3-5】　钢筋混凝土 3 层框架计算简图如图 3-18 所示，各层高均为 5m，各楼层重力荷载代表值分别为 $G_1 = G_2$ = 1200kN，$G_3 = 800$kN；楼板刚度无穷大，各楼层抗侧移刚度分别为 $D_1 = D_2 = 4.5 \times 10^4$ kN/m，$D_3 = 4.0 \times 10^4$ kN/m。分别按能量法和顶点位移法计算结构基本自振周期（取填充墙影响折减系数为 0.7）。

【解】　1）计算将各楼层重力荷载水平作用于结构时引起的侧移值，计算结果列于表 3-7。

表 3-7　例 3-5 侧移计算

层次	楼层重力荷载 G_i/kN	楼层剪力 $V_i = \sum_1^n G_i$/kN	楼间侧移刚度 $D_i/$ (kN/m)	层间侧移 $\delta_i = v_i/D_i$/m	楼层侧移 $\Delta_i = \sum_1^n \delta_i$/m
3	800	800	40 000	0.0200	0.1355
2	1200	2000	45 000	0.0444	0.1155
1	1200	3200	45 000	0.0711	0.0711

2）按能量法计算基本周期。由式（3-94）得

$$T_1 = 2\psi_T \sqrt{\frac{\sum_{i=1}^{n} G_i \Delta_i^2}{\sum_{i=1}^{n} G_i \Delta_i}}$$

$$= 2 \times 0.7 \times \sqrt{\frac{800 \times 0.1355^2 + 1200 \times 0.1155^2 + 1200 \times 0.0711^2}{800 \times 0.1355 + 1200 \times 0.1155 + 1200 \times 0.0711}}\,\mathrm{s}$$

$$= 0.466\mathrm{s}$$

3）按顶点位移法计算基本周期。由式（3-95）得

$$T_1 = 1.7\psi_T \sqrt{\Delta} = 1.7 \times 0.7 \times \sqrt{0.1355}\,\mathrm{s} = 0.438\mathrm{s}$$

3.8　平动扭转耦联振动时结构的抗震计算

由于地震动是一种多维随机运动，地面运动存在着转动分量，结构的不对称使结构的平面质量中心和刚度中心不重合，这都可能使结构在地震作用效应下产生扭转效应。《建筑抗震设计规范》规定：对于质量和刚度分布明显不对称的结构，应通过计算计入水平地震作用的扭转影响。规则结构不进行扭转耦联计算时，平行于地震作用方向的两个边榀，其地震作用效应应乘以增大系数。一般情况下，短边可按 1.15 采用，长边可按 1.05 采用；当扭转刚度较小时，宜按不小于 1.3 采用。角部构件宜同时乘以两个方向各自的增大系数。

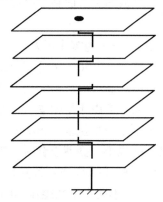

图 3-19　平动扭转耦联振动时的串联刚片模型

规范采用扭转耦联振型分解法计算地震作用及其效应。假设楼盖平面内刚度为无限大，将质量分别就近集中到各层楼板平面上，则扭转耦联振动时结构的计算简图可简化为图 3-19 所示的串联刚片系，而不是仅考虑平移振动时的串联质点系。每层刚片有 3 个自由度，即 x、y 两方向的平移和平面内的转角 φ。

在自由振动条件下，任一振型 j 在任意层 i 具有 3 个振型位移，即两个正交的水平位移 X_{ji}、Y_{ji} 和一个转角位移 φ_{ji}。按扭转耦联振型分解法计算时，j 振型第 i 层的水平地震作用标准值按下列公式确定

$$\left.\begin{aligned} F_{xji} &= \alpha_j \gamma_{tj} X_{ji} G_i \\ F_{yji} &= \alpha_j \gamma_{tj} Y_{ji} G_i \\ F_{tji} &= \alpha_j \gamma_{tj} r_i^2 \varphi_{ji} G_i \end{aligned}\right\} \tag{3-96}$$

式中　F_{xji}、F_{yji}、F_{tji}——j 振型 i 层的 x 方向、y 方向和转角方向的地震作用标准值；

$\qquad X_{ji}$、Y_{ji}——j 振型 i 层质心在 x、y 方向的水平相对位移；

$\qquad \varphi_{ji}$——j 振型 i 层的相对扭转角；

$\qquad \alpha_j$——与第 j 振型自振周期 T_j 相应的地震影响系数；

$\qquad \gamma_{tj}$——计入扭转的 j 振型参与系数；

$$r_i —— i\ 层转动半径，按下式计算$$

$$r_i = \sqrt{J_i / m_i} \tag{3-97}$$

式中　J_i——第 i 层绕质心的转动惯量；

　　　m_i——第 i 层的质量。

γ_{tj} 按下列公式确定：当仅取 x 方向地震作用时，

$$\gamma_{tj} = \gamma_{xj} = \frac{\sum\limits_{i=1}^{n} X_{ji} G_i}{\sum\limits_{i=1}^{n} (X_{ji}^2 + Y_{ji}^2 + \varphi_{ji}^2 r_i^2) G_i} \tag{3-98}$$

当仅取 y 方向地震作用时，

$$\gamma_{tj} = \gamma_{yj} = \frac{\sum\limits_{i=1}^{n} Y_{ji} G_i}{\sum\limits_{i=1}^{n} (X_{ji}^2 + Y_{ji}^2 + \varphi_{ji}^2 r_i^2) G_i} \tag{3-99}$$

当取与 x 方向斜交的地震作用时，

$$\gamma_{tj} = \gamma_{xj} \cos\theta + \gamma_{yj} \sin\theta \tag{3-100}$$

式中　θ——地震作用方向与 x 方向的夹角。

按式 (3-96) 可分别求得对应于每一振型的最大地震作用，这时仍需进行振型组合求结构总的地震反应。与结构单向平移水平地震反应计算相比，考虑平扭耦合效应进行振型组合时，需注意由于平扭耦合体系有 x 向、y 向和扭转 3 个主振方向，若取 $3r$ 个振型组合则只相当于不考虑平扭耦合影响时只取 r 个振型组合的情况，故平扭耦合影响，一些振型的频率间隔可能很小，振型组合时，需考虑不同振型地震反应间的相关性。为此，可采用完全二次振型组合法（CQC 法）计算地震作用效应。

1）单向水平地震作用的扭转效应按下式计算

$$S_{Ek} = \sqrt{\sum_{j=1}^{m} \sum_{k=1}^{m} \rho_{jk} S_j S_k} \tag{3-101}$$

$$\rho_{jk} = \frac{8 \sqrt{\zeta_j \zeta_k} (\zeta_j + \lambda_T \zeta_k) \lambda_T^{1.5}}{(1 - \lambda_T^2)^2 + 4\zeta_j \zeta_k (1 + \lambda_T^2) \lambda_T + 4(\zeta_j^2 + \zeta_k^2) \lambda_T^2} \tag{3-102}$$

式中　S_{Ek}——地震作用标准值的扭转效应；

　　　m——所取振型数，一般取前 9～15 个振型；

　S_j、S_k——j、k 振型地震作用标准值的效应；

　ζ_j、ζ_k——j、k 振型的阻尼比；

　　　ρ_{jk}——j 振型与 k 振型的耦联系数；

　　　λ_T——k 振型与 j 振型的自振周期比。

表 3-8 给出了阻尼比 $\zeta = 0.05$ 时 ρ_{jk} 与 λ_T 的数值关系，从表中可以看出，ρ_{jk} 随 λ_T 的减小而迅速衰减。当 $\lambda_T > 0.8$ 时，不同振型之间相关性的影响可能较大。这说明，当各振型的频率相近时，有必要考虑耦联系数 ρ_{jk} 的影响。当 $\lambda_T < 0.7$ 时，两个振型间的相关性很小，可忽略不计。如果忽略全部振型的相关性，即只考虑自身振型的相关，则由式 (3-101) 给出的 CQC 组合式退化为式 (3-77) 的 SRSS 组合式。

表 3-8　ρ_{jk} 与 λ_T 的数值关系（$\zeta = 0.05$）

λ_T	0.4	0.5	0.6	0.7	0.8	0.9	0.95	1.0
ρ_{jk}	0.010	0.018	0.035	0.071	0.165	0.472	0.791	1.000

2）双向水平地震作用的扭转效应按下面两式的较大值计算

$$S_{Ek} = \sqrt{S_x^2 + (0.85 S_y)^2}　\tag{3-103}$$

或

$$S_{Ek} = \sqrt{S_y^2 + (0.85 S_x)^2}　\tag{3-104}$$

式中　S_x、S_y——x 向、y 向单向水平地震作用按式（3-101）计算的扭转效应。

在进行平动扭转耦联的计算中，需要求出各楼层的转动惯量。对于任意形状的楼盖，取任意坐标轴，质心 C_i 的坐标 x_i、y_i 可用下式求得

$$x_i = \frac{\iint\limits_{A_i} \overline{m}_i x \, \mathrm{d}x \mathrm{d}y}{\iint\limits_{A_i} \overline{m}_i \mathrm{d}x \mathrm{d}y}, y_i = \frac{\iint\limits_{A_i} \overline{m}_i y \, \mathrm{d}x \mathrm{d}y}{\iint\limits_{A_i} \overline{m}_i \mathrm{d}x \mathrm{d}y}　\tag{3-105}$$

式中　$\overline{m}_i$——i 层任意点处单位面积的质量；

　　　A_i——i 层楼盖水平面积。

绕任意竖轴 o 的转动惯量为

$$J_{io} = \iint\limits_{A_i} \overline{m}_i (x^2 + y^2) \, \mathrm{d}x \mathrm{d}y　\tag{3-106}$$

绕质心 C_i 的转动惯量为

$$J_i = \iint\limits_{A_i} \overline{m}_i \left[(x - x_i)^2 + (y - y_i)^2 \right] \mathrm{d}x \mathrm{d}y　\tag{3-107}$$

3.9　竖向地震作用计算

震害调查表明，对于高烈度区的高层建筑、大跨度结构等结构竖向地震作用的影响不容忽视，因此《建筑抗震设计规范》规定：设防烈度为 8 度和 9 度区的大跨度结构、长悬臂结构，以及设防烈度为 9 度区的高层建筑，应计算竖向地震作用。

3.9.1　高层建筑的竖向地震作用计算

竖向地震作用的计算首先应确定竖向反应谱。根据大量强震记录及其统计分析，竖向地震具有如下特点：

1）竖向地震动为系数 β 谱曲线与水平地震动为系数 β 谱曲线的变化规律大致相同，两者的最大动力系数 β_{max} 的数值接近，反应谱的形状相差不大。

2）竖向地震动加速度峰值大约为水平地震动加速度峰值的 $1/2 \sim 2/3$。

根据上述特点，在竖向地震作用的计算中，可近似采用水平反应谱，而竖向地震影响系数的最大值近似取为水平地震影响系数最大值的 65%。

通过对大量高屋建筑的分析，其主要振动规律可概括为：

1）竖向基本振型接近于一条直线，按倒三角形分布。

2）竖向地震反应以基本振型为主。

3）高层建筑竖向基本周期很短，一般为 0.1～0.2s。

根据上述分析，高层建筑竖向地震作用计算简图如图 3-20 所示，计算的基本公式为

$$F_{Evk} = \alpha_{vmax} G_{eq} \tag{3-108}$$

$$F_{vi} = \frac{G_i H_i}{\sum\limits_{j=1}^{n} G_j H_j} F_{Evk} \tag{3-109}$$

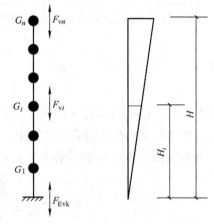

式中　F_{Evk}——结构总竖向地震作用标准值；

　　　F_{vi}——质点 i 的竖向地震作用标准值；

　　　α_{vmax}——竖向地震影响系数最大值，取水平地震影响系数最大值的 65%，即 $\alpha_{vmax} = 0.65\alpha_{max}$；

　　　G_{eq}——结构等效总重力荷载，按式（3-81）确定，对竖向地震作用计算，取等效系数 $\beta = 0.75$。

图 3-20　竖向地震作用计算简图

由式（3-109）求出各楼层质点的竖向地震作用后，可进一步确定楼层的竖向地震作用效应，这可按各构件承受的重力荷载代表值的比例分配，并宜乘以 1.5 的增大系数。

3.9.2 大跨度结构的竖向地震作用计算

《建筑抗震设计规范》规定：对平板型网架屋盖、跨度大于 24m 的屋架、屋盖横梁及托架，其竖向地震作用标准值的计算可采用静力法，取其重力荷载代表值和竖向地震作用系数的乘积，即

$$F_{vi} = \xi_v G_i \tag{3-110}$$

式中　F_{vi}——结构或构件的竖向地震作用标准值；

　　　G_i——结构或构件的重力荷载代表值；

　　　ξ_v——竖向地震作用系数。

对于平板型网架和跨度大于 24m 的屋架、屋盖横梁及托架，ξ_v 按表 3-9 采用；对于长悬臂和其他大跨度结构，8 度时取 $\xi_v = 0.10$，9 度时取 $\xi_v = 0.20$，当设计基本地震速度为 0.30g 时，取 $\xi_v = 0.15$。

表 3-9　竖向地震作用系数 ξ_v

结构类型	烈　　度	地场类型		
		I	II	III、IV
平板型网架、钢屋架	8	可不计算（0.10）	0.08（0.12）	0.10（0.15）
	9	0.15	0.15	0.20
钢筋混凝土屋架	8	0.10（0.15）	0.13（0.19）	0.13（0.19）
	9	0.20	0.25	0.25

注：括号中数值用于设计基本地震加速度为 0.30g 的地区。

3.10　结构抗震验算

为了实现"小震不坏，中震可修，大震不倒"的三水准设防目标，规范采用两阶段设计方法来完成三个烈度水准的抗震设防要求，即

第一阶段设计：按多遇地震作用效应和其他荷载效应的基本组合验算构件截面抗震承载力，以及在多遇地震作用下验算结构的弹性变形。

第二阶段设计：在罕遇地震下验算结构的弹塑性变形。

3.10.1　结构抗震计算的一般原则

各类建筑结构的抗震计算，应遵循下列原则：

1）一般情况下，应至少在建筑结构的两个主轴方向分别计算水平地震作用，各方向的水平地震作用应由该方向抗侧力构件承担。

2）有斜交抗侧力构件的结构，当相交角度大于 15°时，应分别计算各抗侧力构件方向的水平地震作用。

3）质量和刚度分布明显不对称的结构，应计入双向水平地震作用下的扭转影响；其他情况，可采用调整地震作用效应的方法计入扭转影响。

4）8 度和 9 度时的大跨度和长悬臂结构及 9 度时的高层建筑，应计算竖向地震作用。

5）一般情况下，当满足 3.6 节规定的条件时，可采用应底部剪力法进行结构的抗震计算，否则宜采用振型分解反应谱法。对特别不规则的建筑、甲类建筑和表 3-10 所列高度范围的高层建筑，应采用时程分析法进行多遇地震下的补充计算，可取多条时程曲线计算结果的平均值与振型分解反应谱法计算结果的较大值。（有关时程分析方法详见第四章）

表 3-10　采用时程分析的房屋高度范围

烈度、场地类别	房屋高度范围/m
8 度 I 、II 类场地和 7 度	>100
8 度III、IV类场地	>80
9 度	>60

6）为保证结构的基本安全性，抗震验算时，结构任一楼屋的水平地震剪力应符合下式的最低要求

$$V_{\mathrm{E}ki} > \lambda \sum_{j=i}^{n} G_j \tag{3-111}$$

式中　$V_{\mathrm{E}ki}$——第 i 层对应于水平地震作用标准值的楼层剪力；

　　　λ——剪力系数，不应小于表 3-11 规定的楼层最小地震剪力系数值，对竖向不规则结构的薄弱层，尚应乘以 1.15 的增大系数；

　　　G_j——第 j 层的重力荷载代表值。

表 3-11　楼层最小地震剪力系数值 λ

类　　别	6 度	7 度	8 度	9 度
扭转效应明显或基本周期 小于 3.5s 的结构	0.008	0.016 （0.024）	0.032 （0.048）	0.064
基本周期大于 5.0s 的结构	0.006	0.012 （0.018）	0.024 （0.036）	0.048

注：1. 基本周期介于 3.5 ~ 5.0s 之间的结构，可插入取值。

　　2. 括号内数值分别用于设计基本地震加速度为 0.15g 和 0.30g 的地区。

3.10.2　截面抗震验算

结构构件的地震作用效应和其他荷载效应的基本组合，应按下式计算

$$S = \gamma_G S_{GE} + \gamma_{Eh} S_{Ehk} + \gamma_{Ev} S_{Evk} + \psi_w \gamma_w S_{wk} \tag{3-112}$$

式中　　S——结构构件内力组合的设计值，包括组合的弯矩、轴向力和剪力设计值；

　　　　γ_G——重力荷载分项系数，一般情况应采用 1.2，当重力荷载效应对构件承载能力有利时，不应大于 1.0；

γ_{Eh}、γ_{Ev}——水平、竖向地震作用分项系数，按表 3-12 采用；

　　　　γ_w——风荷载分项系数，应采用 1.4；

　　　S_{GE}——重力荷载代表值的效应，尚应乘以相应的增大系数或调整系数，有起重机时，尚应包括悬、吊物重力标准值效应；

　　S_{Ehk}——水平地震作用标准值的效应，尚应乘以相应的增大系数或调整系数；

　　S_{Evk}——竖向地震作用标准值的效应；

　　　S_{wk}——风荷载标准值的效应；

　　　ψ_w——风荷载组合值系数，一般结构取 0，风荷载起控制作用的高层建筑应采用 0.2。

表 3-12　地震作用分项系数

地震作用	γ_{Eh}	γ_{Ev}
仅计算水平地震作用	1.3	0.0
仅计算竖向地震作用	0.0	1.3
同时计算水平与竖向地震作用（水平地震为主）	1.3	0.5
同时计算水平与竖向地震作用（竖向地震为主）	0.5	1.3

结构构件的截面抗震验算，应采用下列设计表达式

$$S \leqslant \frac{R}{\gamma_{RE}} \tag{3-113}$$

式中　γ_{RE}——承载力抗震调整系数，按表 3-13 采用，当仅计算竖向地震作用时，各类结构构件均宜采用 1.0；

　　　　R——结构构件承载力设计值，按相关设计规范计算。

表 3-13　承载力抗震调整系数

材　　料	结构构件	受力状态	γ_{RE}
钢	柱，梁，支撑，节点，板件，螺栓，焊缝	强度	0.75
	柱，支撑	稳定	0.80
砌体	两端均有构造柱、芯柱的抗震墙	受剪	0.9
	其他抗震墙	受剪	1.0
混凝土	梁	受弯	0.75
	轴压比小于 0.15 的柱	偏压	0.75
	轴压比不小于 0.15 的柱	偏压	0.80
	抗震墙	偏压	0.85
	各类构件	受剪、偏拉	0.85

3.10.3　多遇地震作用下结构的弹性变形验算

《建筑抗震设计规范》规定，对表 3-14 所列各类结构应进行多遇地震作用下的抗震变形验算，其楼层内最大的弹性层间位移应符合下式要求

$$\Delta u_e \leqslant [\theta_e]h \tag{3-114}$$

式中　$[\theta_e]$——弹性层间位移角限值，按表 3-14 采用；

　　　h——计算楼层层高；

　　　Δu_e——多遇地震作用标准值产生的楼层内最大的弹性层间位移。

表 3-14　弹性层间位移角限值

结构类型	$[\theta_e]$
钢筋混凝土框架	1/550
钢筋混凝土框架-抗震墙、板柱-抗震墙、框架-核心筒	1/800
钢筋混凝土抗震墙、筒中筒	1/1000
钢筋混凝土框支层	1/1000
多、高层钢结构	1/250

计算时，除以弯曲变形为主的高层建筑外，可不扣除结构整体弯曲变形；应计入扭转变形，各作用分项系数均应采用 1.0；钢筋混凝土结构构件的截面刚度可采用弹性刚度。

3.10.4　罕遇地震作用下结构的弹塑性变形验算

为了达到"大震不倒"的设防目标，需要对结构进行罕遇地震作用下的弹塑性变形验算。

1. 验算范围

1）8 度Ⅲ、Ⅳ类场地和 9 度时，高大的单层钢筋混凝土柱厂房的横向排架。

2）7~9 度时楼层屈服强度系数 $\xi_y < 0.5$ 的钢筋混凝土框架结构和框排架结构。

3）高度大于 150m 的钢结构。

4）甲类建筑和 9 度时乙类建筑中的钢筋混凝土结构和钢结构。

5）采用隔震和消能减震设计的结构。

此外，规范还规定，对下列结构也宜进行弹塑性变形验算：

1）表3-10所列高度范围且属于表1-3所列竖向不规则类型的高层建筑结构。

2）7度Ⅲ、Ⅳ类场地和8度时乙类建筑中的钢筋混凝土结构和钢结构。

3）板柱-抗震墙结构和底部框架砌体房屋。

4）高度不大于150m的高层钢结构。

5）不规则的地下建筑结构及地下空间综合体。

2. 验算方法

结构薄弱层（部位）的弹塑性层间位移应符合下式要求

$$\Delta u_p \leq [\theta_p]h \tag{3-115}$$

式中 Δu_p——弹塑性层间位移；

h——薄弱层楼层高度或单层厂房上柱高度；

$[\theta_p]$——弹塑性层间位移角限值，按表3-15采用。

对钢筋混凝土框架结构，当轴压比小于0.40时，$[\theta_p]$可提高10%，当柱子全高的箍筋构造比规范规定的最小配箍特征值大于30%时，$[\theta_p]$可提高20%，但累计不超过25%。

表3-15 弹塑性层间位移角限值

结构类型	$[\theta_p]$
单层钢筋混凝土柱排架	1/30
钢筋混凝土框架	1/50
底部框架砖房中的框架-抗震墙	1/100
钢筋混凝土框架-抗震墙、板柱-抗震墙、框架-核心筒	1/100
钢筋混凝土抗震墙、筒中墙	1/120
多、高层钢结构	1/50

《建筑抗震设计规范》建议，对不超过12层且刚度无突变的钢筋混凝土框架结构、框排架结构单层钢筋混凝土柱厂房可采用下述简化计算法计算，主要计算步骤如下：

（1）计算楼层屈服强度系数 大量震害分析表明，大震作用下一般存在"塑性变形集中"的薄弱层，这种抗震薄弱层的变形能力的好坏将直接影响整个结构的倒塌性能。

规范中引入楼层屈服强度系数来定量判别薄弱层的位置，其表达式为

$$\xi_y(i) = \frac{V_y(i)}{V_e(i)} \tag{3-116}$$

式中 $\xi_y(i)$——结构第i层的楼层屈服强度系数；

$V_y(i)$——按构件实际配筋和材料强度标准值计算的第i楼层实际抗剪强度；

$V_e(i)$——按罕遇地震作用下的弹性分析所获得的第i楼层的地震剪力。

（2）确定结构薄弱层的位置 由式（3-116），楼层屈服强度系数ξ_y反映了结构中楼层的实际承载力与该楼层所受弹性地震剪力的相对比值关系。计算分析表明，当各楼层的屈服强度系数均大于0.5时，该结构就不存在塑性变形明显集中而导致倒塌的薄弱层，故无需再进行罕遇地震作用下抗震变形验算。而当各楼层屈服强度系数并不都大于0.5时，则楼层屈服强度系数最小或相对较小的楼层往往率先屈服并出现较大的层间弹塑性位移，且楼层屈服

强度系数越小，层间弹塑性位移越大，故可根据楼层屈服强度系数来确定结构薄弱层的位置。

对于结构薄弱层（部位）的位置，规范中给出如下确定原则：

1）楼层屈服强度系数沿高度分布均匀的结构，可取底层。

2）楼层屈服强度系数沿高度分布不均匀的结构，可取该系数最小的楼层（部位）和相对较小的楼层，一般不超过 2 ~ 3 处。

3）单层厂房，可取上柱。

当楼层屈服强度系数符合下述条件时，才认为是沿高度分布均匀的，即

对标准层 $\qquad \xi_y(i) \geq 0.8[\varphi_y(i+1) + \varphi_y(i-1)]/2$ (3-117)

对顶层 $\qquad \xi_y(n) \geq 0.8\xi_y(n-1)$ (3-118)

对底层 $\qquad \xi_y(1) \geq 0.8\xi_y(2)$ (3-119)

（3）薄弱层弹塑性层间位移的计算　薄弱层弹塑性层间位移可按下式计算

$$\Delta u_p = \eta_p \Delta u_e$$ (3-120)

或

$$\Delta u_p = \mu \Delta u_y = \frac{\eta_p}{\xi_y} \Delta u_y$$ (3-121)

式中　Δu_e——罕遇地震作用下按弹性分析的层间位移；

Δu_y——层间屈服位移；

μ——楼层延性系数；

η_p——弹性层间位移增大系数。

当薄弱层（部位）的屈服强度系数不小于相邻层（部位）该系数平均值的 0.8 时，η_p 可按表 3-16 采用；当不大于该平均值的 0.5 时，η_p 可按表内相应数值的 1.5 倍采用；其他情况 η_p 可采用内插法取值。

表 3-16　弹塑性层间位移增大系数 η_p

结构类型	总层数 n 或部位	ξ_y		
		0.5	0.4	0.3
多层均匀框架结构	2 ~ 4	1.30	1.40	1.60
	5 ~ 7	1.50	1.65	1.80
	8 ~ 12	1.80	2.00	2.20
单层厂房	上柱	1.30	1.60	2.00

由表 3-16 可以看出，弹塑性位移增大系数 η_p 随框架层数和楼层屈服强度系数 ξ_y 而变化，ξ_y 减小时 η_p 增大较多，因此设计中应尽量避免产生 ξ_y 过低的薄弱层。

思　考　题

3-1　什么是地震作用？什么是地震反应？

3-2　什么是反应谱？规范中给出的抗震设计反应谱的特点是什么？

3-3　地震系数与地震影响系数有什么区别？

3-4　简述确定地震作用的底部剪力法的适用条件和计算步骤。

3-5 哪些建筑物需要进行竖向地震作用计算？简述其计算方法。

3-6 某单跨单层工业厂房，集中于屋盖的竖向荷载代表值为 $G = 500\text{kN}$，结构的自振周期 $T = 0.55\text{s}$，结构阻尼比 $\zeta = 0.03$，Ⅱ类建筑场地，设计地震分组为第一组，设计基本地震加速度为 $0.15g$。求该厂房在多遇地震时水平地震作用。

3-7 三层框架结构如图 3-21 所示，横梁刚度为无穷大，位于 Ⅱ类场地，设防烈度为 7 度，设计基本地震加速度为 $0.10g$，设计地震分组为第一组。结构各层的层间侧移刚度分别为 $k_1 = 8.1 \times 10^5 \text{kN/m}$，$k_2 = 9.2 \times 10^5 \text{kN/m}$，$k_3 = 9.2 \times 10^5 \text{kN/m}$，各质点的质量分别为 $m_1 = m_2 = 2.3 \times 10^6 \text{kg}$，$m_3 = 2.5 \times 10^6 \text{kg}$。用底部剪力法计算结构在多遇地震作用时各层的层间地震力。

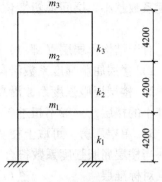

图 3-21　思考题 3-7 图

第4章

多层及高层钢筋混凝土房屋抗震设计

4.1 概述

多层及高层钢筋混凝土结构体系常见的有框架、抗震墙、框架-抗震墙、筒体、板柱（外）框架-（内）筒体，异形柱框架和短肢抗震墙结构体系在工程上也有应用。

框架结构体系由梁柱构成，构件截面小，因此框架结构的承载力和刚度都较低，在地震中容易产生震害。但是框架结构平面布置灵活，易于满足建筑物设置大房间、改变平面使用功能的要求，在工业与民用建筑中应用广泛。由于框架结构抗侧向刚度小，在房屋高度增加的情况下其内力和侧移增长很快，容易产生二阶效应，为使房屋柱截面不致过大影响使用，往往在房屋结构的适当部位布置一定数量的钢筋混凝土墙，以增加房屋结构的抗侧向刚度，这样便形成了框架-抗震墙结构体系。

抗震墙结构体系，也称剪力墙结构体系，由钢筋混凝土纵横墙组成，抗侧向刚度较大，同框架结构体系相比，抗震墙结构的耗能能力约为同高度框架结构的 20 倍左右，抗震墙还有在罕遇地震时裂而不倒和事后易于修复的优点。近年来抗震墙结构体系应用较广泛，但抗震墙结构体系平面布置不灵活，纯抗震墙结构体系多用于住宅、旅馆和办公楼建筑。

筒体结构体系可以由钢筋混凝土剪力墙组成，也可以由密柱框筒组成。筒体结构体系一般有筒中筒结构、成束筒结构、支撑筒结构、组合筒体结构等，近年来框筒结构应用也较普遍。由于筒体结构具有造型美观、适用灵活、受力合理，以及整体性能强等优点，适用于较高的高层建筑，因此，目前全世界最高的一百幢高层建筑约有 2/3 采用筒体结构，国内百米以上的高层建筑约有 1/2 采用钢筋混凝土筒体结构。

目前，国内地震区的工业与民用建筑中，大多数采用多层框架、框架－剪力墙及剪力墙结构体系。历次地震经验表明，钢筋混凝土结构房屋一般具有较好的抗震性能。结构设计过程中一般经过合理的抗震计算并采取可靠的抗震构造措施，在一般烈度震区建造多层和高层钢筋混凝土结构房屋是可以保证安全的。国内大量建造的板式小高层住宅中，采用剪力墙结构体系的，在结构抗震计算上有较高的安全度。

4.2 钢筋混凝土结构抗震设计特点及概念设计

建筑结构抗震的一阶计算分析，同时作用有重力和水平荷载时，其内力和位移可考虑为各自内力和位移之和，重力和水平荷载之间的相互作用是不考虑的，事实上，当水平荷载在建筑物上产生侧移时，引起重力荷载对墙体和柱轴的偏心，会对结构产生附加外弯矩而进一步产生侧移。附加外位移引起的附加内弯矩可平衡重力荷载弯矩。重力荷载 P 对水平位移 Δ 的效应称作 $P - \Delta$ 效应。

二阶 $P - \Delta$ 附加位移与弯矩，在一般高层建筑中是比较小的，大约是一阶计算值的 5%，但当结构特别柔时，在构件设计中需要考虑附加力和附加位移，使得总位移加大而超过其允许值。在极端情况下，当结构柔度大，且重力荷载很大时，由 $P - \Delta$ 效应产生的附加力可使一些构件受力超过其承载力，并可能引起倒塌。且 $P - \Delta$ 效应的附加外弯矩超过结构承受的弯矩使外移加大，此时结构可能将由于失稳而倒塌。因而结构抗震设计时应考虑 $P - \Delta$ 效应。

4.2.1　单柱的 $P - \Delta$ 曲线

对于单独悬臂柱，当柱上端作用水平剪力 P 时，柱端产生水平侧移 Δ，如图 4-1a 所示。试验的 $P - \Delta$ 关系可以用图 4-1b 表示。如进一步简化，$P - \Delta$ 关系也可用图 4-1c 中的 OAB 折线表示，A 点对应于柱根开始屈服，其荷载值为 P_y，A 点对应的水平侧移为 Δ_y；OAB 为柱根的屈服过程，B 点对应于柱根的破坏，其水平侧移为 Δ_u，OAB 折线所覆盖的面积表示所吸收的变形能，所吸收的变形能的大小与 Δ_u 值有关，工程上常用无量纲的位移延性系数 μ_Δ

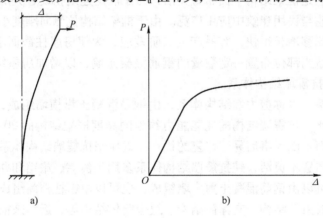

a)　　　　　　　　　　　b)

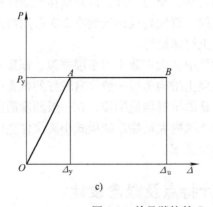

c)

图 4-1　单悬臂柱的 $P - \Delta$ 曲线
a）悬臂柱　b）$P - \Delta$ 曲线　c）简化的 $P - \Delta$ 曲线

表示，$\mu_\Delta = \Delta_u / \Delta_y$，$\mu_\Delta$ 大表示结构吸收的变形能大，可以降低地震效应。

图 4-2a 所示为一两端嵌固柱受层间剪力作用，柱简化的 $P-\Delta$ 关系如图4-2b 所示，其中 A 点表示某一柱端开始屈服，但另一端尚未屈服，这时整个柱子不算完全屈服，荷载仍能沿 AB 上升，直到 B 点，另一端也开始屈服，整个柱子完全屈服，并沿 BC 发展侧移，到 C 点整个柱子宣告破坏。

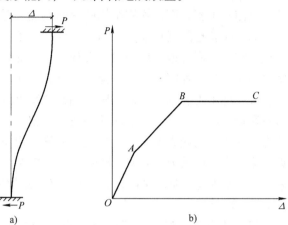

4.2.2　柱群的 $P-\Delta$ 曲线

对于一楼层，楼层中有若干个柱构成了柱群，在受楼层层间剪力 P 作用时（图4-3a），其 $P-\Delta$ 曲线将如图

图 4-2　两端嵌固柱的 $P-\Delta$ 曲线
a) 两端嵌固柱　b) $P-\Delta$ 关系

4-3b 所示。当楼层中某柱的某一端首先达到塑性变形时，即到达 A 坐标点，相应的楼层侧移为 Δ_y；而后，随着各个柱端的逐个屈服，$P-\Delta$ 曲线将沿 AB 多边折线发展，直到 B 点，全部柱端屈服，形成机构，楼层沿 BC 发展塑性变形，直到 C 点整个楼层破坏，相应的楼层侧移为 Δ_u。由此，整个楼层 $P-\Delta$ 关系可以分为三个范围（图4-3b），范围 1 为弹性未屈服范围，范围 2 为有约束屈服范围，范围 3 为无约束屈服范围。

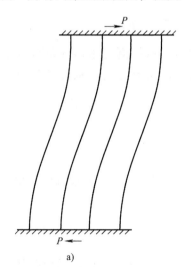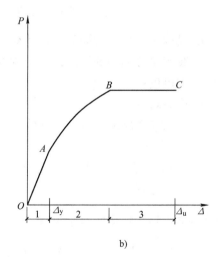

图 4-3　柱群 $P-\Delta$ 曲线
a）楼层间剪力 P 作用　b）$P-\Delta$ 曲线

4.2.3　钢筋混凝土结构的抗震设计特点

根据理论分析及实际震害情况，钢筋混凝土结构在使用阶段或是在多遇烈度地震作用时，结构是处在范围 1 的工作阶段，结构可以用弹性理论分析内力。当作用消失后，变形也就自然地作弹性恢复。

　　在基本烈度地震作用时，根据分析，结构已进入范围2的弹塑性阶段工作，实际上已无强度安全储备可言，而是依靠结构的弹塑性变形耗能能力抵抗地震作用。结构抗震设计就是把结构的工作状态限制在范围2内，保证"坏而可修"。

　　至于在罕遇烈度地震作用时，设计上仍保证限制结构在范围2内工作，与基本烈度地震作用时相比，只是程度上不同，保证"坏而不倒"。

　　若墙或柱施工有垂直误差，则作用在各垂直段上的重力荷载由于 $P-\Delta$ 作用使构件产生位移及弯矩。在允许安装偏差内的一般垂直偏差影响可以忽略不计，并且一层中所有柱或各层柱在同一方向的最大偏差都为最大值的概率很小，更进一步降低了这个问题的重要性。为慎重起见，当一般的 $P-\Delta$ 效应较小时，要检查垂直偏差的 $P-\Delta$ 效应是否大些；如果垂直偏差的 $P-\Delta$ 效应较大，并且它比一般的 $P-\Delta$ 效应大很多，则在结构设计中应考虑垂直偏差的 $P-\Delta$ 效应。

　　一般当结构在地震作用下的重力附加弯矩大于初始弯矩的10%时，应计入重力二阶（$P-\Delta$）效应的不利影响（重力附加弯矩指任意楼层以上全部重力荷载与该楼层地震层间位移的乘积；初始弯矩指该楼层地震剪力与楼层层高乘积）。对于高层建筑结构在水平力作用下，当高层建筑结构满足下列规定时，可不考虑二阶（$P-\Delta$）效应的不利影响。

　　对于剪力墙结构、框架－剪力墙结构、筒体结构

$$EJ_\mathrm{d} \geqslant 2.7H^2 \sum_{i=1}^{n} G_i \tag{4-1}$$

　　对于框架结构

$$D_i \geqslant 20 \sum_{j=1}^{n} G_j/h_i \quad (i=1,2,\cdots,n) \tag{4-2}$$

式中　EJ_d——结构一个主轴方向的弹性等效侧向刚度，可按倒三角形分布荷载作用下结构顶点位移相等的原则，将结构的侧向刚度折算为竖向悬臂受弯构件的等效侧向刚度；

　　　　H——房屋高度；

　G_i、G_j——第 i、j 楼层重力荷载设计值；

　　　　h_i——第 i 层楼层层高；

　　　　D_i——第 i 层楼层的弹性等效侧向刚度，可取楼层剪力与层间位移的比值；

　　　　n——结构计算总层数。

4.2.4　钢筋混凝土结构抗震的概念设计

　　概念设计就是结构方案应避免采用严重不规则的设计方案；结构体系应能具有明确的计算简图和合理的地震作用传递途径；应避免因部分结构或构件破坏而导致整个结构丧失抗震能力或对重力荷载的承载能力；对出现的薄弱部位能采取可靠的措施提高抗震能力。一般包括以下几个方面：

　　1）设置多道抗震防线，即当体系中主要抗震结构受地震破坏后，其辅助的抗震结构仍能承受一定的地震作用。

　　2）合理控制结构的弹塑性区部位，即合理的刚度和承载力分布，使得：①结构有较好的塑性内力重分布能力；②结构有较宽的约束屈服范围及极限变形的能力；③局部破坏不致

导致整个结构失效及具有易于修复的可能性。

  3）加强结构的整体性和构件的连接。

  4）抗侧力构件的刚度、强度、延性应有适当的对应关系。

  5）结构在两个主轴方向上的动力特性宜相近。

  6）上部结构应与地基基础条件适应。

4.3 多层及高层钢筋混凝土房屋抗震设计的一般规定

4.3.1 建筑抗震设计规范适用范围内的房屋高度

  房屋高度是影响房屋耐震性的一个重要参数。《建筑抗震设计规范》在工程经验及震害调查基础上，提出了丙类现浇钢筋混凝土结构适用的最大高度，见表4-1，对不规则结构，有框支层抗震墙结构或Ⅳ类场地上的结构，适用的最大高度应适当降低。

表4-1 现浇钢筋混凝土房屋适用的最大高度 （单位：m）

结构类型		烈　　度				
		6	7	8 (0.2g)	8 (0.3g)	9
框架		60	50	40	35	24
框架－抗震墙		130	120	100	80	50
抗震墙		140	120	100	80	60
部分框支抗震墙		120	100	80	50	不应采用
简体	框架－核心筒	150	130	100	90	70
	简中筒	180	150	120	100	80
板柱－抗震墙		80	70	55	40	不应采用

注：1. 房屋高度指室外地面到主要屋面板板顶的高度（不包括局部凸出屋顶部分）。

  2. 框架-核心筒结构指周边稀柱框架与核心筒组成的结构。

  3. 部分框支抗震墙结构指首层或底部两层为框支层的结构，不包括仅个别框支墙的情况。

  4. 表中框架，不包括异形柱框架。

  5. 板柱-抗震墙结构指板柱、框架和抗震墙组成抗侧力体系的结构。

  6. 乙类建筑可按本地区抗震设防烈度确定其适用的最大高度。

  7. 超过表内高度的房屋，应进行专门研究和论证，采取有效的加强措施。

4.3.2 房屋的平立面布置及防震缝

  建筑物的平立面布置宜力求规则，当不可避免出现不规则时，可设置防震缝，将建筑物分成若干个规则的独立单元。结构承载力和刚度宜自下而上逐渐地减少，变化宜均匀、连续，不要突变。建筑物应力求避免基础标高不同、楼层平面错位、结构各部分质量差异较大、结构各部分有较大错层、建筑各单元的结构材料不同，否则宜用防震缝分成体型规则、变化均匀的结构单元。

  防震缝应在地面以上沿全高设置，当不作为沉降缝时，基础可以不设防震缝断开，但在防震缝处基础应加强构造。房屋必须设置防震缝时，其最小宽度应符合下列规定：

（1）对于框架结构　当房屋高度在15m以下时为100mm；房屋高度超过15m时，6度、7度、8度和9度相应每增5m、4m、3m、2m，加宽20mm。

（2）对于框架-抗震墙结构　防震缝宽度可取上述规定的70%，对于抗震墙结构，防震缝宽度可取上述规定的50%；且均不宜小于100mm。防震缝两侧结构类型不同时，宜按需要较宽防震缝的结构类型和较低房屋高度确定缝宽。

因建筑上的需要或当防震缝的设置将减弱建筑物的抗震能力（特别是抗倒塌能力）及防震缝的设置可能产生其他不利情况时可免设防震缝，但应对复杂体型的建筑进行较细致的结构抗震分析，估计其局部的应力和应变集中及扭转效应的影响，判明建筑物的易损部位，采取补强措施。

高层建筑结构的高宽比 H/B 不宜过大，一般应满足表4-2的要求。如果高层建筑结构的高宽比满足表4-2的要求，可以不进行整体稳定验算和倾覆验算。

表4-2　A级高度钢筋混凝土高层建筑结构适用的最大高宽比

结构体系	非抗震设计	抗震设防烈度		
		6度、7度	8度	9度
框架、板柱-剪力墙	5	4	3	2
框架-剪力墙	5	5	4	3
剪力墙	6	6	5	4
筒中筒、框架-核心筒	6	6	5	4

4.4　钢筋混凝土结构及其构件的抗震等级

为了在抗震构造措施上及构件的计算要求上做到区别对待，钢筋混凝土结构按烈度、结构类型和房屋高度区分为一级至四级四个不同的抗震等级（以后简称为一级、二级、三级或四级），见表4-3。表中所列为丙类重要性建筑的抗震等级，其中以一级抗震等级（以下简称为一级）的要求最为严格。

表4-3　现浇钢筋混凝土房屋的抗震等级

结构类型		设防烈度							
		6		7		8		9	
框架结构	高度/m	≤24	>24	≤24	>24	≤24	>24	≤24	
	框架	四	三	三	二	二	一	一	
	大跨度框架	三	二	一		一		一	
框架-抗震墙结构	高度/m	≤60	>60	≤24	25～60	>60	≤24	25～60	>60	≤24	25～50
	框架	四	三	四	三	二	二	一		一	
	抗震墙	三		三		二		一		一	
抗震墙结构	高度/m	≤80	>80	≤24	25～80	>80	≤24	25～80	>80	≤24	25～60
	剪力墙	四	三	四	三	二	二	一		一	

（续）

结构类型		设防烈度							
		6		7			8		9
部分框支抗震墙结构	高度/m	≤80	>80	≤24	25~80	>80	≤24	25~80	
	抗震墙 一般部位	四	三	四	三	二	三	二	
	抗震墙 加强部位	三	二	三	二	一	二	一	
	框支层框架	二		二		一	一		
框架-核心筒结构	框架	三		二			一		
	核心筒	二		二			一		
筒中筒结构	外筒	三		二			一		一
	内筒	三		二			一		一
板柱-抗震墙结构	高度/m	≤35	>35	≤35		>35	≤35	>35	
	框架、板柱的柱	三	二	二		二	一		
	抗震墙	二	二	二		一	二	一	

注：1. 建筑场地为 I 类时，除 6 度外应允许按表内降低一度所对应的抗震构造措施采取抗震构造措施，但相应的计算要求不应降低。

　　2. 接近或等于高度分界时，应允许结合房屋不规则程度及场地、地基条件确定抗震等级。

　　3. 大跨度框架指跨度不小于 18m 的框架。

　　4. 高度不超过 60m 的框架-核心筒结构按框架-抗震墙的要求设计时，应按表中框架-抗震墙结构的规定确定其抗震等级。

表 4-3 主要考虑了结构重要性、地震烈度及结构的抗震潜力等三个方面，而结构抗震潜力又与结构类型及高度有关，在一定的重要性类别前提下，表 4-3 是烈度、结构类型及房屋高度的组合。如果房屋的重要性是属于乙类或丁类，可按要求调整。

建筑场地为 I 类时，除 6 度外可按表 4-3 内降低 1 度所对应的抗震等级采取抗震构造措施，但相应的计算要求不应降低。

部分框支抗震墙结构中，抗震墙加强部位以上的一般部位，应允许按抗震墙结构确定其抗震等级。

框架 - 抗震墙结构，在基本振型地震作用下，若框架部分承受的地震倾覆力矩大于结构总地震倾覆力矩的 50%，其框架部分的抗震等级按框架结构确定。

表 4-3 中的内容具体体现了以下几点：

1）由于房屋高度大，对结构的延性要求也高，所以抗震等级规定得也严格。

2）在同等设防烈度和房屋高度的情况下，对于不同的结构类型，其次要抗侧力构件抗震要求可低于主要抗侧力构件。

3）因为框架结构的抗倒塌能力低，在相同的其他情况下框架的抗震等级要求要严于框架-剪力墙结构或剪力墙结构。对于建筑装修有较高要求的房屋和高层建筑，应优先采用框架-抗震墙结构或抗震墙结构。

4.5 钢筋混凝土框架的抗震设计

4.5.1 结构材料与施工

框支梁、框支柱抗震等级为一级的框架梁、柱、节点核心区混凝土强度等级不应低于C30；抗震等级为一、二、三级和斜撑构件（含梯段）的框架结构，其纵向受力钢筋采用普通钢筋时，钢筋的抗拉强度实测值与屈服强度实测值的比值不应小于1.25；且钢筋的屈服强度实测值与强度标准值的比值不应大于1.3；且钢筋在最大拉力下的总伸长率实测值不应小于9%；其他等级钢筋的抗拉强度实测值与屈服强度实测值的比值不应小于1.2。钢筋应有良好的焊接性和合格的冲击韧性。

4.5.2 基本概念

1. 梁及柱的弯曲延性

如前述，提高结构延性可以增加构件破坏前吸收变形能的能力和达到减小地震反应及延性破坏的能力。

对于一定截面的短柱，其轴力 N 与弯矩 M 的关系如图 4-4a 所示，图中 N/bhf_c 称为轴压比，当 $N/bhf_c = 0$ 时即属于纯弯。现选用 5 个轴压比 $N/bhf_c = 0$、0.26、0.52、0.80 及 1.20 为前提条件进行弯曲试验，试验所得的弯矩 M 与曲率的关系如图 4-4b 所示。M-φ 曲线上拐点处的曲率为屈服曲率 φ_y，M-φ 曲线终点处的曲率为极限曲率 φ_u。它们的比值 $\mu_\varphi = \varphi_u/\varphi_y$，称为弯曲延性系数，$\mu_\varphi$ 大表示构件截面的塑性转动能力大，能吸收更多的变形能。轴压比对构件的弯曲延性影响很大，轴压比大延性差。轴压比为 0.52、0.80、1.20 时是小偏心受压，这些柱的延性很差。轴压比为 0、0.26 时是大偏心受压，柱的延性好。

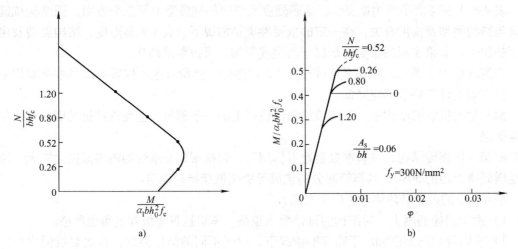

图 4-4 柱的 M-φ 曲线

a) N-M 曲线 b) M-φ 曲线

其他的试验还表明，一般钢筋混凝土结构中所定义的截面相对受压区高度 $\xi = x/h_0 = A_s f_y/\alpha_1 b h_0 f_c = \rho f_y/f_c$ 也是重要因素，ξ 值大时弯曲延性差。进一步分析，截面配筋率 $\rho = A_s/bh_0$

增大时 ξ 增大，则弯曲刚度差，而适当地提高混凝土强度等级增加轴心抗压强度 f_c 后 ξ 减小，则弯曲延性改善，一级抗震等级时混凝土的强度等级不应低于 C30，其他抗震等级时不应低于 C25。

试验还表明，截面中配置了受压钢筋之后，可以改善构件的弯曲延性。

以上结论，应该作为我们考虑构造措施的部分基本依据。

2. 受剪构件的剪跨比及破坏特征

构件在弯矩 M 及剪力 V 共同作用下，其受剪破坏与剪跨比 λ 有关，$\lambda = M/Vh_0$，h_0 为截面有效高度。

1）当 $\lambda \leqslant 1 \sim 1.5$ 或构件为超配箍时，发生斜压型破坏。这是一种脆性破坏，设计时应该避免，主要是控制构件的截面尺寸不宜太小和混凝土强度等级不宜太低。

2）当 $1 \sim 1.5 < \lambda \leqslant 2 \sim 3$ 且配箍适量时，发生剪压破坏。破坏前箍筋首先屈服，最后以斜截面的剪压端混凝土达到强度极限而整个截面破坏。这是一种延性破坏，是抗剪设计的依据。

3）当 $\lambda > 2 \sim 3$ 且低配箍时，发生斜拉破坏，构件沿斜截面撕开。这也是一种脆性破坏，设计时也应该避免，主要是控制构件的配箍率不宜太低。

以上所指的是梁的受剪破坏。在承受水平荷载的框架结构中，梁和柱都受剪，在水平地震荷载作用下的框架结构，梁、柱的剪跨比可以直接通过梁的跨高比和柱的高宽比来表示。比值不同，框架梁柱的受剪破坏也不同。保证结构非线性变形阶段有足够的延性，使之吸收较多的地震能量，防止结构发生剪切破坏或混凝土受压区脆性破坏。

3. 抗震房屋在设计上应注意的问题

调查表明，房屋受地震作用而破坏或倒塌，原因是多种多样的，在设计方面可以归纳为以下几点：

1）由于影响地震作用和结构承载力的因素十分复杂，人们对地震破坏的机理尚不十分清楚，对之目前还难以作出细致的计算与评估，而框架整体在设计上存在着较大的不均匀性，平面或楼面有局部薄弱环节，不能发挥整体抗震能力。

2）框架梁、柱变形能力不足，构件过早发生破坏。

3）框架柱节点箍筋不足，节点受震破坏，梁、柱失去相互之间的联系，结构失去稳定。

4）框架中的填充墙破坏严重。

4. 框架结构抗震设计的基本思想

抗震结构设计，不是加大截面或增强配筋就一定能取得可靠的效果，相反地，有时花了代价还得到了坏的结局。这点要比结构静力设计突出得多。设计时应该具有正确的指导思想。根据震害情况，框架结构在抗震设计上存在的问题，归纳起来，有以下几点：

1）框架塑性铰应要较多较早地发生在梁端，底层柱的塑性铰应要较晚形成。

2）梁、柱在弯曲破坏前，应避免发生其他形式破坏，如剪切破坏、黏结破坏等。

3）在梁、柱破坏之前，节点应有足够的承载及变形能力。

4）要重视非结构构件设计。

概括起来就是大家经常说的"强柱弱梁，强剪弱弯，强压弱拉，更强的节点"。

4.5.3　"强柱弱梁"框架的抗震设计

1. 框架结构由于在设计时处理的不同，可能有两种破坏形式

（1）弱柱型　塑性铰首先在柱端发生，这种破坏形态耐震性差，因为柱子除了受弯之外还受压力，当轴压比较大时，塑性铰的转动能力差，延性差。此外，柱端一出现塑性铰即可能带来整个框架的倒塌。

（2）弱梁型　塑性铰首先发生在某层梁的两端，这种破坏形态的耐震性好，因为梁的塑性铰转动能力大，延性好。此外，当某层梁梁端发生塑性铰后，整个框架不致立即倒塌，随着内力重分布的进展，其他层亦可以随之在梁端形成塑性铰，因而整个框架具有较宽的有约束屈服范围。

2. 如何实现"强柱弱梁"的设计思想

框架柱在正截面受压承载力计算中，考虑抗震等级的节点上、下端的内力设计值应按下列规定取用：

1）节点上、下柱端的弯矩设计值

$$\text{一级框架} \qquad \sum M_\text{c} = 1.7(1.4) \sum M_\text{b} \tag{4-3}$$

$$\text{一级及 9 度时尚应符合} \qquad \sum M_\text{c} = 1.2 \sum M_\text{bua} \tag{4-4}$$

$$\text{二级框架} \qquad \sum M_\text{c} = 1.5(1.2) \sum M_\text{b} \tag{4-5}$$

$$\text{三级框架} \qquad \sum M_\text{c} = 1.3(1.1) \sum M_\text{b} \tag{4-6}$$

$$\text{四级框架} \qquad \sum M_\text{c} = 1.2(1.1) \sum M_\text{b} \tag{4-7}$$

式中　　$\sum M_\text{c}$——考虑抗震等级的节点上、下端柱的弯矩设计值之和；

$\qquad \sum M_\text{b}$——同一节点左、右梁端按逆时针或顺时针方向考虑地震作用组合的弯矩设计值之和；

$\qquad \sum M_\text{bua}$——框架梁左、右端考虑承载力抗震调整系数的正截面抗弯承载力值之和。

括号数字用于其他结构类型的框架。

2）一、二、三、四级框架的节点上、下端柱的轴向压力设计值，取地震作用下各自的轴向压力设计值，不乘增大系数。

对于框架底层柱下端，无强柱弱梁条件可言，而它们的过早出现塑性屈服，将影响结构变形能力；同时随着框架梁塑性铰的出现，由于塑性内力重分布，底层柱的反弯点位置具有较大的不确定性。因此一级、二级、三级、四级框架的底层柱下端，其弯矩设计值 M_c 取为内力组合值的 1.7、1.5、1.3、1.2 倍。

对于框支层剪力墙结构中的框架柱顶层柱的上端和底层柱的下端，无强柱弱梁条件可言，而它们的过早出现塑性屈服，将影响结构变形能力，同时随着框架梁塑性铰的出现，由于塑性内力重分布，底层柱的反弯点位置具有较大的不确定性。因此一级、二级框架的底层柱下端以及框支层框架柱两端，其弯矩设计值 M_c 取为内力组合值的 1.5、1.25 倍。

4.5.4　梁、柱延性破坏之前不发生其他脆性破坏的抗震设计

要做到梁、柱延性破坏之前不发生其他脆性破坏，要从以下几个方面设计上加以保证。

1. 梁、柱的抗剪承载力要高于它的抗弯承载力（强剪弱弯）

1）框架梁考虑抗震等级组合的剪力设计值 V_b 应按下列规定计算

一级框架

$$V_b = 1.3 \frac{(M_b^l + M_b^r)}{l_n} + V_{Gb} \tag{4-8}$$

一级框架结构及9度时尚应符合

$$V_b = 1.1 \frac{(M_{bua}^l + M_{bua}^r)}{l_n} + V_{Gb} \tag{4-9}$$

二级框架

$$V_b = 1.2 \frac{(M_b^l + M_b^r)}{l_n} + V_{Gb} \tag{4-10}$$

三级框架

$$V_b = 1.1 \frac{(M_b^l + M_b^r)}{l_n} + V_{Gb} \tag{4-11}$$

式中 M_{bua}^l、M_{bua}^r——框架梁左、右端考虑承载力抗震调整系数的正截面抗弯承载力值，参见式（4-4）说明；

M_b^l、M_b^r——考虑地震作用组合的框架梁左、右端弯矩设计值；

V_{Gb}——考虑地震作用组合时的重力荷载代表值产生的剪力设计值，可按简支梁确定；

l_n——梁的净跨。

2）框架柱考虑抗震等级组合的剪力设计值 V_c 应按下列规定计算

一级框架

$$V_c = 1.4 \frac{(M_c^t + M_c^b)}{H_n} \tag{4-12}$$

一级框架结构及9度时尚应符合

$$V_c = 1.2 \frac{(M_{cua}^t + M_{cua}^b)}{H_n} \tag{4-13}$$

二级框架

$$V_c = 1.2 \frac{(M_c^t + M_c^b)}{H_n} \tag{4-14}$$

三级框架

$$V_c = 1.1 \frac{(M_c^t + M_c^b)}{H_n} \tag{4-15}$$

式中 M_{cua}^t、M_{cua}^b——框架柱上、下端考虑承载力抗震调整系数的正截面受弯承载力设计值，因为柱是对称配筋截面，故 $M_{cua} = \frac{1}{\gamma_{RE}} \left[f_{yk} A_s (h - a_s - a_s') + 0.5Nh \left(1 - \frac{N}{\alpha_1 f_{ck} bh} \right) \right]$，其中 N 可取重力荷载代表值产生的轴向压力设计值，f_{ck} 为混凝土轴心抗压强度标准值；

M_c^t、M_c^b——考虑抗震等级的框架柱上、下端弯距设计值，M_c 应符合式（4-3）~式（4-7）的规定；对于有框支层剪力墙结构中的框架柱上、下端以及一级、二级、三级、四级框架结构底层柱，M_c 应不小于内力组合结果的1.5、1.3、1.2、1.1倍；

H_n——柱的净高。

式（4-9）中的 M_{bua} 之和，式（4-8）、式（4-10）、式（4-11）中 M_b 之和，式（4-13）

中的 M_{cua} 之和以及式（4-12）、式（4-14）、式（4-15）中的 M_c 之和，均应分别按顺时针和逆时针方向进行计算，并取其较大值。

2. 梁、柱截面的剪压比不宜过大

为了保证不致发生斜压型的脆性受剪破坏，梁、柱、抗震墙和连梁的截面尺寸应满足下列要求：

跨高比大于 2.5 的梁和连梁及剪跨比大于 2 的柱和抗震墙

$$V \leqslant \frac{1}{\gamma_{RE}} \ (0.20 f_c b h_0) \tag{4-16}$$

跨高比不大于 2.5 的连梁、剪跨比不大于 2 的柱和抗震墙、部分框支抗震墙结构的框支柱和框支梁、落地抗震墙的底部加强部位

$$V \leqslant \frac{1}{\gamma_{RE}} \ (0.15 f_c b h_0) \tag{4-17}$$

式中　V——端部截面组合的剪力设计值，由式（4-12）、式（4-13）、式（4-14）及（4-15）求得；

　　　γ_{RE}——承载力抗震调整系数，取 0.85；

　　　f_c——混凝土轴心抗压强度设计值；

　　　b——梁、柱截面宽度；

　　　h_0——梁、柱截面有效高度。

3. 梁、柱的剪跨比 λ 要有所限制

从前述知，受水平荷载作用的框架，它的梁、柱剪跨比 λ 可以化作 1/2 梁的跨高比和柱的高宽比。为了要求 $\lambda \leqslant 2$，使得构件剪压型受剪破坏，梁的净跨与截面高度之比不宜小于 4。柱净高与截面最大边长之比不宜小于 4。

4. 柱的轴压比不宜过大

轴压比是指柱组合的轴压力设计值 N 与柱的全截面面积 $b_c h_c$ 和混凝土抗压强度设计值 f_c 乘积的比值，即 $\dfrac{N}{b_c h_c f_c}$。

轴压比是影响柱延性的重要因素之一。试验研究表明，柱的侧移延性系数随轴压比的增加而急剧下降（图 4-5）。

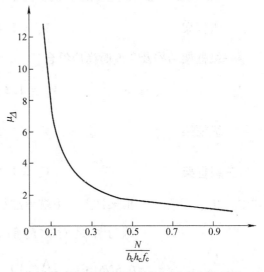

图 4-5　柱的侧移延性系数与轴压比的关系

轴压比不同，将产生两种破坏状态。轴压比小时，将产生受拉钢筋首先屈服的大偏心受压破坏，是延性破坏；轴压比大时，将产生受压区混凝土压碎而受拉钢筋并不屈服的小偏心受压破坏，延性较差。根据钢筋混凝土偏心受压大小偏心界限的推算并留有一些余地，柱截面的轴压比（$N/b_c h_c f_c$）不宜超过表 4-4 规定的限值。这样的限值规定，一般情况下可以把对称配筋柱在抗震设计状态时控制在大偏心受压范畴，以保证柱有良好的变形能力。

5. 纵向钢筋的配筋率应该适宜

为了提高梁的正截面塑性铰转动延性，梁的纵向配筋率不宜过高。综上所述，截面配筋

特征可以用向对受压区高度 $\xi = x/h_0 = \dfrac{A_s}{\alpha_1 bh_0} \dfrac{f_y}{f_c} = \rho \dfrac{f_y}{f_c}$ 来表示，ξ 越小，弯曲延性越好。为此，框架梁的纵向配筋应符合下列要求：

表 4-4　柱轴压比限值

结构类型	抗震等级			
	一	二	三	四
框架结构	0.65	0.75	0.85	0.90
框架-抗震墙，板柱-抗震墙、框架-核心筒及筒中筒	0.75	0.85	0.90	0.95
部分框支抗震墙	0.6	0.7	—	

注：1. 轴压比指柱组合的轴压力设计值与柱的全截面面积和混凝土轴心抗压强度设计值乘积之比值；对本规范规定不进行地震作用计算的结构，可取无地震作用组合的轴力设计值计算。

　　2. 表内限值适用于剪跨比大于 2、混凝土强度等级不高于 C60 的柱；剪跨比不大于 2 的柱，轴压比限值应降低 0.05；剪跨比小于 1.5 的柱，轴压比限值应专门研究并采取特殊构造措施。

　　3. 沿柱全高采用井字复合箍且箍筋肢距不大于 200mm、间距不大于 100mm、直径不小于 12mm，或沿柱全高采用复合螺旋箍、螺旋间距不大于 100mm、箍筋肢距不大于 200mm、直径不小于 12mm，或沿柱全高采用连续复合矩形螺旋箍、螺旋净距不大于 80mm、箍筋肢距不大于 200mm、直径不小于 10mm，轴压比限值均可增加 0.10。

　　4. 在柱的截面中部附加芯柱，其中另加的纵向钢筋的总面积不少于柱截面面积的 0.8%，轴压比限值可增加 0.05；此项措施与注 3 的措施共同采用时，轴压比限值可增加 0.15，但箍筋的体积配箍率仍可按轴压比增加 0.10 的要求确定。

　　5. 柱轴压比不应大于 1.05。

　　1）梁端截面最大配筋率应使梁端截面的受压区相对高度（即截面受压区高度与有效高度比 x/h_0）不宜太大。一级，不宜大于 0.25；二级、三级，不宜大于 0.35；同时，纵向受拉钢筋的配筋百分率不宜大于 2.5%。

　　2）梁端下部与上部配筋量的比值，除按计算确定外，一级不应小于 0.5，二级、三级不应小于 0.3。

　　3）梁顶面和底面的全长钢筋一级、二级不应小于 $2\phi14$mm 且不应小于顶面和底面纵向钢筋中较大截面面积的 1/4，三级、四级不应小于 $2\phi12$mm。

　　4）梁内贯通中柱的每根纵向钢筋直径，一级、二级均不宜大于柱在该方向截面高度的 1/20，柱纵向钢筋的最小总配筋率见表 4-5。

表 4-5　柱纵向钢筋的最小总配筋率　　　　　（单位:%）

类　别	抗震等级			
	一	二	三	四
框架中柱和边柱	1.0	0.8	0.7	0.6
框架角柱、框支柱	1.1	0.9	0.8	0.7

注：采用 HRB400 级热轧钢筋时应允许减小 0.05，混凝土强度等级高于 C60 时应增加 0.1。对于框架柱，宜采用对称配筋，它的最小总配筋率不应小于表 4-5 中的规定。

　　6. 箍筋在一定范围内应该加密

　　加密箍筋可以约束混凝土，提高构件的抗剪能力和延性，防止混凝土过早地压溃及防止纵向钢筋的压屈失稳。

　　震害调查表明，框架梁端破坏主要集中在 1.5 ~ 2.0 倍梁截面高的长度范围内。为防止该区域内主筋压屈和斜裂缝开展严重应加密箍筋。根据试验，当箍筋间距小于 6 ~ 8d 时（d

为纵向钢筋直径)，在受压混凝土压溃前，一般不会出现受压钢筋压屈现象。为此，一级框架梁端2倍梁高的范围内和其他级框架梁端1.5倍梁高的范围内，箍筋应加密。加密区箍筋应符合表4-6的要求。对于不同抗震等级，梁端具有大致相同的承载力水准及延性水准。

表4-6　梁的加密区箍筋

抗震等级	加密区长度取下列较大值/mm	箍筋间距取下列最小值/mm	箍筋最小直径/mm
一	$2h_b$，500	$h_b/4$，$6d$，100	10
二	$1.5h_b$，500	$h_b/4$，$8d$，100	8
三	$1.5h_b$，500	$h_b/4$，$8d$，150	8
四	$1.5h_b$，500	$h_b/4$，$8d$，150	6

注：1. d 为纵向钢筋直径，h_b 为梁高。
　　2. 当梁端纵向受拉钢筋配筋率大于2%时，表中箍筋最小直径数值应增大2mm。

震害调查也表明，框架柱的破坏主要集中在柱的上下端一定区段内。规范对此区段作了6种规定，要求箍筋加密，即

1）柱端，取截面高度（圆柱直径）、柱净高的1/6和500mm三者的最大值。

2）底层柱，柱根不小于柱净高的1/3，当有刚性地面时，除柱端外尚应取刚性地面上下各500mm。

3）剪跨比不大于2的柱和因设置填充墙等形成的柱净高与柱截面高度之比小于4的柱，取全高。

4）一级及二级框架的角柱，取全高。

5）框支柱，取全高。

6）需要提高变形能力的柱，取全高。

柱的加密区箍筋应符合表4-7的要求。

表4-7　柱的加密区的箍筋最大间距和最小直径

抗震等级	箍筋间距取下列较小值/mm	箍筋最小直径/mm
一	$6d$，100	10
二	$8d$，100	8
三	$8d$，150（柱根100）	8
四	$8d$，150（柱根100）	6（柱根8）

注：d 为主纵筋最小直径；柱根指框架底层柱的嵌固部位。

表4-7的规定，对于大截面柱，体积配筋率可能太小。为此，规范还补充了一条加密区体积配筋率 $\rho_v \geq \lambda_v f_c/f_{yv}$，其中 f_c 为混凝土轴心抗压强度设计值，强度等级低于 C35 时，应按 C35 计算；f_{yv} 为箍筋或拉筋抗拉强度设计值，超过 $360kN/mm^2$ 时，应取 $360kN/mm^2$ 计算；最小配箍特征值 λ_v 见表4-8。

表4-8　柱箍筋加密区的箍筋最小体积配箍特征值

抗震等级	箍筋形式	柱 轴 压 比								
		≤0.3	0.4	0.5	0.6	0.7	0.8	0.9	1.0	1.05
一	普通箍、复合箍	0.10	0.11	0.13	0.15	0.17	0.20	0.23		
	螺旋箍、复合或连续复合矩形螺旋箍	0.08	0.09	0.11	0.13	0.15	0.18	0.21		

（续）

抗震等级	箍筋形式	柱 轴 压 比								
		≤0.3	0.4	0.5	0.6	0.7	0.8	0.9	1.0	1.05
二	普通箍、复合箍	0.08	0.09	0.11	0.13	0.15	0.17	0.19	0.22	0.24
	螺旋箍、复合或连续复合矩形螺旋箍	0.06	0.07	0.09	0.11	0.13	0.15	0.17	0.20	0.22
三、四	普通箍、复合箍	0.06	0.07	0.09	0.11	0.13	0.15	0.17	0.20	0.22
	螺旋箍、复合或连续复合矩形螺旋箍	0.05	0.06	0.07	0.09	0.11	0.13	0.15	0.18	0.20

注：普通箍指单个矩形和单个圆形箍筋；复合箍指由矩形、多边形、圆形箍或拉筋组成的箍筋；复合螺旋箍筋指由螺旋箍与矩形、多边形、圆形箍或拉筋组成的箍筋；连续复合矩形螺旋箍指全部螺旋箍为同一根钢筋加工而成的箍筋。

框支柱宜采用复合螺旋箍或井字复合箍，其最小配箍特征值应比表4-8内数值增加0.02，且体积配箍率不应小于1.5%。

计算复合螺旋箍筋的体积配箍率时，其非螺旋箍的箍筋体积应乘以换算系数0.8。

为了实现表4-8的规定，可以加粗箍筋和减小箍筋间距，但主要的做法是采用封闭箍加拉筋的复合箍筋，复合箍筋的约束效果比普通方箍高两倍，但拉筋应紧靠纵向钢筋并勾住箍筋。

由于沿每层柱高的剪力和轴力不变，为防止非加密区箍筋量过少而引起脆性破坏可能的转移，非加密区内配箍不宜小于加密区的50%，且箍筋间距一级、二级不应大于10d，三级、四级不应大于15d。

抗震结构的箍筋，较之静力结构的在构造形式上有更严格的要求。震害表明，一般箍筋在受地震作用时由于混凝土的侧向胀力，可能被胀开。因此，在地震区，箍筋端部应采用135°弯钩，端头且有不小于10倍箍筋直径的直线段。

为了能更好地约束混凝土和保证纵向钢筋不致压屈失稳，一级框架柱中箍筋的肢距不宜大于200mm；二级、三级框架柱中箍筋的肢距不宜大于250mm和20倍箍筋直径的较大值，四级框架柱中箍筋的肢距不宜大于300mm。至少每隔一根纵向钢筋宜在两个方向有箍筋或拉筋约束；采用拉筋复合箍时，拉筋宜紧靠纵向钢筋并勾住箍筋。

7. 钢筋应有可靠的锚固及接头

在反复荷载作用下，混凝土与钢筋的粘结强度低于单调作用时的，抗震设计中对钢筋锚固及接头要求应严于非抗震设计。可以归纳为以下几点：

1）纵向钢筋的锚固长度比非抗震设计时一级、二框架增加15%，三级增加5%。

2）纵向受力钢筋连接接头的位置宜避开两端、柱箍筋加密区；当无法避开时，应采用满足等强度要求的高质量机械连接接头，且钢筋接头面积百分率不应超过50%。

3）绑扎接头钢筋搭接长度为非抗震设计时 ζ 倍，见表4-9。

表4-9　纵向受拉钢筋搭接长度修正系数

纵向钢筋搭接接头面积百分率（%）	≤25	50	100
ζ	1.2	1.4	1.6

4）接头位置宜设在受力较小处。

5）箍筋应满足上述构造要求。

4.5.5　框架的节点设计

在反复荷载作用下，节点的破坏机理十分复杂，但主要是受剪力和压力的组合作用。节点核心区未开裂前，箍筋应力很小，基本上是混凝土承受剪力。当剪力达到核心区极限抗剪能力 60% ~70% 时，混凝土突然发生对角贯通裂缝，节点刚度明显降低，箍筋应力也突然增大，个别甚至屈服，此后斜裂缝增多增宽，箍筋陆续达到屈服。

节点区的破坏与交于节点的梁、柱破坏顺序有关，弱柱强梁型的节点区破坏严重。

垂直框架方向的交叉梁对节点核心区有明显约束作用。根据试验，满足一定条件的四边有梁的节点，核心区混凝土抗剪强度可提高 50% ~100%，建议取约束影响系数 $\eta_j = 1.5$。所以框架结构及框架-抗震墙结构均宜采用双向框架，双向框架可以纵横两个方向受力，双向梁对节点的侧向约束也好。

节点抗剪主要是依赖箍筋，箍筋用量由计算决定，但梁柱节点核心区的箍筋量不应小于柱端加密区的实际配筋量，见表 4-7。

节点核心区宜采用矩形箍筋，或焊接的 U 形套箍，按抗剪承载力要求可另加拉筋；矩形箍筋应用 135°弯钩，端头且有不小于 10 倍箍筋直径的直线段，拉筋应紧靠纵筋并勾住箍筋。

框架节点核心抗剪承载力验算有如下三个方面：

1. 框架节点核心区的剪力设计值 V_j

为了实现节点两侧梁屈服之前节点不坏，节点所受的剪力设计值应根据节点左右梁端逆时针或顺时针方向的弯矩推算并乘以增大系数。节点核心区的剪力设计值 V_j 可按下列规定计算：

1）一级框架

$$V_j = \frac{1.35 \sum M_b}{h_{b0} - a'_s}\left(1 - \frac{h_{b0} - a'_s}{H_c - h_b}\right) \tag{4-18}$$

9 度时和一级框架结构尚应符合

$$V_j = \frac{1.15 \sum M_{bua}}{h_{b0} - a'_s}\left(1 - \frac{h_0 - a'_s}{H_c - h_b}\right) \tag{4-19}$$

式中　　$\sum M_{bua}$ ——框架节点左、右两侧的梁端考虑承载力抗震调整系数的正截面承载力值之和，可参见式（4-4）说明；

　　　　$\sum M_b$ ——考虑地震作用组合的框架节点左、右两侧的梁端弯矩设计值之和；

　　　　h_{b0}、h_b ——梁截面有效高度、截面高度，当节点两侧梁高不相同时，取其平均值；

　　　　H_c ——节点上柱和下柱反弯点之间的距离。

2）二级框架

$$V_j = \frac{1.2 \sum M_b}{h_{b0} - a'_s}\left(1 - \frac{h_{b0} - a'_s}{H_c - h_b}\right) \tag{4-20}$$

3）三、四级框架节点可不验算。

2. 节点核心区截面尺寸及混凝土强度等级的限制

节点核心区截面宽度为 b_j、高度为 h_j。在节点受剪验算方向，梁的截面宽度为 b_b，柱的截面宽度及高度为 b_c 及 h_c。也有可能梁和柱的截面中线不在一个框架竖平面内，偏心矩为 e_0，e_0 不宜大于 $b_c/4$。显然，$h_j = h_c$。b_j 与梁宽 b_b 及有无 e_0 有关。当 $b_b \geqslant b_c/2$ 时，取 $b_j = b_c$；当 $b_b < b_c/2$ 时，取下列两者较小值

$$b_j = b_b + 0.5h_c \tag{4-21}$$
$$b_j = b_c \tag{4-22}$$

当梁与柱中线不重合时，采用式（4-21）、式（4-22）和下式计算结果的最小值

$$b_j = 0.5(b_b + b_c) + 0.25h_c - e_0 \tag{4-23}$$

节点核心区截面尺寸及混凝土强度等级应满足下式要求

$$V \leqslant \frac{1}{\gamma_{RE}}(0.3\eta_j f_c b_j h_j) \tag{4-24}$$

式中　γ_{RE}——承载力抗震调整系数，可取 0.85；

η_j——交叉梁的约束影响系数，四侧各梁截面宽度不小于该侧柱截面宽度的 1/2，且正交方向梁截面高度不小于主梁的 3/4 时，可采用 1.5，9 度适宜采用 1.25，其他情况可采用 1.0。

试验表明，节点核心区截面当满足式（4-24）要求后，核心区混凝土内斜压应力较小，不会发生混凝土斜压破坏，而且在使用阶段节点核心区不开裂。

3. 考虑承载力抗震调整系数的节点受剪承载力设计值 V_j

节点核心区受剪承载力是通过低周反复加载试验确定的，它约为单调加载时的 60% ~ 70%。除了与节点尺寸及混凝土强度等级有关之外，它还与柱的轴压比有关。此外，试验表明，在承载力极限状态，节点核心区的箍筋均已进入屈服阶段。

根据试验资料并考虑承载力抗震调整系数后，节点核心区的剪力设计值应满足

$$V_j \leqslant \frac{1}{\gamma_{RE}}\left(1.1\eta_j f_t b_j h_j + 0.05\eta_j N \frac{b_j}{b_c} + f_{yv} A_{svj} \frac{h_{b0} - a'_s}{s}\right) \tag{4-25}$$

9 度时

$$V_j \leqslant \frac{1}{\gamma_{RE}}\left(0.9\eta_j f_t b_j h_j + f_{yv} A_{svj} \frac{h_{b0} - a'_s}{s}\right) \tag{4-26}$$

式中　N——对应于组合剪力设计值的上柱组合轴向压力较小值，其取值不应大于柱的截面面积和混凝土轴心抗压强度设计值的乘积的 50%，但 N 为拉力时，取 $N = 0$；

f_t——箍筋的抗拉强度设计值；

f_{yv}——混凝土轴心抗拉强度设计值；

a'_s——梁的受压钢筋截面中心至受压边的距离；

A_{svj}——核心区有效验算宽度范围内同一截面验算方向箍筋的总截面面积；

s——箍筋的间距。

4.6　水平地震作用

作为手算方法，一般情况下，可在建筑结构的两个主轴方向分别考虑水平地震作用，各方向的水平地震作用全部由该方向抗侧力框架结构承担。

计算多层框架结构的水平地震作用时，一般应以防震缝所划分的结构单元作为计算单元，在计算单元中各楼层重力荷载代表值的集中质点 G_i 设在楼屋盖标高处。对于高度不超过 40m、质量和刚度沿高度分布比较均匀的框架结构，可采用底部剪力法按第 3 章所述原则分别求单元的总水平地震作用标准值 F_{Ek}、各层水平地震作用标准值 F_i 和附加水平地震作用标准值 ΔF_n。

当已知第 j 层的水平地震作用标准值 F_j 和 ΔF_n，第 i 层的地震剪力 V_i 按下式计算

$$V_i = \sum_{j=i}^{n} F_j + \Delta F_n \tag{4-27}$$

按式（4-27）求得第 i 层地震剪力 V_i 后，再按该层各柱的侧移刚度求其分担的水平地震剪力标准值。一般将砖填充墙仅作为非结构构件，不考虑其抗侧力作用。

4.6.1 水平地震作用下的框架内力的计算

水平地震作用下的框架内力的计算常采用反弯点法和 D 值法（改进反弯点法）进行分析。反弯点法适用于层数较少、梁柱线刚度比大于 3 的情况，计算比较简单。D 值法近似的考虑了框架节点转动对侧移刚度和反弯点高度的影响，比较精确，应用也比较广泛。下面就介绍一下 D 值法计算水平地震作用效应的方法。

用 D 值法计算框架内力的步骤如下：

1. 计算各层柱的侧移刚度 D

$$D = \alpha K_c \frac{12}{h^2}, \quad K_c = \frac{E_c I_c}{h} \tag{4-28}$$

式中　K_c——柱的线刚度；

　　　h——楼层高度；

　　　α——节点转动影响系数，由梁柱线刚度，按表 4-10 取用。

表 4-10　节点转动影响系数 α

层	边柱	中柱	α
一般层	$\bar{K} = \dfrac{K_1 + K_2}{2K_c}$	$\bar{K} = \dfrac{K_1 + K_2 + K_3 + K_4}{2K_c}$	$\alpha = \dfrac{\bar{K}}{2 + \bar{K}}$
底层	$\bar{K} = \dfrac{K_5}{K_c}$	$\bar{K} = \dfrac{K_5 + K_6}{K_c}$	$\alpha = \dfrac{0.5 + \bar{K}}{2 + \bar{K}}$

注：$K_1 \sim K_6$ 为梁线刚度；K_c 为柱线刚度；$\bar{K}$ 为楼层梁柱平距线刚度比。

2. 计算各柱所分配的剪力 V_{ij}

$$V_{ij} = \frac{D_{ij}}{\sum\limits_{j=1}^{n} D_{ij}} \times V_i \tag{4-29}$$

式中　V_{ij}——第 i 层第 j 根柱所分配的地震剪力；

　　　V_i——第 i 层楼层剪力；

　　　D_{ij}——第 i 层第 j 根柱的侧移刚度；

　　　$\sum\limits_{j=1}^{n} D_{ij}$——第 i 层所有各柱侧移刚度之和。

3. 确定反弯点高度 y

$$y = (y_0 + y_1 + y_2 + y_3)h \tag{4-30}$$

式中　y_0——标准反弯点高度比。由框架总层数、该柱所在层数及梁柱平均线刚度比 $\bar{K}$ 确定（表4-11）；

　　　y_1——某层上、下梁线刚度不同时，对 y_0 的修正值（表4-12）；当 $K_1 + K_2 < K_3 + K_4$ 时，令

$$\alpha_1 = \frac{K_1 + K_2}{K_3 + K_4} \tag{4-31}$$

这时反弯点上移，故 y_1 取正值如图4-6a所示；当 $K_1 + K_2 > K_3 + K_4$ 时，令

$$\alpha_1 = \frac{K_3 + K_4}{K_1 + K_2} \tag{4-32}$$

这时反弯点下移，故 y_1 取负值如图4-6b所示，对于首层不考虑 y_1 值；

　　　y_2——上层层高与本层高度不同时（图4-7），反弯点高度修正值，可根据 $\alpha_2 = \dfrac{h_u}{h}$ 和 $\bar{K}$ 由表4-13查得；

　　　y_3——下层层高与本层高度不同时（图4-7），反弯点高度修正值，可根据 $\alpha_3 = \dfrac{h_l}{h}$ 和 $\bar{K}$ 由表4-13查得。

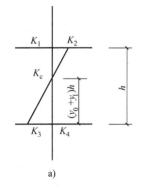 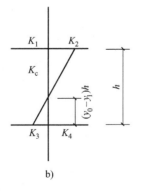 

图4-6　上、下层梁线刚度比不同时反弯点高度比修正
a）向上修正　b）向下修正

图4-7　下层高度与本层高不同时的情况

表4-11 反弯点高度 y_0（倒三角形节点荷载）

m	n	$\bar{K}$ 0.1	0.2	0.3	0.4	0.5	0.6	0.7	0.8	0.9	1.0	2.0	3.0	4.0	5.0
1	1	0.80	0.75	0.70	0.65	0.65	0.60	0.60	0.60	0.60	0.55	0.55	0.55	0.55	0.55
2	2	0.50	0.45	0.40	0.40	0.40	0.40	0.40	0.40	0.40	0.45	0.45	0.45	0.45	0.50
	1	1.00	0.85	0.25	0.70	0.65	0.65	0.65	0.65	0.60	0.60	0.55	0.55	0.55	0.55
3	3	0.25	0.25	0.25	0.30	0.30	0.35	0.35	0.35	0.40	0.40	0.45	0.45	0.45	0.50
	2	0.06	0.50	0.50	0.50	0.50	0.45	0.45	0.45	0.45	0.45	0.50	0.50	0.55	0.50
	1	1.15	0.90	0.80	0.75	0.75	0.70	0.70	0.65	0.65	0.65	0.55	0.55	0.55	0.55
4	4	0.10	0.15	0.20	0.25	0.30	0.35	0.35	0.35	0.35	0.40	0.45	0.45	0.45	0.45
	3	0.35	0.35	0.35	0.40	0.40	0.40	0.40	0.45	0.45	0.45	0.45	0.50	0.50	0.50
	2	0.70	0.60	0.55	0.50	0.50	0.50	0.50	0.50	0.50	0.50	0.50	0.50	0.50	0.50
	1	1.20	0.95	0.85	0.80	0.75	0.70	0.70	0.65	0.65	0.65	0.55	0.55	0.55	0.55
5	5	-0.05	0.10	0.20	0.25	0.30	0.30	0.35	0.35	0.35	0.35	0.40	0.45	0.45	0.45
	4	0.20	0.25	0.35	0.35	0.40	0.40	0.40	0.40	0.45	0.45	0.45	0.50	0.50	0.50
	3	0.45	0.40	0.45	0.45	0.45	0.45	0.45	0.45	0.45	0.50	0.50	0.50	0.50	0.50
	2	0.75	0.60	0.55	0.55	0.55	0.50	0.50	0.50	0.50	0.50	0.50	0.50	0.50	0.50
	1	1.30	1.00	0.85	0.80	0.75	0.70	0.70	0.65	0.65	0.65	0.60	0.55	0.55	0.55
6	6	-0.15	0.05	0.15	0.20	0.25	0.30	0.30	0.35	0.35	0.35	0.40	0.45	0.45	0.45
	5	0.10	0.25	0.30	0.35	0.35	0.40	0.40	0.40	0.45	0.45	0.45	0.50	0.50	0.50
	4	0.30	0.35	0.40	0.40	0.45	0.45	0.45	0.45	0.45	0.45	0.50	0.50	0.50	0.50
	3	0.50	0.45	0.45	0.45	0.45	0.45	0.45	0.45	0.50	0.50	0.50	0.50	0.50	0.50
	2	0.80	0.65	0.55	0.55	0.55	0.55	0.50	0.50	0.50	0.50	0.50	0.50	0.50	0.50
	1	1.30	1.00	0.85	0.80	0.75	0.70	0.70	0.65	0.65	0.65	0.60	0.55	0.55	0.55
7	7	-0.20	0.05	0.15	0.20	0.25	0.30	0.30	0.35	0.35	0.35	0.45	0.45	0.45	0.45
	6	0.05	0.20	0.30	0.35	0.35	0.40	0.40	0.40	0.40	0.45	0.45	0.50	0.50	0.50
	5	0.20	0.30	0.35	0.40	0.40	0.45	0.45	0.45	0.45	0.45	0.50	0.50	0.50	0.50
	4	0.35	0.40	0.40	0.45	0.45	0.45	0.45	0.45	0.45	0.45	0.50	0.50	0.50	0.50
	3	0.55	0.50	0.50	0.50	0.50	0.50	0.50	0.50	0.50	0.50	0.50	0.50	0.50	0.50
	2	0.80	0.65	0.60	0.55	0.55	0.55	0.50	0.50	0.50	0.50	0.50	0.50	0.50	0.50
	1	1.30	1.00	0.90	0.80	0.75	0.70	0.70	0.70	0.65	0.65	0.60	0.55	0.55	0.55
8	8	-0.20	0.05	0.15	0.20	0.25	0.30	0.30	0.35	0.35	0.35	0.45	0.45	0.45	0.45
	7	0.00	0.20	0.30	0.35	0.35	0.40	0.40	0.40	0.40	0.45	0.45	0.50	0.50	0.50
	6	0.15	0.30	0.35	0.40	0.40	0.45	0.45	0.45	0.45	0.45	0.50	0.50	0.50	0.50
	5	0.30	0.35	0.40	0.45	0.45	0.45	0.45	0.45	0.45	0.45	0.50	0.50	0.50	0.50
	4	0.40	0.45	0.45	0.45	0.45	0.45	0.45	0.50	0.50	0.50	0.50	0.50	0.50	0.50
	3	0.60	0.50	0.50	0.50	0.50	0.50	0.50	0.50	0.50	0.50	0.50	0.50	0.50	0.50
	2	0.85	0.65	0.60	0.55	0.55	0.55	0.50	0.50	0.50	0.50	0.50	0.50	0.50	0.50
	1	1.30	1.00	0.90	0.80	0.75	0.70	0.70	0.70	0.65	0.65	0.60	0.55	0.55	0.55

（续）

m	$\bar{K}$ \ n	0.1	0.2	0.3	0.4	0.5	0.6	0.7	0.8	0.9	1.0	2.0	3.0	4.0	5.0
9	9	−0.25	0.00	0.15	0.20	0.25	0.30	0.30	0.35	0.35	0.40	0.45	0.45	0.45	0.45
	8	−0.00	0.20	0.30	0.35	0.35	0.40	0.40	0.40	0.40	0.45	0.45	0.50	0.50	0.50
	7	0.15	0.30	0.35	0.40	0.40	0.45	0.45	0.45	0.45	0.45	0.50	0.50	0.50	0.50
	6	0.25	0.35	0.40	0.40	0.45	0.45	0.45	0.45	0.45	0.50	0.50	0.50	0.50	0.50
	5	0.35	0.40	0.45	0.45	0.45	0.45	0.45	0.45	0.50	0.50	0.50	0.50	0.50	0.50
	4	0.45	0.45	0.45	0.45	0.45	0.50	0.50	0.50	0.50	0.50	0.50	0.50	0.50	0.50
	3	0.60	0.50	0.50	0.50	0.50	0.50	0.50	0.50	0.50	0.50	0.50	0.50	0.50	0.50
	2	0.85	0.65	0.60	0.55	0.55	0.55	0.55	0.50	0.50	0.50	0.50	0.50	0.50	0.50
	1	1.35	1.00	0.90	0.80	0.75	0.70	0.70	0.70	0.65	0.65	0.60	0.55	0.55	0.55
10	10	−0.25	0.00	0.15	0.20	0.25	0.30	0.30	0.35	0.35	0.40	0.45	0.45	0.45	0.45
	9	−0.05	0.20	0.30	0.35	0.35	0.40	0.40	0.40	0.40	0.45	0.45	0.50	0.50	0.50
	8	−0.10	0.30	0.35	0.40	0.40	0.40	0.45	0.45	0.45	0.45	0.50	0.50	0.50	0.50
	7	0.20	0.35	0.40	0.40	0.45	0.45	0.45	0.45	0.45	0.50	0.50	0.50	0.50	0.50
	6	0.30	0.40	0.40	0.45	0.45	0.45	0.45	0.45	0.45	0.50	0.50	0.50	0.50	0.50
	5	0.40	0.45	0.45	0.45	0.45	0.45	0.45	0.50	0.50	0.50	0.50	0.50	0.50	0.50
	4	0.50	0.45	0.45	0.45	0.50	0.50	0.50	0.50	0.50	0.50	0.50	0.50	0.50	0.50
	3	0.60	0.50	0.50	0.50	0.50	0.50	0.50	0.50	0.50	0.50	0.50	0.50	0.50	0.50
	2	0.85	0.65	0.60	0.55	0.55	0.55	0.55	0.50	0.50	0.50	0.50	0.50	0.50	0.50
	1	1.35	1.00	0.90	0.80	0.75	0.70	0.70	0.70	0.65	0.65	0.60	0.55	0.55	0.55
11	11	−0.25	0.00	0.15	0.20	0.25	0.30	0.30	0.30	0.35	0.35	0.45	0.45	0.45	0.45
	10	0.05	0.20	0.25	0.30	0.35	0.40	0.40	0.40	0.40	0.40	0.45	0.45	0.50	0.50
	9	0.10	0.30	0.35	0.40	0.40	0.40	0.45	0.45	0.45	0.45	0.50	0.50	0.50	0.50
	8	0.20	0.35	0.40	0.40	0.45	0.45	0.45	0.45	0.45	0.50	0.50	0.50	0.50	0.50
	7	0.25	0.40	0.40	0.45	0.45	0.45	0.45	0.45	0.45	0.50	0.50	0.50	0.50	0.50
	6	0.35	0.40	0.45	0.45	0.45	0.45	0.45	0.50	0.50	0.50	0.50	0.50	0.50	0.50
	5	0.40	0.44	0.45	0.45	0.45	0.50	0.50	0.50	0.50	0.50	0.50	0.50	0.50	0.50
	4	0.50	0.50	0.50	0.50	0.50	0.50	0.50	0.50	0.50	0.50	0.50	0.50	0.50	0.50
	3	0.65	0.55	0.50	0.50	0.50	0.50	0.50	0.50	0.50	0.50	0.50	0.50	0.50	0.50
	2	0.85	0.65	0.60	0.55	0.50	0.55	0.55	0.50	0.50	0.50	0.50	0.50	0.50	0.50
	1	1.35	1.50	0.90	0.80	0.75	0.70	0.70	0.70	0.65	0.65	0.60	0.55	0.55	0.55
12 层 以 上	1	−0.30	0.00	0.15	0.20	0.25	0.30	0.30	0.30	0.35	0.35	0.40	0.45	0.45	0.45
	自 2	−0.10	0.20	0.25	0.30	0.35	0.40	0.40	0.40	0.40	0.40	0.45	0.45	0.45	0.45
	上 3	0.05	0.25	0.35	0.40	0.40	0.40	0.45	0.45	0.45	0.45	0.45	0.50	0.50	0.50
	4	0.15	0.30	0.40	0.40	0.45	0.45	0.45	0.45	0.45	0.45	0.50	0.50	0.50	0.50
	5	0.25	0.35	0.40	0.45	0.45	0.45	0.45	0.45	0.45	0.45	0.50	0.50	0.50	0.50
	6	0.30	0.40	0.40	0.45	0.45	0.45	0.45	0.45	0.45	0.50	0.50	0.50	0.50	0.50
	7	0.35	0.40	0.40	0.45	0.45	0.45	0.50	0.50	0.50	0.50	0.50	0.50	0.50	0.50
	8	0.35	0.45	0.45	0.45	0.50	0.50	0.50	0.50	0.50	0.50	0.50	0.50	0.50	0.50
	中间	0.45	0.45	0.45	0.45	0.50	0.50	0.50	0.50	0.50	0.50	0.50	0.50	0.50	0.50
	4	0.55	0.50	0.50	0.50	0.50	0.50	0.50	0.50	0.50	0.50	0.50	0.50	0.50	0.50
	自 3	0.65	0.55	0.50	0.50	0.50	0.50	0.50	0.50	0.50	0.50	0.50	0.50	0.50	0.50
	下 2	0.70	0.70	0.60	0.55	0.55	0.55	0.55	0.50	0.50	0.50	0.50	0.50	0.50	0.50
	1	1.35	1.05	0.90	0.80	0.75	0.70	0.70	0.70	0.65	0.65	0.60	0.55	0.55	0.55

注：m 为总层数；n 为所在楼层的位置；$\bar{K}$ 为平均线刚度比。

表 4-12   上下层横梁线刚度比对 y_0 的修正值 y_1

α_1 \ $\overline{K}$	0.1	0.2	0.3	0.4	0.5	0.6	0.7	0.8	0.9	1.0	2.0	3.0	4.0	5.0
0.4	0.55	0.40	0.30	0.25	0.20	0.20	0.20	0.10	0.15	0.15	0.05	0.05	0.05	0.05
0.5	0.45	0.30	0.20	0.20	0.15	0.15	0.15	0.10	0.10	0.10	0.05	0.05	0.05	0.05
0.6	0.30	0.20	0.15	0.15	0.10	0.10	0.10	0.05	0.05	0.05	0.05	0	0	0
0.7	0.20	0.15	0.10	0.10	0.10	0.10	0.05	0.05	0.05	0.05	0.05	0	0	0
0.8	0.15	0.10	0.05	0.05	0.05	0.05	0.05	0.05	0	0	0	0	0	0
0.9	0.05	0.05	0.05	0	0	0	0	0	0	0	0	0	0	0

表 4-13   上下层高变化对 y_0 的修正值 y_2 和 y_3

α_2	α_3 / $\overline{K}$	0.1	0.2	0.3	0.4	0.5	0.6	0.7	0.8	0.9	1.0	2.0	3.0	4.0	5.0
		0.25	0.15	0.15	0.10	0.10	0.10	0.10	0.10	0.05	0.05	0.05	0.05	0.0	0.0
2.0		0.20	0.15	0.10	0.10	0.10	0.05	0.05	0.05	0.05	0.05	0.0	0.0	0.0	0.0
1.8	0.4	0.15	0.10	0.10	0.05	0.05	0.05	0.05	0.05	0.05	0.0	0.0	0.0	0.0	0.0
1.6	0.6	0.10	0.05	0.05	0.05	0.05	0.05	0.05	0.0	0.0	0.0	0.0	0.0	0.0	0.0
1.4	0.8	0.05	0.05	0.05	0	0	0	0	0	0	0.0	0.0	0.0	0.0	0.0
1.2	1.0	0.0	0.0	0.0	0.0	0.0	0.0	0.0	0.0	0.0	0.0	0.0	0.0	0.0	0.0
1.0	1.2	-0.05	-0.05	-0.05	0.0	0.0	0.0	0.0	0.0	0.0	0.0	0.0	0.0	0.0	0.0
0.8	1.4	-0.10	-0.05	-0.05	-0.05	-0.05	-0.05	-0.05	-0.05	-0.05	0.0	0.0	0.0	0.0	0.0
0.6	1.6	-0.15	-0.10	-0.10	-0.05	-0.05	-0.05	-0.05	-0.05	-0.05	-0.05	0.0	0.0	0.0	0.0
0.4	1.8	-0.20	-0.15	-0.10	-0.10	-0.10	-0.05	-0.05	-0.05	-0.05	-0.05	-0.05	0.0	0.0	0.0
	2.0	-0.25	-0.15	-0.15	-0.10	-0.10	-0.10	-0.10	-0.10	-0.05	-0.05	-0.05	-0.05	0.0	0.0

4.6.2   框架结构位移验算

位移计算是框架结构抗震计算的一个重要方面。前已述及，框架结构的构件尺寸往往决定于结构的侧移变形要求。按照《建筑抗震设计规范》二阶段三水准的设计思想，框架结构应进行两方面的侧移验算：多遇地震变形作用下层间弹性位移的计算，对所有框架都应进行此项计算；罕遇地震下层间弹塑性位移验算，一般仅对非规则框架进行此项计算。

1. 多遇地震作用下层间弹性位移的计算

多遇地震作用下，框架结构的层间弹性位移，可依 D 值法按式（4-33）进行计算

$$\Delta u_{\mathrm{e}} = \frac{V_i}{\sum_{j=1}^{n} D_{ij}} \tag{4-33}$$

多遇地震作用下的框架结构的层间弹性位移，应满足式（4-34）的要求

$$\Delta u_{\mathrm{e}} \leqslant [\theta_{\mathrm{e}}] h \tag{4-34}$$

式中 h——层高；

Δu_{e}——多遇地震作用标准值产生的层间弹性位移；

$[\theta_{\mathrm{e}}]$——层间弹性位移角限值，取 1/550。

计算 Δu_e 时，除以弯曲变形为主的高层建筑外，可不扣除结构整体弯曲变形，其他均应计入扭转变形，各作用分项系数均应采用 1.0。在计算构件刚度 D 值时，采用构件弹性刚度。

2. 罕遇地震作用下层间弹塑性位移验算

研究表明，结构进入弹塑性阶段后变形主要集中在薄弱层。因此，《建筑抗震设计规范》规定，对于 7~9 度时楼层屈服强度系数 ξ_y 小于 0.5 的框架结构，尚需进行罕遇地震作用下结构薄弱层弹塑性变形计算。计算包括确定薄弱层位置（详见第 3 章）、薄弱层层间弹塑性位移计算和验算是否满足弹塑性位移限值等。

为了计算 ξ_{yi}，需要先确定楼层屈服承载力 V_{yi}，而楼层屈服承载力的大小与楼层的破坏机制有关。具体方法如下：

（1）计算梁、柱的极限抗弯承载力　计算时，应采用构件实际配筋和材料的强度标准值，不应用材料强度设计值，并可近似的按式（4-35）与式（4-36）计算。

梁
$$M_{bu} = A_s f_{yk}(h_0 - a_s') \tag{4-35}$$

柱：当柱轴压比小于 0.8 或 $N_G/f_{ck}b_c h_c < 0.5$ 时

$$M_{cu} = A_s f_{yk}(h_{c0} - a_s') + 0.5 N h_c \left(1 - \frac{N}{\alpha_1 b_c h_a f_{ck}}\right) \tag{4-36}$$

式中　f_{yk}——钢筋强度标准值；

$\quad\quad f_{ck}$——混凝土轴心抗压强度标准值；

$\quad\quad N$——考虑地震组合时相应于设计弯矩的轴力，一般可取重力荷载代表值作用下的轴力 N_G（分项系数取 1.0）。

（2）计算柱端截面有效受弯承载力 M_c　此时，可根据节点处梁、柱极限抗弯承载力的不同情况，来判别该层柱的可能破坏机制，确定柱端的有效受弯承载力。

1）当 $\sum M_{cu} < \sum M_{bu}$ 时，为强梁弱柱型（图 4-8a），则柱端有效受弯承载力可取该截面的极限受弯承载力，即

$$\widetilde{M}_{c,i+1}^l = M_{cu,i+1}^l \tag{4-37}$$

$$\widetilde{M}_{c,i}^l = M_{cu,i}^l \tag{4-38}$$

2）当 $\sum M_{bu} < \sum M_{cu}$ 时，为强柱弱梁型（图 4-8b），节点上、下柱端都未达到极限受弯承载力。此时，柱端有效受弯承载力可根据节点平衡按上、下柱线刚度将 $\sum M_{bu}$ 比例分配，但不大于该截面的极限受弯承载力，即

$$\left.\begin{array}{l} \widetilde{M}_{c,i+1}^l = \sum M_{bu} \dfrac{K_{i+1}}{K_i + K_{i+1}} \\[2mm] \widetilde{M}_{c,i+1}^l = M_{cu,i+1}^l \end{array}\right\}\text{取两者中较小者} \tag{4-39}$$

$$\left.\begin{array}{l} \widetilde{M}_{c,i}^l = \sum M_{bu} \dfrac{K_i}{K_i + K_{i+1}} \\[2mm] \widetilde{M}_{c,i}^l = M_{cu,i}^l \end{array}\right\}\text{取两者中较小者} \tag{4-40}$$

3）当 $\sum M_{bu} < \sum M_{cu}$ 时，而且一柱端先达到屈服（图 4-8c）。此时，另一柱端的有效受弯承载力可按上、下柱线刚度比例求得，但不大于该截面的极限受弯承载力，即

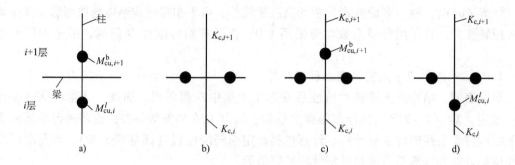

图 4-8 框架节点破坏机制的几种情况

a）强梁弱柱型 b）强柱弱梁型 c）上柱先屈服型 d）下柱先屈服型

$$\widetilde{M}_{c,i+1}^{l} = M_{cu,i+1}^{l} \tag{4-41}$$

$$\left.\begin{array}{l} \widetilde{M}_{c,i}^{u} = \sum M_{cu,i+1}^{l} \dfrac{K_i}{K_{i+1}} \\[2mm] \widetilde{M}_{c,i}^{u} = M_{cu,i}^{u} \end{array}\right\} 取两者中较小者 \tag{4-42}$$

当如图 4-8d 所示时

$$\left.\begin{array}{l} \widetilde{M}_{c,i}^{l} = \sum M_{cu,i-1}^{u} \dfrac{K_i}{K_{i-1}} \\[2mm] \widetilde{M}_{c,i}^{l} = M_{cu,i}^{l} \end{array}\right\} 取两者中较小者 \tag{4-43}$$

$$\widetilde{M}_{c,i-1}^{u} = M_{cu,i-1}^{u} \tag{4-44}$$

式中 M_{bu}——梁端极限受弯承载力；

M_{cu}——柱端极限受弯承载力；

$\sum M_{bu}$——节点左、右梁端反时针或顺时针方向截面极限受弯承载力之和；

$\sum M_{cu}$——节点上、下柱端顺时针或反时针方向截面极限受弯承载力之和；

$\widetilde{M}_{c,i}^{u}$——第 i 层柱顶截面有效受弯承载力；

$\widetilde{M}_{c,i}^{l}$——第 i 层柱底截面有效受弯承载力；

K_i——第 i 层层柱线刚度。

需要说明的是，对于上述 3）的情况，如何判别其中某一柱端已经达到屈服，这要从上、下柱端的极限抗弯承载力的相对比较以及上、下柱端所分配到弯矩的相互比较加以确定。一般规律是，某一柱端极限抗弯承载力较小或所分配到的柱端弯矩较大者，可认为先行屈服。

（3）计算第 i 层第 j 根柱的受剪承载力 V_{yij}

$$V_{yij} = \frac{\widetilde{M}_{c,ij}^{u} + \widetilde{M}_{c,ij}^{l}}{H_{ni}} \tag{4-45}$$

式中 H_{ni}——第 i 层的净高，可由层高 H 减去该层上、下梁高的 1/2 求得。

（4）计算第 i 层的楼层屈服承载力 V_{yi} 将第 i 层各柱的屈服承载力相加即得

$$V_{yi} = \sum_{j=1}^{n} V_{yij} \tag{4-46}$$

3. 薄弱层的层间弹塑性位移计算

统计表明，薄弱层的弹塑性位移一般不超过该结构顶点的弹塑性位移，而结构顶点的弹塑性位移与弹性位移之间则有较为稳定的关系。经过大量分析表明，对于不超过 12 层且楼层刚度无突变的框架结构和填充墙框架结构可采用简化计算方法，即薄弱层的层间弹塑性位移可用层间弹性位移乘以弹塑性位移增大系数而得，其计算公式为

$$\Delta u_p = \eta_p \Delta u_e \tag{4-47}$$

式中　Δu_e——罕遇地震作用下按弹性分析的层间位移（计算方法同前）；

$\quad\quad\eta_p$——弹塑性位移增大系数，与结构的均匀程度和层数有关：当薄弱层的屈服承载力系数 ξ_{ymin} 不小于相邻层该系数平均值 ξ_y 的 80% 时，可视为沿高度分布均匀的结构；当 $\xi_{ymin} \leqslant 0.5\xi_y$ 时，则视为不均匀结构，按多层均匀钢筋混凝土结构弹塑性位移增大系数的 1.5 倍采用；其他情况可采用内插法取得；

$\quad\quad\Delta u_p$——层间弹塑性位移。

4. 层间弹塑性位移验算

在罕遇地震作用下，根据试验及震害经验，多层框架及填充墙框架的层间弹塑性位移应符合式（4-48）要求

$$\Delta u_p \leqslant [\theta_p] h \tag{4-48}$$

式中　$[\theta_p]$——层间弹塑性位移角限值，取 1/50；当框架柱的轴压比小于 0.40 时，可提高 10%；当柱沿全高加密箍筋并符合表 4-11 体积配筋率的上限值时可提高 20%，但累计不超过 25%；

$\quad\quad h$——薄弱层的层高。

综上所述，按简化方法验算框架结构在罕遇地震作用下，层间弹塑性位移的一般步骤是：

1）按梁、柱实际配筋和材料强度标准值计算楼层受剪承载力 V_{yi}。

2）按罕遇地震作用下的地震影响系数最大值 α_{max}，计算楼层的弹性地震剪力 V_e 和层间弹性位移 Δu_e。

3）计算楼层屈服承载力系数 ξ_y，并找出薄弱层。

4）计算薄弱层的层间弹塑性位移 $\Delta u_p = \eta_p \Delta u_e$。

5）验算层间位移角，要求

$$\theta_p = \frac{\Delta u_p}{h} \leqslant [\theta_p] \tag{4-49}$$

【例 4-1】　某教学楼为四层钢筋混凝土框架结构。楼层重力荷载代表值为 $G_4 = 6000$kN，$G_3 = G_2 = 8000$kN，$G_1 = 8800$kN。梁的截面尺寸为 250mm × 600mm，混凝土采用 C20，柱的截面尺寸为 450mm × 450mm，混凝土采用 C30。现浇梁、柱、楼盖为预应力圆孔板，建造在 I_1 类场地上，该地区地震基本烈度为 7 度，设计地震分组为第二组，现场实测 $\alpha_{max} = 0.1$。结构平面图、剖面图及计算简图如图 4-9a、b、c 所示。试验算在横向水平地震作用下层间弹性位移，并绘出框架地震弯矩图。

【解】　（1）楼层重力荷载代表值

$$G_1 = 8800\text{kN}, \quad G_3 = G_2 = 8000\text{kN}, \quad G_4 = 6000\text{kN}, \quad \sum G_i = 30800\text{kN}$$

（2）梁、柱线刚度计算

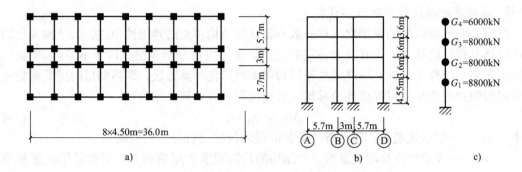

图4-9   教学楼平面、剖面及计算简图

a）平面图   b）剖面图   c）计算简图

1）梁的线刚度计算。边跨梁为

$$k_b = \frac{E_b I_b}{l} = \frac{25.5 \times 10^6 \times \frac{1}{12} \times 0.25 \times 0.60^3 \times 1.2^{\ominus}}{5.7}\text{kN} \cdot \text{m}$$

$$= 24.16 \times 10^3 \text{kN} \cdot \text{m}$$

中跨梁为

$$k_b = \frac{E_b I_b}{l} = \frac{25.5 \times 10^6 \times \frac{1}{12} \times 0.25 \times 0.60^3 \times 1.2^{\ominus}}{3.0}\text{kN} \cdot \text{m}$$

$$= 45.90 \times 10^3 \text{kN} \cdot \text{m}$$

2）柱的线刚度。首层柱为

$$k_c = \frac{E_c I_c}{h} = \frac{30 \times 10^6 \times \frac{1}{12} \times 0.45^4}{4.55}\text{kN} \cdot \text{m} = \frac{102.52 \times 10^3}{4.55}\text{kN} \cdot \text{m}$$

$$= 22.53 \times 10^3 \text{kN} \cdot \text{m}$$

其他层柱为

$$k_c = \frac{102.52 \times 10^3}{3.60}\text{kN} \cdot \text{m} = 28.48 \times 10^3 \text{kN} \cdot \text{m}$$

3）柱的侧移刚度 D 的计算。计算过程见表4-14、表4-15。

表4-14   2～4层 D 值的计算

D	$\bar{K} = \dfrac{\sum k_b}{2k_c}$	$\alpha = \dfrac{\bar{K}}{2 + \bar{K}}$	$D = \alpha k_c \dfrac{12}{h^2}/\text{kN} \cdot \text{m}$
中柱（18根）	$\dfrac{2 \times (24.16 + 45.9) \times 10^3}{2 \times 28.48 \times 10^3} = 2.46$	$\dfrac{2.46}{2 + 2.46} = 0.552$	$0.552 \times 28.48 \times 10^3 \times \dfrac{12}{3.6^2} = 14560$
边柱（18根）	$\dfrac{2 \times 24.16 \times 10^3}{2 \times 28.48 \times 10^3} = 0.848$	$\dfrac{0.848}{2 + 0.848} = 0.298$	$0.298 \times 28.48 \times 10^3 \times \dfrac{12}{3.6^2} = 7858$

注：$\sum D = (14560 + 7858)\text{kN} \cdot \text{m} \times 18 = 403524\text{kN} \cdot \text{m}$

$\ominus$ 为简化计算框架梁截面惯性矩，增大系数均采用1.2。

表 4-15　首层 D 值的计算

D	$\bar{K} = \dfrac{\sum k_b}{k_c}$	$\alpha = \dfrac{0.5 + \bar{K}}{2 + \bar{K}}$	$D = \alpha k \dfrac{12}{h^2}/\mathrm{kN \cdot m}$
中柱（18 根）	$\dfrac{(24.16 + 45.9) \times 10^3}{22.53 \times 10^3} = 3.110$	$\dfrac{0.5 + 3.11}{2 + 3.11} = 0.706$	$0.706 \times 22.53 \times 10^3 \times \dfrac{12}{4.55^2} = 9220$
边柱（18 根）	$\dfrac{24.16 \times 10^3}{22.53 \times 10^3} = 1.072$	$\dfrac{0.5 + 1.072}{2 + 1.072} = 0.512$	$0.512 \times 22.53 \times 10^3 \times \dfrac{12}{4.55^2} = 6686$

注：$\sum D = (9220 + 6686) \mathrm{kN \cdot m} \times 18 = 286308 \mathrm{kN \cdot m}$

（3）框架自振周期的计算　根据能量法，计算自振周期。楼间侧移计算见表 4-16。

表 4-16　楼间侧移的计算

层次	楼层重力荷载 G_i/kN	楼层剪力 $V_i = \sum\limits_i^n G_i/\mathrm{kN}$	楼间侧移刚度 $D_i/(\mathrm{kN/m})$	层间侧移 $\delta_i = V_i/D_i/\mathrm{m}$	楼间侧移 $\Delta_i = \sum\limits_1^i \delta_i/\mathrm{m}$
4	6000	6000	403524	0.0149	0.2120
3	8000	14000	403524	0.0350	0.1971
2	8000	22000	403524	0.0545	0.1621
1	8800	30800	286308	0.1076	0.1076

由式（3-94）得

$$T_1 = 2\psi_T \sqrt{\dfrac{\sum\limits_{i=1}^n G_i \Delta_i^2}{\sum\limits_{i=1}^n G_i \Delta_i}} = 2 \times 0.7 \times$$

$$\sqrt{\dfrac{6000 \times 0.2120^2 + 8000 \times 0.1971^2 + 8000 \times 0.1621^2 + 8800 \times 0.1076^2}{6000 \times 0.2120 + 8000 \times 0.1971 + 8000 \times 0.1621 + 8800 \times 0.1076}}\mathrm{s}$$

$$= 0.586\mathrm{s}$$

根据定顶点位移法，计算自振周期，由式（3-95）得

$$T_1 = 1.7\psi_T \sqrt{\Delta} = 1.7 \times 0.7 \times \sqrt{0.2120}\mathrm{s} = 0.548\mathrm{s}$$

按全国民用建筑工程设计技术措施（结构）计算

$$T_1 = (0.1N \sim 0.15N)\psi_T = (0.1 \times 4 \sim 0.15 \times 4) \times 0.7\mathrm{s} = 0.28 \sim 0.42\mathrm{s}$$

取 $T_1 = 0.4\mathrm{s}$。

（4）多遇水平地震作用标准值和位移计算　本例房屋高度 15.35m，且质量和刚度沿高度分布比较均匀，故可采用底部剪力法计算多遇水平地震作用标准值。

由表 3-3 查得，I_1 类场地近震，$T_g = 0.30$，则

$$\alpha_1 = \left(\dfrac{T_g}{T_1}\right)^{0.9} \alpha_{max} = \left(\dfrac{0.30}{0.40}\right)^{0.9} \times 0.1 = 0.077$$

因为 $T_1 = 0.4\mathrm{s} < 1.4T_g = 1.4 \times 0.3\mathrm{s} = 0.42\mathrm{s}$，故不必考虑顶部附加水平地震作用，即 $\delta_n = 0$。

结构总水平地震作用标准值

$$F_{Ek} = \alpha_1 G_{eq} = 0.077 \times 0.85 \times 30800\mathrm{kN} = 2016\mathrm{kN}$$

质点 i 的水平地震作用标准值、楼层地震剪力及楼层层间位移的计算过程，参见表 4-17。

表 4-17　F_i、V_i 和 Δu_c 的计算

层	G_i/kN	H_i/m	$G_i H_i$/kN·m	$\sum G_i H_i$/kN·m	F_i/kN	V_i/kN	$\sum D$/（kN/m）	Δu_c/m
4	6000	15.35	92100		637	637	403524	0.002
3	8000	11.75	94000	291340	651	1288	403524	0.003
2	8000	8.15	65200		451	1739	403524	0.004
1	8800	4.55	40040		277	2016	286308	0.007

首层　$\dfrac{\Delta u_c}{h} = \dfrac{0.007}{4.55} = \dfrac{1}{650} < \dfrac{1}{550}$ （满足要求）

二层　$\dfrac{\Delta u_c}{h} = \dfrac{0.004}{3.6} = \dfrac{1}{900} < \dfrac{1}{550}$ （满足要求）

（5）框架地震内力的计算　框架柱剪力和柱端弯矩的计算过程见表 4-18。梁端剪力及柱轴力见表 4-19。地震作用下框架层间剪力图如图 4-10 所示，框架弯矩图如图 4-11 所示。

表 4-18　水平地震作用下框架柱剪力和柱端弯矩标准值

柱	层	h/m	V_i/kN	$\sum D$ /（kN/m）	D /（kN/m）	$\dfrac{D}{\sum D}$	V_{ik}/kN	$\bar{K}$	y_0/m	$M_{\text{下}}$/kN·m	$M_{\text{上}}$/kN·m
边柱	4	3.60	637	403524	7858	0.019	12.10	0.848	0.35	15.25	28.31
	3	3.60	1288	403524	7858	0.019	24.47	0.848	0.45	39.64	48.45
	2	3.60	1739	403524	7858	0.019	33.04	0.848	0.50	59.47	59.47
	1	4.55	2016	286308	6686	0.023	46.37	1.072	0.64	135.03	75.95
中柱	4	3.60	637	403524	14560	0.036	22.93	2.46	0.45	37.15	45.40
	3	3.60	1288	403524	14560	0.036	46.37	2.46	0.47	78.46	88.47
	2	3.60	1739	403524	14560	0.036	62.60	2.46	0.50	112.68	112.68
	1	4.55	2016	286308	9220	0.032	64.51	3.11	0.55	161.44	132.08

注：$V_{ik} = \dfrac{D}{\sum D} V_i$；$M_{\text{下}} = V_{ik} y_0 h$ 为柱下端弯矩；$M_{\text{上}} = V_{ik}(1 - y_0)h$ 为柱上端弯矩。

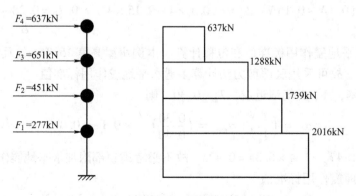

图 4-10　地震作用下框架层间剪力图

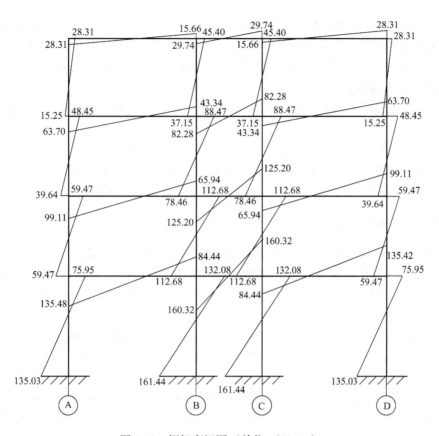

图 4-11 框架弯矩图（单位：kN·m）

表 4-19 水平地震作用下梁端剪力及柱轴力标准值

| 层 | AB 跨梁端剪力 | | | | BC 跨梁端剪力 | | | | 柱轴力 | |
	l/m	$M_{E左}$ /kN·m	$M_{E右}$ /kN·m	$V_E = \dfrac{M_{E左}+M_{E右}}{l}$ /kN	l/m	$M_{E左}$ /kN·m	$M_{E右}$ /kN·m	$V_E = \dfrac{M_{E左}+M_{E右}}{l}$ /kN	边柱 N_E /kN	中柱 N_E /kN
4	5.70	28.31	15.66	7.71	3.00	29.74	29.74	19.83	7.71	12.12
3	5.70	63.7	43.34	18.78	3.00	82.28	82.28	54.85	26.49	48.19
2	5.70	99.11	65.94	28.96	3.00	125.20	125.20	83.47	55.45	102.70
1	5.70	135.42	84.44	38.57	3.00	160.32	160.32	106.88	94.02	171.01

4.7 框架-抗震墙结构和抗震墙结构的抗震设计

4.7.1 框架-抗震墙结构和抗震墙结构抗震设计的基本思想

以往，抗震墙曾被认为是脆性结构，而受到了一定的限制。由于近年来科学研究的进展和设计上的完善，它的优越性已日益为人们所认识。同框架结构相比，抗震墙结构的耗能能力为同高度框架结构的 20 倍左右，抗震墙还有在强震作用时裂而不倒和事后易于修复的优点。

另外，多次震害经验证明，框架-抗震墙结构比框架结构在减轻框架及非结构部件的震害方面有明显的优越性，抗震墙可以控制层间位移，降低了对框架的延性要求，简化了抗震措施。由于框架-抗震墙的共同作用，顶层高振型的鞭梢效应可以大为减轻。

抗震墙设计应能做到以下几点：

1）墙体受弯破坏要先于受剪或其他形式破坏，并且要把这种破坏限定在墙体中某个指定的部位。

2）联肢抗震墙的连梁在墙肢最终破坏前具有足够的变形能力。

3）与抗震墙相连接的楼盖（及屋盖）应具有必要的承载力和刚度。

如果仍用一句话概括，就是"强剪弱弯，强肢弱梁，可靠的楼盖"。

4.7.2 结构体系的合理工作

框架-抗震墙结构是具有多道防线的抗震结构体系。在大震作用下，随着抗震墙的刚度退化，框架起保持结构稳定及防止全部倒塌的作用（二道防线），此时框架并不需考虑过大的地震作用（但亦需有一定的承载力储备），因为已开裂的抗震墙仍有一定的耗能能力，同时结构刚度的退化，也会在一定程度上降低地震作用。

大震作用下抗震墙开裂刚度退化同时也引起了框架与抗震墙之间的塑性内力重分布，这就需要对原有的内力分析结果作一些调整，赋予框架一定的安全储备，以实现多道设防的原则。规范规定任一层框架部分承受的地震剪力不应小于下列两者较小值：结构底部总的地震剪力的20%；按框架-抗震墙结构分析的框架部分各楼层地震剪力最大值的1.5倍。

框架-抗震墙结构可以推迟框架塑性机制的形成，则此框架部分不须严格按强柱弱梁的原则进行设计。对梁柱节点的设计要求也可适当放宽。

就楼盖而言，它是保证框架与抗震墙共同工作的连系，框架-抗震墙结构中两道抗震墙楼（屋）盖的长宽比不宜超过表4-20中的限位规定，这时可按刚性楼（屋）盖考虑，否则应考虑楼（屋）盖平面内变形影响。

表4-20 抗震墙之间楼屋盖的长宽比

楼、屋盖类型		设防烈度			
		6	7	8	9
框架-抗震墙结构	现浇或叠合楼、屋盖	4	4	3	2
	装配整体式楼、屋盖	3	3	2	不宜采用
板柱-抗震墙结构的现浇楼、屋盖		3	3	2	—
框支层的现浇楼、屋盖		2.5	2.5	2	—

当框架-抗震墙结构采用装配式楼（屋）盖时，应采取措施保证楼（屋）盖抗震墙的可靠连接及其整体性。如装配式楼（屋）板应做配筋的现浇层和板与板、板与梁应通过板缝及叠合梁后浇混凝土结成整体等。

4.7.3 抗震墙的布置

1. 框架-抗震墙结构中的抗震墙设置

框架-抗震墙结构中的抗震墙是主要抗侧力构件，总的布置原则是要求"均匀、分散、对中"。均匀是指无刚度突变和承载力削弱;分散是指应采用数量较多的宽度适当的抗震墙以代替数量较少而宽度很大的抗震墙;对中是房屋抗侧刚度中心应尽量与房屋质量中心重合,减少房屋的地震扭转作用。具体地应该注意以下几点:

1)抗震墙宜贯通全高,且横向与纵向抗震墙宜相连。

2)抗震墙不应该设置在墙面需开大洞口的位置;抗震墙开洞面积不宜大于墙画面积的1/6,洞口宜上下对齐,洞口梁不宜小于层高的1/5。

3)房屋较长时;纵向抗震墙不宜设置在端开间,以防止有过大的温度应力。

2. 抗震墙结构中抗震墙设置

抗震墙结构中抗震墙的布置原则应该说是和框架-抗震墙结构中的是一致的。只是由于抗震墙结构中抗震墙的道数很多,每一道抗震墙所受的侧力都不算太大,对墙面中所开洞口大小的控制可以放松一些;又因为抗震墙结构中的抗震墙很容易形成很长的抗震墙,将导致脆性的剪切破坏而不是延性的弯曲破坏,结构变形能力将会降低;此外,地震震害表明,框支剪力墙结构中的框支层是该结构的薄弱楼层,容易产生变形集中而首先破坏,所以对框支层应该限制刚度及承载力不要削弱过多,对其中的抗震墙间距也应限制,使之不太大。具体应该注意以下几点:

1)较长的抗震墙宜结合洞口设置弱连梁,将一道抗震墙分成较均匀的若干墙段,各墙段(包括小开洞墙及联肢墙)的高宽比不宜小于2。

2)抗震墙有较大洞口时,洞口位置其上下对齐。

3)房屋底部有框支层时,框支层的刚度不应小于相邻上层刚度的50%;落地抗震墙数量不宜小于上部抗震墙数量的50%,其间距下宜大于四开间和24m的较小值,且落地抗震墙之间楼盖的长宽比不应超过表4-20的规定。

4.7.4 抗震墙的破坏形态

1. 单肢抗震墙的破坏形态

这节所讨论的是单肢墙,也包括小开洞墙,不包括联肢墙,但弱连梁连系的联肢墙墙肢可视作若干个单肢墙。所谓弱连梁联肢墙是指在地震作用下各层墙段截面总弯矩不小于该层及以上连梁总约束弯矩 5 倍的联肢墙。悬臂抗震墙随着墙高 H_w 与墙宽 l_w 比值的不同,粗略地说有以下几种破坏形态:

(1)弯曲破坏(图4-12a) 此种破坏多发生在 $H_w/l_w > 2$ 时,墙的破坏发生在下部的一个范围内,虽然该区段内也有斜裂缝(图4-12a 中的②),但它是绕 A 点斜截面受弯,其弯矩与根部正截面①的弯矩相等,如果不计水平腹筋的影响,该区段内竖筋(受弯纵筋)的拉力也几乎相等。这是一种理想的塑性破坏,塑性区长度也比较大,要力争实现。为防止在该区段内过早地发生剪切破坏,其受剪配筋及构造应该加强,所以该区又称加强部位。加强指的是加强抗剪而不是加强抗弯。加强部位高度 h,取等于 $H_w/8$ 或底部两层两者中的较大值。有框支层时,尚应不小于到框支层上一层的高度。

(2)剪压型剪切破坏(图4-12b) 此种破坏发生在 $H_w/l_w = 1 \sim 2$ 时,斜截面上的腹筋及受弯纵筋也都屈服,最后以剪压区混凝土破坏而达到极限状态。这种破坏的延性也好,但不如弯曲破坏的好,构造上应加强措施,如墙的水平截面两端设端柱等,以增强混凝土的剪压区。在截面设计上要求剪压区不宜太大。

（3）斜压型剪切破坏（图4-12c）　此种破坏发生在 $H_w/l_w<1$ 时，往往在框支层的落地抗震墙上遇到。这种形态的斜裂缝将抗震墙划分成若干个平行的斜压杆，是延性差的剪切破坏。在墙板周边应设置梁（或暗梁）和端柱组成的边框加强。此外，试验表明，如能严格控制截面的剪压比（如 $V\leqslant 0.15bh_0f_c/\gamma_{RE}$），则可以使斜裂缝较为分散而细，可以吸收较大地震能量而不致发生突然的脆性破坏。在矮的抗震墙中，竖向腹筋虽不能像水平腹筋那样直接承受剪力，但也很重要，它的拉力 T 将用来平衡 ΔV 引起的弯矩，或是与斜压力 C 合成后与 ΔV 平衡（图4-12c）。

（4）滑移破坏（图4-12d）　此种破坏多发生在新旧混凝土施工缝的地方。在施工缝处应增设插筋并进行验算。

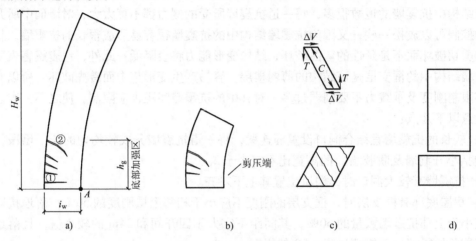

图4-12　抗震墙的破坏形态

a）弯曲破坏　b）剪压型受剪破坏　c）斜压型受剪破坏　d）滑移破坏

2. 双肢墙的破坏形态

抗震墙经过门窗口分割之后，形成了联肢墙。洞口上下之间的部位称为连梁，洞口左右之间的部位称为墙肢，两个墙肢的联肢墙称为双肢墙。墙肢是联肢墙的要害部位，双肢墙在水平地震力作用下，一肢处于压、弯、剪，而另一肢处于拉、弯、剪的复杂受力状态，墙肢的高宽比也不会太大，容易形成受剪破坏，延性要差一些。双肢墙的破坏和框架柱一样，可以分为"弱梁型"及"弱肢型"。弱肢型破坏是墙肢先于连梁破坏，因为墙肢以受剪破坏为主，延性差，连梁也不能充分发挥作用，是不理想的破坏形态。弱梁型破坏是连梁先于墙肢屈服，因为连梁仅是受弯受剪，容易保证形成塑性铰转动而吸收地震变形能从而也减轻了端肢的负担。所以联肢墙的设计应该把连梁放在抗震第一道防线，在连梁屈服之前，决不允许墙肢破坏。而连梁本身还要保证能做到受剪承载力高于弯曲承载力，概括起来就是"强肢弱梁"和"强剪弱弯"。

国内双肢墙的抗震试验还表明，当墙的一肢出现拉力时，拉肢刚度降低，内力将转移集中到另一墙肢（压肢）。这也是应该引起注意的。

4.7.5　抗震墙的内力设计值

有些部位或部件的抗震墙的内力设计值是按内力组合结果取值的，但是也有一些部位或部件为了实现"强肢弱梁"、"强剪弱弯"或是为了把塑型铰限制发生在某个指定的部位，它们的内力设计值有专门的规定。

（1）弯矩设计值计算　一级抗震等级的单肢墙，其正截面弯矩设计值，不完全依照静力法求得的设计弯矩图，而是按照图 4-13 的简图。具体做法是，底部加强部位各截面均应按墙底组合的弯矩设计值采用，墙顶截面弯矩设计值应按顶部的约束弯矩设计值采用，中间各截面的弯矩值应按上述两者间的线性变化采用。

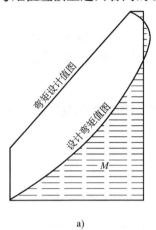
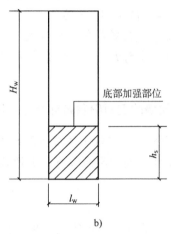

图 4-13　单肢墙的弯矩设计值图

这样的弯矩设计值图有三个特点：

1）该弯矩设计图基本上接近弹塑性动力法的设计弯矩包络图。

2）在底部加强部位，弯矩设计值为定值，考虑了该部位内出现斜截面受弯的可能性。

3）在底部加强部位以上的一般部位，弯矩设计值与设计弯矩图相比，有较多的余量，因而大震时塑性铰将必然要发生在 h_s 范围内，这样可以吸收大量的地震能量，缓和地震作用。如果按设计弯矩图配筋，弯曲屈服就可能沿墙任何高度发生。为保证墙的延性，就要在整个墙高采取较严格的构造措施，这是很不经济的。但是应该注意底部加强部位的最上部截面按纵向钢筋实际截面面积和材料强度标准值计算的实际的正截面承载力不应大于相邻的一般部位实际的正截面承载力。

（2）剪力设计值计算　抗震墙如果按所述的弯矩设计值进行配筋，大地震时塑性铰将必然发生在 h_s 范围内，但尚应该补充一个"强剪弱弯"条件，要求墙的弯曲破坏先于剪切破坏。为此，抗震墙考虑抗震等级的剪力设计值 V_w 应按下列规定计算。

1）底部加强部位：

一级抗震

$$V = 1.6 V_w \tag{4-50}$$

9 度时尚应符合

$$V = 1.1 \frac{M_{wua}}{M_w} V_w \tag{4-51}$$

二级抗震

$$V = 1.4 V_w \tag{4-52}$$

三级抗震

$$V = 1.2 V_w \tag{4-53}$$

式中　M_{wua}——抗震墙考虑承载力抗震调整系数正截面受弯承载力值，可参考式（4-56）确定，只需将其中的强度设计值 f_c、f_y、f_{yw} 改为标准值 f_{ck}、f_{yk}、f_{ywk}，以及将钢筋的设计截面面积 A_s、A_{sw} 改为实际截面面积 A_s^a、A_{sw}^a 即可；

　　　　M_w——考虑地震作用组合的抗震墙计算部位的弯矩设计值；

V_w——考虑地震作用组合的抗震墙计算部位的剪力设计值。

2）其他部位，均取 $V = V_w$。

（3）双肢墙墙肢的弯矩设计值　为了考虑当墙的一肢出现拉力而刚度降低和内力将转移集中到另一墙肢（压肢）的内力重分布影响，一、二级的双肢抗震墙，当其中一个墙肢为大偏心受拉时（不应出现小偏心受拉），则另一墙肢（压肢）的弯矩设计值应分别为考虑地震作用组合结果的 1.25 倍。

（4）双肢墙连梁的剪力设计值　为了使连梁有足够延性，在弯曲破坏之前要不发生剪坏，抗震墙中净跨大于 2.5 倍梁高的连梁，其端部截面剪力设计值 V_b 也应按式（4-8）～式（4-11）计算。

4.7.6　抗震墙的截面限制条件及考虑承载力抗震调整系数后的截面承载力设计值

1. 截面尺寸及混凝土强度等级的限制

抗震墙和连梁的截面应符合下列条件

$$V \leqslant \frac{1}{\gamma_{RE}}(0.2f_c bh_0) \tag{4-54}$$

试验研究表明，当抗震墙的剪压比 $\frac{V}{f_c bh_0} \leqslant 0.25$ 时，抗震墙的极限位移角可达 0.01rad 以上，改善了抗震墙的剪切变形性能。

2. 考虑承载力抗震调整系数后的截面承载力设计值

（1）矩形截面对称配筋抗震墙大偏心受压（图 4-14）　使用图 4-14 计算应注意：

1）竖向腹筋截面面积 A_{sw} 沿截面高度方向连续变化处理为 A_{sw}/h_{w0}。

2）在 $1.5x$ 范围以外的竖向钢筋参加受拉并达到屈服强度。

3）在 $1.5x$ 范围内的竖向腹筋，因直径较细（一般 $\phi \leqslant 12mm$）容易压屈失稳，故不计其抗压力。

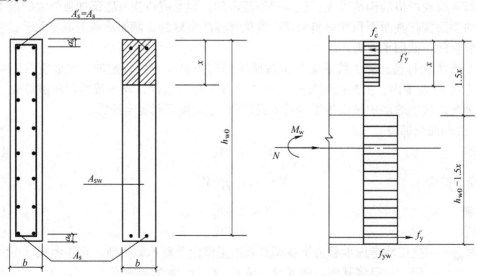

图 4-14　对称配筋抗震墙大偏心受压计算简图

基本公式为

$$x = \frac{\gamma_{\mathrm{RE}} N + f_{\mathrm{yw}} A_{\mathrm{sw}}}{\alpha_1 f_c b + 1.5 f_{\mathrm{yw}} A_{\mathrm{sw}} / h_{\mathrm{w0}}} \tag{4-55}$$

及

$$M_{\mathrm{wE}} = \frac{1}{\gamma_{\mathrm{RE}}} \left[\frac{f_{\mathrm{yw}} A_{\mathrm{sw}}}{2} h_{\mathrm{w0}} \left(1 - \frac{x}{h_{\mathrm{w0}}} \right) \left(1 + \frac{N}{f_{\mathrm{yw}} A_{\mathrm{sw}}} \right) + f_y A_s (h_{\mathrm{w0}} - a_s) \right] \tag{4-56}$$

式中　A_{sw}——竖向腹筋总的截面面积；

　　　f_{yw}——竖向腹筋的抗拉强度设计值；

　　　γ_{RE}——承载力抗震调整系数，$\gamma_{\mathrm{RE}} = 0.85$。

式（4-56）适用条件为 $x \leqslant \xi_b h_0$，$x \geqslant 2a'_s$。

（2）矩形截面对称配筋抗震墙小偏心受压（图 4-15）

$$N = \frac{1}{\gamma_{\mathrm{RE}}} (\alpha_1 f_c b x + f'_y A'_s - \sigma_s A_s) \tag{4-57}$$

$$Ne = \frac{1}{\gamma_{\mathrm{RE}}} \left[\alpha_1 f_c b x \left(h_{\mathrm{w0}} - \frac{x}{2} \right) + f_y A_s (h_{\mathrm{w0}} - a_s) \right] \tag{4-58}$$

$$\sigma_s = \frac{\xi - 0.8}{\xi_b - 0.8} f_y, \xi = x / h_{\mathrm{w0}} \tag{4-59}$$

$$e = e_0 + \frac{h}{2} - a_s = \frac{M}{N} + \frac{h}{2} - a_s \tag{4-60}$$

式中　M、N——考虑地震作用的弯矩组合设计值及轴心压力设计值；

　　　γ_{RE}——$\gamma_{\mathrm{RE}} = 0.85$。

式（4-57）和式（4-58）的适用条件为 $x \geqslant \xi_b h_{\mathrm{w0}}$。

为求 x，建议用试算法进行。

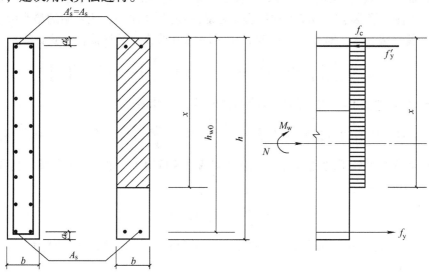

图 4-15　对称配筋抗震墙小偏心受压计算简图

（3）矩形截面对称配筋抗震墙大偏心受拉　参考式（4-55）、式（4-56），将 N 变号，则有

$$x = \frac{f_{\mathrm{yw}} A_{\mathrm{sw}} - \gamma_{\mathrm{RE}} N}{\alpha_1 f_c b + 1.5 f_{\mathrm{yw}} A_{\mathrm{sw}} / h_{\mathrm{w0}}} \tag{4-61}$$

及

$$M_{wE} = \frac{1}{\gamma_{RE}}\Big[\frac{f_{yw}A_{sw}}{2}h_{w0}\Big(1 - \frac{x}{h_{w0}}\Big)\Big(1 - \frac{N}{f_{yw}A_{sw}}\Big) + f_y A_s(h_{w0} - a_s)\Big] \tag{4-62}$$

式中　γ_{RE}——承载力抗震调整系数，$\gamma_{RE} = 0.85$。

对于小偏心受拉，因为是全截面受拉，混凝土将开裂贯通整个截面，一般不允许在抗震墙中出现这种情况。

（4）抗震墙偏心受压时受剪　此时，抗震墙抗剪承载力设计值按下式计算

$$V_{wE} = \frac{1}{\gamma_{RE}}\Big[\frac{1}{\lambda - 0.5}\Big(0.4f_t bh_{w0} + 0.1N\frac{A_w}{A}\Big) + 0.8f_{yv}\frac{A_{sh}}{s}h_{w0}\Big] \tag{4-63}$$

式中　γ_{RE}——承载力抗震调整系数，$\gamma_{RE} = 0.85$；

N——考虑地震作用组合的抗震墙轴向压力设计值，当 $N > 0.2f_c bh$ 时，取 $N = 0.2f_c bh$；

λ——计算截面处的剪跨比，$\lambda = \frac{M}{Vh_0}$；当 $\lambda < 1.5$ 时，取 $\lambda = 1.5$，当 $\lambda > 2.2$ 时，取 $\lambda = 2.2$，此处，M 为与剪力设计值 V 相应的弯矩设计值；当计算截面与墙底之间的距离小于 $h_{w0}/2$ 时，λ 应按 $h_{w0}/2$ 处的弯矩设计值与剪力设计值计算；

f_{yv}——水平腹筋的抗拉强度设计值；

A_w——T 形或 I 形截面抗震墙腹板的截面面积；

A——剪力墙的截面面积；

A_{sh}——配置在同一水平截面内的水平腹筋的全部截面面积；

s——水平腹筋的竖向间距。

为求截面面积 A，抗震墙的翼缘计算宽度可取抗震墙的间距、门窗洞间墙的宽度、抗震墙厚度加两侧各 6 倍翼缘墙的厚度和抗震墙墙肢总高度的 1/10，四者中的最小值。

（5）抗震墙偏心受拉时受剪　此时，抗震墙抗剪承载力设计值按下式计算

$$V_{wE} = \frac{1}{\gamma_{RE}}\Big[\frac{1}{\lambda - 0.5}\Big(0.4f_t bh_{w0} - 0.1N\frac{A_w}{A}\Big) + 0.8f_{yv}\frac{A_{sh}}{s}h_{w0}\Big] \tag{4-64}$$

式中　N——考虑地震作用组合的抗震墙的轴向拉力设计值。

当式（4-64）中右边方括后内的计算值小于 $0.8f_{sv}\frac{A_{sh}}{s}h_{w0}$ 时，取等于 $0.8f_{sv}\frac{A_{sh}}{s}h_{w0}$。

（6）抗震墙水平施工缝受剪（仅一级抗震墙需要验算）　此时，抗震墙抗剪承载力设计值按下式计算

$$V_{wE} = \frac{1}{\gamma_{RE}}(0.6f_y A_s \pm 0.8N) \tag{4-65}$$

式中　N——考虑地震作用组合的水平施工缝处的轴向力设计值，受压时为" + "，受拉时为" - "；

A_s——抗震墙水平施工缝处全部竖向钢筋的截面面积（包括原有的竖向钢筋及附加竖向插筋）。

（7）跨高比大于 2.5 的连梁受剪　此时

$$V_b = \frac{1}{\gamma_{RE}}(0.42f_t bh_{b0} + f_{yv}\frac{A_{sv}}{s}h_{b0}) \tag{4-66}$$

跨高比不大于 2.5 的连梁，其受剪承载力和配筋构造

$$V_b = \frac{1}{\gamma_{RE}}(0.38f_t bh_{b0} + 0.9f_{yv}\frac{A_{sv}}{s}h_{b0})$$　　　　　　(4-67)

4.7.7　抗震墙的构造

1. 抗震墙的截面尺寸

抗震墙墙高 H_w 与墙长 l_w 之比不宜小于 2，这样的抗震墙以受弯工作状态为主。

为了保证在地震作用下抗震墙出平面的稳定性，也考虑到施工的现实，在抗震墙结构中，抗震墙最小厚度，一级、二级不应小于 160mm，且不应小于层高的 1/20，三级、四级不应小于 140mm，且不应小于层高的 1/25。至于在框架-抗震墙结构中，不论抗震等级为何，其最小厚度一律依照抗震墙结构中的一级标准。

抗震墙结构结合柱及楼盖设置边缘构件后，抗剪承载力及变形能力可以大大提高。有的试验表明，抗剪承载力可提高 42.5%；极限层间位移可提高 110%，耗能量可提高 23%；且有利于墙板的稳定。为此，一级、二级抗震墙，其截面两端应设置翼墙、端柱或暗柱等边缘构件，暗柱截面宽度范围为 1.5~2 倍的抗震墙厚度，翼墙的截面宽度范围为暗柱及其两侧各不超过 2 倍的翼缘厚度。

至于框架-抗震墙结构中的抗震墙，它的周边一概宜有柱和梁作成边框，周边梁的截面宽度不小于 2b（b 为抗震墙厚度），梁的截面高度不小于 3b；柱的截面宽度不小于 2.5b，柱的截面高度不小于柱的宽度。如抗震墙周边仅有柱而无梁，则应设置暗梁。

设计经验表明，抗震墙设置了端柱或翼墙之后，截面抗弯刚度提高很多，对控制较高的高层房屋顶点侧移，效果十分显著。

2. 抗震墙的配筋

在抗震墙的腹部，要设置水平腹筋及竖向腹筋（规范称横向分布筋与竖向分布筋）。腹筋可以是单排的或是双排的。腹筋是承受剪力的受力筋，它还要承受温度收缩应力。在承受温度应力方面，双排筋要优于单排筋，尤其是在墙板两侧有温差时更为有利。《建筑抗震设计规范》规定，对于抗震墙结构，其竖向腹筋和水平腹筋，当墙厚大于 140mm 时宜采用双排布置；双排腹筋间拉筋的间距不应大于 600mm，且直径不应小于 6mm，水平腹筋和竖向腹筋的最小配筋率应符合表 4-21 的规定；部分框支抗震墙结构的抗震墙的底部加强部位，水平腹筋及竖向腹筋配筋率均不应低于 0.3%，钢筋间距不应大于 200mm。

表 4-21　抗震墙水平和竖向腹筋的配筋要求

抗震等级	最小配筋率（%）	最大间距/mm	最小直径
一、二、三	0.25	300	ϕ8mm 横向
四	0.20		ϕ10mm 竖向

抗震墙在截面端部结合端柱（边缘约束构件）要配置端部纵向钢筋，并设置附加箍筋。端柱纵向钢筋是承受弯矩的受力筋，用量由计算决定。一级、二级和三级抗震墙底部加强部位及相邻的上一层端柱（边缘约束构件）的纵向钢筋配筋率，分别不应小于 1.2%、1.0% 和 1.0%。约束边缘构件范围 l_c 及其配箍特征值 λ_v 要求见表 4-22。边缘约束构件范围 l_c 内体积配箍率 $\rho_v \geqslant \lambda_v f_c/f_{yv}$（$f_c$ 混凝土轴心抗压强度设计值，强度等级低于 C35 时，应按 C35 计

算；f_{yv} 箍筋或拉筋抗拉强度设计值，超过 $360N/mm^2$ 时，应取 $360N/mm^2$ 计算）。

表 4-22　抗震墙约束边缘构件的范围及配筋要求

项目	一级（9度）		一级（8度）		二、三级	
	$\lambda \leqslant 0.2$	$\lambda > 0.2$	$\lambda \leqslant 0.3$	$\lambda > 0.3$	$\lambda \leqslant 0.4$	$\lambda > 0.4$
l_c（暗柱）	$0.20h_w$	$0.25h_w$	$0.15h_w$	$0.20h_w$	$0.15h_w$	$0.20h_w$
l_c（翼墙或端柱）	$0.15h_w$	$0.20h_w$	$0.10h_w$	$0.15h_w$	$0.10h_w$	$0.15h_w$
λ_v	0.12	0.20	0.12	0.20	0.12	0.20
纵向钢筋（取较大值）	$0.012A_c$，$8\phi16mm$		$0.012A_c$，$8\phi16mm$		$0.010A_c$，$6\phi16mm$（三级 $6\phi14$）	
箍筋或拉筋沿竖向间距	100mm		100mm		150mm	

注：1. 抗震墙的翼墙长度小于其3倍厚度或端柱截面边长小于2倍墙厚时，按无翼墙、无端柱查表。

2. l_c 为约束边缘构件沿墙肢长度，且不小于墙厚和400mm；有翼墙或端柱时不应小于翼墙厚度或端柱沿墙肢方向截面高度加300mm。

3. λ_v 为约束边缘构件的配箍特征值，计算体积配箍率时可适当计入满足构造要求且在墙端有可靠锚固的水平分布钢筋的截面面积。

4. h_w 为抗震墙墙肢长度。

5. λ 为墙肢轴压比。

6. A_c 为图4-16中约束边缘构件阴影部分的截面面积。

一级、二级和三级抗震墙底部加强部位墙肢底截面重力荷载代表值作用下的轴压比小于表 4-23 的规定值时及四级抗震墙截面端部结合端柱应设构造边缘构件（图4-16），构造边缘构件应按表 4-24 中的要求配置（图4-17）。

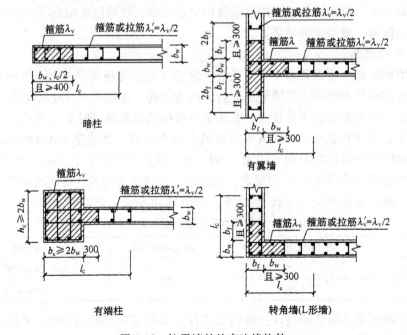

图 4-16　抗震墙的约束边缘构件

表 4-23　抗震墙设置构造边缘构件的最大轴压比

等级或烈度	一级（9度）	一级（7、8度）	二级、三级
轴压比	0.1	0.2	0.3

表 4-24 抗震墙构造边缘构件的配筋要求

抗震等级	底部加强部位			其他部位		
	纵向钢筋（取较大值）	箍筋、拉筋		纵向钢筋（取较大值）	箍筋、拉筋	
		最小直径/mm	最大间距/mm		最小直径/mm	最大直径/mm
一	$0.010A_c$，$6\phi16$	8	100	$6\phi14$，$0.08A_c$	8	150
二	$0.008A_c$，$6\phi14$	8	150	$6\phi12$，$0.06A_c$	8	200
三	$0.005A_c$，$6\phi12$	6	150	$4\phi12$，$0.05A_c$	6	200
四	$0.005A_c$，$4\phi12$	6	200	$4\phi12$，$0.04A_c$	6	250

注：A_c 为计算边缘构件纵向构造钢筋的暗柱或端柱面积。

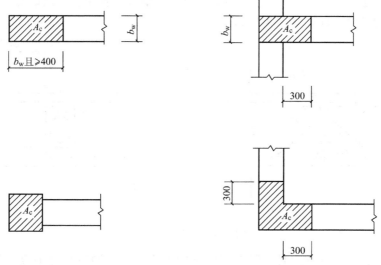

图 4-17 抗震墙的构造边缘构件范围

3. 连梁的设计

连梁是联肢墙中连接各墙肢协同工作的关键部件，它是联肢抗震墙的第一道防线，塑型铰就发生在它的两端。连梁的设计与配筋要求同框架梁。需要强调的是，为了确保连梁和墙肢的连接，连梁上下水平纵向钢筋深入墙肢的长度不应小于抗震要求的锚固长度 l_{aE}，在顶层连梁伸入墙肢的锚固长度范围内仍应设置间距为 150mm 的箍筋，以防止在洞口上角被撕开。

连梁连接刚度很大的墙肢，在水平力作用下，将产生很大的弯矩和剪力，由于剪力墙厚度较小，相应连梁的宽度也较小，使得许多情况下连梁的截面尺寸和配筋都难以满足要求，难以承受其设计弯矩和剪力，主要困难是：

1）连梁截面尺寸不满足抗剪要求；纵向受弯钢筋超筋。

2）如果只是扩大截面尺寸，连梁刚度迅速增大，相应地连梁的计算内力也增大，问题还是无法解决。

根据设计经验，可以依次采用以下的办法：

1）在满足结构位移限值的前提下，适当减小连梁的高度，使连梁的弯矩和剪力迅速减小。有时，也可以减小高度的同时增大墙厚，因为梁刚度因高度减小降低得更快。

2）加大洞口宽度，增加连梁的跨度。

3）考虑水平作用下，连梁由于开裂而刚度降低，考虑刚度折减系数 β，β 最小不得低于 0.50。

4）层连梁的弯矩超过其最大受弯承载力时，可以降低这些部位的连梁弯矩设计值，并将其余部位的连梁弯矩设计值予以适当提高，以补偿减少的弯矩，满足平衡条件。降低和提高的幅度，均不超过调整前弯矩设计值的 20%。必要时也可以提高墙肢的配筋，以满足极限平衡条件。

连梁不宜开洞。应与设备专业共同协商，妥善布置，让管道从梁下或剪力墙墙身通过。直径较小的管道必须从连梁穿过时，应选在连梁跨中的中和轴处，并预埋钢套管，管口上、下的有效高度不小于梁高的 1/3，也不小于 200mm。洞口处宜配置补强钢筋，被洞口削弱的截面应进行抗剪承载力计算（图 4-18）。

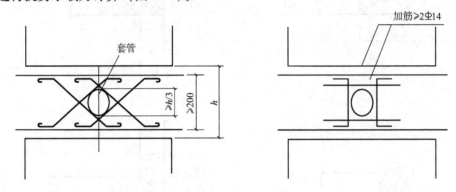

图 4-18   洞口加强筋

当万不得已，必须开方洞时，洞口宽度不应大于梁高；洞口高度不应大于梁高的 1/3。连梁被洞口分为两根小梁后，剪力在两根小梁间按弯曲刚度比例分配；由剪力可计算小梁的弯矩；小梁的轴力为 $\pm M_b/z$（z 为内力臂）。然后分别验算小梁的承载力。开洞范围内箍筋应加密配置（图 4-19）。

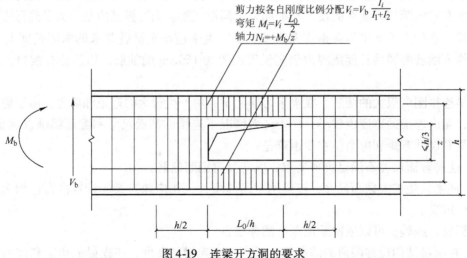

图 4-19   连梁开方洞的要求

思 考 题

4-1 如何确定结构的抗震等级？抗震等级有什么用途？

4-2 抗震结构的主要震害有哪些？哪些部位是框架结构的薄弱部位？

4-3 框架结构抗震设计包括哪些主要内容？设计抗震性能好的延性框架结构应遵循什么原则？框架结构内力调整包括哪些内容？

4-4 框架柱的截面设计应考虑哪些因素？纵筋和箍筋的配置应注意什么问题？

4-5 框架梁的截面由哪些因素确定？纵筋和箍筋的配置应注意什么问题？

4-6 框架-抗震墙结构的受力和变形特点是怎样的？框架-抗震墙结构如何实现多道抗震防线设计思想？

4-7 抗震墙的主要震害有哪些？如何设计抗震性能好的整截面墙和开洞墙？

4-8 抗震墙底部为何要设加强区？抗震墙底部加强区的范围是哪些，有什么加强措施？

4-9 抗震概念设计在多层及高层钢筋混凝土结构设计时具体是如何体现的？概念设计与计算设计的关系是什么？

4-10 如果计算在水平地震作用下框架结构的内力和位移？

4-11 某教学楼为四层钢筋混凝土框架结构。楼层重力荷载代表值：$G_4 = 5000kN$，$G_3 = G_2 = 7000kN$；$G_1 = 7800kN$。梁的基面尺寸 $250mm \times 600mm$，混凝土采用 C20；柱的截面尺寸 $450mm \times 450mm$，混凝土采用 C30。现浇梁、柱，楼盖为预应力圆孔板，建造在 I_1 类场地上，结构阻尼比为 0.05。抗震设防烈度为 8 度，设计基本地震加速度为 $0.20g$，设计地震分组为第二组。结构平面图、剖面图及计算简图如图 4-20a、b、c 所示。试验算在横向水平地震作用下层间弹性位移，并绘出框架的地震弯矩图。

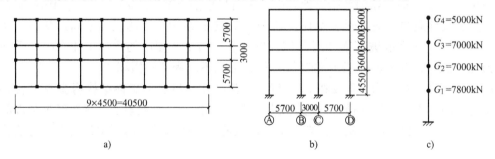

图 4-20 思考题 4-11 图

a）结构平面图 b）结构剖面图 c）结构计算简图

第 5 章

砌体结构房屋抗震设计

5.1 震害及其分析

砌体结构是指由粘土砖、混凝土砌块等砌成的结构，砌体结构房屋包括砌体承重的单、多层房屋，底部框架-抗震墙多层房屋等多种结构形式，在我国广泛应用于住宅、办公楼、学校等建筑中。由于砌体材料的脆性性质，其抗剪、抗拉和抗弯强度很低，所以砌体结构的抗震能力相对较差。在国内外历次强烈地震中，砌体结构的破坏率都相当高。1923 年日本关东大地震中，东京约有 7000 幢砖石房屋，大部分遭到严重破坏，其中仅 1000 余幢平房可修复使用。1948 年前苏联阿什哈巴地震中，砖石房屋破坏率达 70% ~ 80%。1976 年在我国发生的唐山大地震中，地震烈度为 10 ~ 11 度区，砖混结构房屋的破坏率高达 91%；9 度区的汉沽和宁河，住宅的破坏率分别为 93.8% 和 83.5%；8 度区的天津市住宅中，受到不同程度损坏的占 62.5%；6 ~ 7 度区的砖混结构也遭到不同程度的损坏。

同时，震害调查表明，不仅在 7、8 区，甚至在 9 度区，砌体结构房屋震害较轻，或者基本完好的也不乏其例。通过对这些房屋的调查分析，其经验表明，只要经过合理的抗震设防，构造得当，保证施工质量，则在中、强地震区，砌体结构房屋也是具有一定的抗震能力的。

在强烈地震作用下，砌体结构房屋的破坏部位，主要是墙身和构件间的连接处，楼、屋盖结构本身的破坏较少，其震害情况及其原因如下：

（1）墙体的破坏　在砌体房屋中，墙体是主要的承重构件，不仅承担各种非地震作用，而且承受水平和竖向的地震作用，受力复杂。当墙体内主拉应力强度不足时，引起斜裂缝破坏，由于水平地震反复作用，形成交叉形斜裂缝。这种裂缝在多层房屋中一般规律是下重上轻，这是因为多层房屋墙体下部地震剪力大的缘故。当墙体裂缝严重时引起房屋倒塌（图 5-1）。

（2）墙体转角处的破坏　墙角为纵横墙的交汇点，地震作用下其应力状态复杂，较易破坏。此外，在地震过程中当房屋发生扭转时，墙角处位移反应较房屋其他部位大，这也是造成墙角破坏的一个原因（图 5-2）。

（3）内外墙连接处的破坏　内外墙连接处是房屋的薄弱部位，如果在施工时纵横墙没有很好地咬槎连接，这些部位在地震中极易拉开，造成外纵墙和山墙外闪等现象（图 5-3）。

图 5-1　墙体的破坏

图 5-2　墙角受力复杂

图 5-3　内外墙连接处破坏

（4）楼梯间墙体的破坏　楼梯间主要是墙体破坏，而楼梯本身很少破坏。除顶层外，一般层墙体计算高度较其他部位墙体小，因而该处分配的地震剪力大，故容易破坏。而顶层墙体的计算高度又较其他层部位大，其稳定性差，所以也易发生破坏。

（5）楼盖与屋盖的破坏　由于楼板支承长度不足，引起局部倒塌，或是其下部的支承墙体破坏倒塌而引起楼、屋盖倒塌。

（6）附属构件的破坏　在房屋中，突出屋面的屋顶间（电梯机房、水箱间等）、烟囱、女儿墙等附属构件，由于地震"鞭端效应"的影响，所以一般较下部主体结构破坏严重。另外隔墙、室内外装饰等非结构构件与主体结构连接较差，也容易造成开裂倒塌。

5.2　砌体结构房屋抗震设计的一般规定

实践证明，为保证砌体房屋在地震中避免出现强烈震害，必须满足下列一般规定。

5.2.1　多层房屋的总高度、层数和层高的限制

国内外历次地震表明，在一般情况下，砌体房屋层数越多，高度越大，其震害程度和破坏率也就越大。国内外建筑抗震设计规范都对层数和总高度加以限制。而且实践也证明，限制砌体房屋层数和总高度是一项既经济又有效的抗震措施。

1）一般情况下，房屋的层数和总高度不应超过表 5-1 的规定。

表 5-1　房屋的层数和总高度限值　　　　　　　　　（单位：m）

房屋类别	最小抗震墙厚度/mm	烈度和设计基本地震加速度										
		6		7				8				9
		0.05g		0.10g		0.15g		0.20g		0.30g		0.40g
		高度	层数	高度	层数	高度	层数	高度	层数	高度	层数	高度	层数
多层砌体房屋	普通砖 240	21	7	21	7	21	7	18	6	15	5	12	4
	多孔砖 240	21	7	21	7	18	6	18	6	15	5	9	3
	多孔砖 190	21	7	18	6	15	5	15	5	12	4	—	—
	小砌块 190	21	7	21	7	18	6	18	6	15	5	9	3
底部框架-抗震墙砌体房屋	普通砖 240 多孔砖 240	22	7	22	7	19	6	16	5	—	—	—	—
	多孔砖 190	22	7	19	6	16	5	13	4	—	—	—	—
	小砌块 190	22	7	22	7	19	6	16	5	—	—	—	—

注：1. 房屋的总高度指室外地面到主要屋面板板顶或檐口的高度，半地下室从地下室室内地面算起，全地下室和嵌固条件好的半地下室应允许从室外地面算起；对带阁楼的坡屋面应算到山尖墙的 1/2 高度处。

　　2. 室内外高差大于 0.6m 时，房屋总高度应允许比表中数据适当增加，但不应多于 1m。

　　3. 乙类的多层砌体房屋仍按本地区设防烈度查表，其层数应减少一层且总高度应降低 3m，不应采用底部框架-抗震墙砌体房屋。

　　4. 本表小砌块砌体房屋不包括配筋混凝土小型空心砌块砌体房屋。

2）对医院、教学楼等及横墙较少的多层砌体房屋，总高度应比表 5-1 的规定降低 3m，层数相应减少一层；各层横墙很少的多层砌体房屋，还应再适当降低总高度和减少一层。

3）6、7 度时横墙较少的丙类多层砖砌体住宅楼，当按规定采取加强措施并满足抗震承载力要求时，其高度和层数应允许仍按表 5-1 的规定采用。

4）普通砖、多孔砖和小砌块砌体承重房屋的层高，不应超过 3.6m；底部框架-抗震墙房屋的底部层高，不应超过 4.5m，当底层采用约束砌体抗震墙时，底层的层高不应超过

4.2m。

5.2.2 多层砌体房屋最大高宽比的限制

为了保证多层砌体房屋不致因整体弯曲而破坏和出于稳定性的考虑，《建筑抗震设计规范》规定，在不作整体弯曲验算前提下，多层砌体房屋总高度与总宽度的最大比值宜符合表 5-2 的要求。

表 5-2 房屋最大高宽比

烈度	6	7	8	9
最大高宽比	2.5	2.5	2.0	1.5

注：1. 单面走廊房屋的总宽度不包括走廊宽度。

2. 建筑平面接近正方形时，其高宽比宜适当减小。

5.2.3 房屋抗震横墙间距的限制

多层砌体房屋的横向水平地震作用主要由横墙承受。对于横墙，除了要求满足抗震承载力外，还要使横墙间距能保证楼盖对传递水平地震作用所需要的刚度要求。前者可通过抗震承载力验算来解决，而后者则必须根据楼盖的水平刚度要求对横墙间距给予一定的限制。《建筑抗震设计规范》规定，多层房屋抗震横墙的间距不应超过表 5-3 的要求：

表 5-3 房屋抗震横墙最大间距　　　　　　　　　　　（单位：m）

房屋类别		烈度			
		6	7	8	9
多层砌体	现浇或装配整体式钢筋混凝土楼、屋盖	15	15	11	7
	装配式钢筋混凝土楼、屋盖	11	11	9	4
	木屋盖	9	9	4	—
底部框架-抗震墙	上部各层	同多层砌体房屋			—
	底层或底部两层	18	15	11	—

注：1. 多层砌体房屋的顶层，最大横墙间距应允许适当放宽。

2. 多孔砖抗震横墙厚度为 190mm 时，最大横墙间距应比表中数值减小 3m。

5.2.4 房屋局部尺寸的限制

在强烈地震作用下，房屋首先在薄弱部位破坏。这些薄弱部位一般是窗间墙、尽端墙段、突出屋顶的女儿墙等。因此，要对这些部位的局部尺寸加以限制。《建筑抗震设计规范》规定，多层砌体房屋的局部尺寸，宜满足表 5-4 的要求。

表 5-4 房屋的局部尺寸限值　　　　　　　　　　　（单位：m）

部位	6 度	7 度	8 度	9 度
承重窗间墙最小宽度	1.0	1.0	1.2	1.5
承重外墙尽端至门窗洞边的最小距离	1.0	1.0	1.2	1.5
非承重外墙尽端至门窗洞边的最小距离	1.0	1.0	1.0	1.0
内墙阳角至门窗洞边的最小距离	1.0	1.0	1.5	2.0
无锚固女儿墙（非出入口处）的最大高度	0.5	0.5	0.5	0.0

注：1. 局部尺寸不足时应采取局部加强措施弥补。

2. 出入口处的女儿墙应有锚固。

5.2.5　多层砌体房屋的结构体系

多层砌体房屋的结构体系，应符合下列要求：

1）应优先采用横墙承重或纵横墙共同承重的结构体系，不应采用砌体墙和混凝土墙混合承重的结构体系。

2）纵横墙的布置宜均匀对称，沿平面内宜对齐，沿竖向应上下连续；同一轴线上的窗间墙宽度宜均匀。

3）房屋有下列情况之一时宜设置防震缝，缝两侧均应设置墙体，缝宽应根据烈度和房屋高度确定，可采用 70 ~ 100mm。

① 房屋立面高差在 6m 以上；② 房屋有错层，且楼板高差大于层高的 1/4；③ 各部分结构刚度、质量截然不同。

4）楼梯间不宜设置在房屋的尽端和转角处。

5）不应在房屋转角处设置转角窗。

6）横墙较少、跨度较大的房屋，宜采用现浇钢筋混凝土屋盖。

5.3　砌体结构房屋抗震验算

发生地震时，在水平和竖直方向都有地震作用，在某些情况下还伴有扭转地震作用。由于砌体房屋高度不大，一般来说，可不进行竖向地震作用计算，对于地震的扭转作用，在多层房屋中也可不作计算，仅在进行建筑平面、立面布置及结构布置时尽量做到质量、刚度均匀，对称分布，以减少扭转的影响，增强抗扭能力。因此，对多层砌体房屋抗震计算，一般只需验算在纵向和横向水平地震作用下，纵横墙在其自身平面内的抗剪强度。整个计算包括：确定计算简图；水平地震作用和楼层地震剪力的计算；楼层地震剪力在墙体间的分配和墙体抗剪强度的验算四个方面的内容。

5.3.1　计算简图

为了简化计算，在确定多层砌体结构房屋的计算简图时，作如下基本假定：

1）忽略房屋的扭转振动，将水平地震作用在两个主轴方向分别进行验算。

2）砌体房屋在水平地震作用下的变形以剪切变形为主。

3）楼盖平面内刚度无限大，平面内不变形，各抗侧力构件在同一楼层标高处侧移相等。

在计算多层砌体房屋地震作用时，应以防震缝所划分的结构单元为计算单元，在计算单元中各楼层的质量集中在楼、屋盖处，计算简图如图 5-4 所示。

在计算简图中，第 j 层质点的重力荷载代表值 G_j，包括第 j 层楼盖的全部重力、上下半层墙体重力以及该层楼面上 50% 的竖向活荷载。底部固定端的标高一般取基础顶面标高，当基础埋置较深时，可取室外地面以下 500mm 处的标高。

5.3.2　地震作用

1. 底部总剪力

根据前面的讨论，计算多层砌体房屋的水平地震作用可以采用底部剪力法。由于多层砌

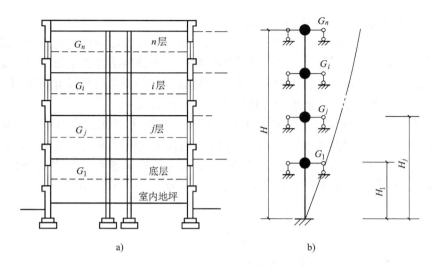

图 5-4　多层砌体房屋的计算简图

体房屋的基本自振周期一般小于 $0.3\mathrm{s}$，地震影响系数均取最大值，即取 $\alpha_1 = \alpha_{\max}$，则可得到结构底部总水平地震作用的标准值

$$F_{\mathrm{Ek}} = \alpha_{\max} G_{\mathrm{eq}} \tag{5-1}$$

式中　$\alpha_{\max}$——水平地震影响系数最大值，按表 3-2 采用；

　　　G_{eq}——结构等效总重力荷载代表值，按下式计算

$$G_{\mathrm{eq}} = \begin{cases} G_1 & \text{（单质点体系）} \\ 0.85 \sum_{i=1}^{n} G_i & \text{（多质点体系）} \end{cases} \tag{5-2}$$

2. 各楼层的水平地震作用

考虑到多层砌体房屋的自振周期短，《建筑抗震设计规范》规定：顶部附加地震作用系数 $\delta_n = 0$，得到计算第 i 层水平地震作用标准值为

$$F_i = \frac{G_i H_i}{\sum_{i=1}^{n} G_i H_i} F_{\mathrm{Ek}} \tag{5-3}$$

3. 楼层地震剪力

自底层算起，作用于第 i 层的层间地震剪力 V_i 为 i 层以上各层地震作用之和，即

$$V_i = \sum_{j=i}^{n} F_j \tag{5-4}$$

对突出屋面的屋顶间、女儿墙、烟囱等的地震作用效应，乘以增大系数 3，以考虑鞭端效应，但此增大部分的作用效应不往下层传递，即

$$V_n = 3F_n \tag{5-5}$$

5.3.3　楼层地震剪力在墙体间的分配

按照前面的分析，多层砌体房屋应在纵横两个主轴方向分别考虑水平地震作用并进行验算，且横向地震剪力应由全部横墙承受，纵向地震剪力应由全部纵墙承受。因此楼层地震剪力的分配需在纵、横两个方向上分别进行计算。

1. 楼层地震剪力（V_i）在横墙上的分配

横向楼层地震剪力在横墙之间的分配，不仅取决于每片墙体的层间抗侧力等效刚度，而且取决于楼盖的整体水平刚度。楼盖的水平刚度取决于楼盖的结构类型和楼盖的宽长比。对于横向计算近似认为楼盖的宽长比保持不变，则楼盖的水平刚度仅与楼盖的类型有关。楼盖的水平刚度不同，横向楼层地震剪力在横墙之间的分配方法不同。

（1）刚性楼屋盖　现浇或装配整体式钢筋混凝土楼屋盖等称为刚性楼盖。地震时这种楼屋盖将使各墙体发生相同的水平位移。因此，《建筑抗震设计规范》规定：刚性楼盖的楼层地震剪力 V_i 宜按各横墙的层间抗侧力等效刚度比（简称侧移刚度）进行分配。假定第 i 层有 l 道横墙，令第 i 层第 m 道横墙承担的地震剪力为 V_{im}，可按下式计算

$$V_{im} = \frac{K_{im}}{\sum_{m=1}^{l} K_{im}} V_i = \frac{K_{im}}{K_i} V_i \tag{5-6}$$

式中　K_{im}——第 i 层第 m 道横墙的侧移刚度；

　　　K_i——第 i 层所有横墙的侧移刚度之和。

当一道墙由若干墙段组成时，各墙段应视其高宽比的不同而分别计算侧移刚度。《建筑抗震设计规范》规定，进行地震剪力分配和截面验算时，墙段的层间抗侧力等效刚度应按下列原则确定：

1）当墙段的高宽比 $\rho = h/b < 1$ 时，可只考虑剪切变形的影响，则侧移刚度按下式计算

$$k = \frac{Et}{3\rho} \tag{5-7}$$

式中　E——砌体的弹性模量；

　　　t——墙厚。

2）当墙段的高宽比 $1 < \rho = h/b < 4$ 时，应同时考虑弯曲和剪切变形的影响，则侧移刚度按下式计算

$$k = \frac{Et}{3\rho + \rho^3} \tag{5-8}$$

3）当墙段的高宽比 $\rho = h/b > 4$ 时，可不考虑侧移刚度，取 $k = 0$。

将一道墙各墙段算出的侧移刚度求和，可以得到该道墙的侧移刚度 K_{im}。但是，当大部分墙片的高宽比 $\rho = h/b < 1$ 时，为简化计算，可只考虑剪切变形，所有墙片抗侧刚度均按下式计算，即

$$K_{im} = \frac{G_{im}A_{im}}{\zeta h_{im}} \tag{5-9}$$

式中　G_{im}——第 i 层第 m 道横墙的切变模量，一般取 $G = 0.4E$；

　　　A_{im}——第 i 层第 m 道横墙的横截面面积，$A = bt$；

　　　ζ——截面切应力分布不均匀系数，对于矩形截面取 $\zeta = 1.2$。

一般同层所用材料相同，墙片高度相同，即各墙片的 G_{im}，h_{im} 相同，则各道墙体所分配的剪力可简化为

$$V_{im} = \frac{\dfrac{G_i A_{im}}{\zeta h_i}}{\sum \dfrac{G_i A_{im}}{\zeta h_i}} V_i = \frac{A_{im}}{\sum A_{im}} V_i = \frac{A_{im}}{A_i} V_i \tag{5-10}$$

式（5-10）表明，对于刚性楼盖，当各抗震墙的高度、材料相同时，其楼层水平地震剪力可按各个抗震墙的横截面面积比例进行分配。

（2）柔性楼屋盖　木楼屋盖等称为柔性楼屋盖。《建筑抗震设计规范》规定，这种楼屋盖的楼层地震剪力 V_i 宜按各道横墙从属面积上重力荷载代表值的比例分配。第 i 层第 m 道横墙承担的地震剪力 V_{im}，可按下式计算

$$V_{im} = \frac{G_{im}}{G_i} V_i \tag{5-11}$$

式中　G_{im}——第 i 层楼（屋）盖上，第 m 道横墙与其左右两侧相邻横墙之间各一半楼（屋）盖面积上所承担的重力荷载代表值之和；

G_i——第 i 层楼（屋）盖上所承担的总重力荷载代表值之和。

当楼（屋）盖上重力荷载均匀分布时，各横墙所承担的地震剪力可换算为按该墙与其两侧横墙之间各一半楼（屋）盖面积比例进行分配，即

$$V_{im} = \frac{F_{im}}{F_i} V_i \tag{5-12}$$

式中　F_{im}——第 i 层楼（屋）盖上，第 m 道横墙与其左右两侧相邻横墙之间各一半楼（屋）盖面积之和；

F_i——第 i 层楼（屋）盖的总面积。

（3）中等刚性楼屋盖　装配式钢筋混凝土楼盖属于中等刚性楼盖，其楼屋盖的刚度介于刚性与柔性楼屋盖之间。《建筑抗震设计规范》规定，这种楼屋盖楼层地震剪力分配的结果，可近似取上述两种分配结果的平均值，即有

$$V_{im} = \frac{1}{2}\left(\frac{K_{im}}{K_i} + \frac{G_{im}}{G_i}\right) V_i \tag{5-13}$$

对于一般房屋，当墙高相同，所用材料相同，楼屋盖上重力荷载分布均匀时，也可为

$$V_{im} = \frac{1}{2}\left(\frac{K_{im}}{K_i} + \frac{F_{im}}{F_i}\right) V_i \tag{5-14}$$

2. 楼层地震剪力（V_i）在纵墙上的分配

对于多层砌体房屋来说，一般纵墙比横墙长得多，楼盖纵向刚度要远远大于横向刚度，所以不论何种楼屋盖，纵向均可视为刚性楼盖，因此地震剪力在纵墙间的分配，可按纵墙的刚度比进行，即仍可采用式（5-6）或式（5-10）计算，只是此时的 K_{im} 和 A_{im} 分别为第 i 层第 m 道纵墙的侧移刚度和净面积。

3. 同一道墙各墙段间地震剪力的分配

求得某一道墙的地震剪力后，对于由若干墙段组成的该道墙，尚应将地震剪力分配到各个墙段，以便对每一墙段进行承载力验算。同一道墙的各墙段具有相同的侧移，则各墙段所分担的地震剪力可按各墙段的侧移刚度比进行，即第 i 层第 m 道墙第 r 墙段所受的地震剪力为

$$V_{imr} = \frac{K_{imr}}{K_{im}} V_{im} \tag{5-15}$$

式中　K_{imr}——第 i 层第 m 道墙第 r 墙段的侧移刚度，可利用式（5-7）或式（5-8）计算。

5.3.4　墙体抗震承载力验算

对于多层砌体房屋，可只选择从属面积较大或竖向应力较小的墙段进行截面抗剪承载力验算。

墙体抗剪强度验算的表达式，可从结构构件的截面抗震验算的设计表达式 $S \leqslant R/\gamma_{RE}$ 中导出，公式左侧的 S 应为墙体所承受的地震剪力设计值，以 V 表示，R 为墙体所能承受的极限剪力，以 V_u 表示，则墙体抗剪强度验算的表达式为

$$V \leqslant \frac{V_u}{\gamma_{RE}} \tag{5-16}$$

式中　γ_{RE}——承载力抗震调整系数，自承重墙按 0.75 采用，对承重墙，当两端均有构造柱、芯柱时，按 0.9 采用；其他墙按 1.0 采用；

V_u——墙体所能承受的极限剪力。

V——墙体所承受的地震剪力设计值，按下式计算

$$V = 1.3V_k \tag{5-17}$$

式中　V_k——墙体所承受的地震剪力标准值；

1.3——水平地震作用分项系数。

对于不同类型的墙体，V_u 计算公式有所不同，现分述如下：

（1）普通砖、多孔砖墙体　这类墙体的截面抗震受剪承载力，应按下列规定验算：

1）一般情况下，应按下式验算

$$V \leqslant \frac{f_{vE}A}{\gamma_{RE}} \tag{5-18}$$

式中　A——墙体横截面面积，多孔砖取毛面积。

f_{vE}——砖砌体沿阶梯形截面破坏的抗震抗剪强度设计值，按下式计算

$$f_{vE} = \zeta_N f_v \tag{5-19}$$

f_v——非抗震设计的砌体抗剪强度设计值，按《砌体结构设计规范》取用。

ζ_N——砌体抗震抗剪强度的正应力影响系数，应按表 5-5 采用。

表 5-5　砌体强度的正应力影响系数

砌体类别	σ_0/f_v							
	0.0	1.0	3.0	5.0	7.0	10.0	12.0	≥16.0
普通砖、多孔砖	0.80	0.99	1.25	1.47	1.65	1.90	2.05	—
混凝土小砌块	—	1.23	1.69	2.15	2.57	3.02	3.32	3.92

注：σ_0 为对应于重力荷载代表值的砌体截面平均压应力。

2）当按式（5-18）验算不满足要求时，可计入设置于墙段中部、截面不小于 240mm × 240mm 且间距不大于 4m 的构造柱对受剪承载力的提高作用，按下列简化方法验算

$$V \leqslant \frac{1}{\gamma_{RE}} \left[\eta_c f_{vE}(A - A_c) + \zeta f_t A_c + 0.08 f_y A_s \right] \tag{5-20}$$

式中　A_c——中部构造柱的横截面总面积（对横墙和内纵墙，$A_c > 0.15A$ 时，取 $0.15A$；对外纵墙，$A_c > 0.25A$ 时，取 $0.25A$）；

f_t——中部构造柱的混凝土轴心抗拉强度设计值；

A_s——中部构造柱的纵向钢筋截面总面积（配筋率不小于 0.6% ，大于 1.4% 时取 1.4% ）；

f_y——钢筋抗拉强度设计值；

ζ——中部构造柱参与工作系数，居中设一根时取 0.5，多于一根时取 0.4；

η_c——墙体约束修正系数，一般情况取 1.0，构造柱间距不大于 3.0m 时取 1.1。

（2）水平配筋普通砖、多孔砖墙体　这类墙体的截面抗震受剪承载力，应按下式验算

$$V \leqslant \frac{1}{\gamma_{RE}}(f_{vE}A + \zeta_s f_y A_s) \tag{5-21}$$

式中　A——墙体横截面面积，多孔砖取毛面积；

f_y——钢筋抗拉强度设计值；

A_s——层间墙体竖向截面的钢筋总截面面积，其配筋率应不小于 0.07% 且不大于 0.17% ；

ζ_s——钢筋参与工作系数，可按表 5-6 采用。

表 5-6　钢筋参与工作系数

墙体高宽比	0.4	0.6	0.8	1.0	1.2
ζ_s	0.10	0.12	0.14	0.15	0.12

（3）混凝土小砌块墙体　这类墙体的截面抗震受剪承载力，应按下式验算

$$V \leqslant \frac{1}{\gamma_{RE}}[f_{vE}A + (0.3f_t A_c + 0.05f_y A_s)\zeta_c] \tag{5-22}$$

式中　f_t——芯柱混凝土轴心抗拉强度设计值；

A_c——芯柱截面总面积；

A_s——芯柱钢筋截面总面积；

ζ_c——芯柱参与工作系数，可按表 5-7 采用。

当同时设置芯柱和构造柱时，构造柱截面可作为芯柱截面，构造柱钢筋可作为芯柱钢筋。

表 5-7　芯柱参与工作系数

填孔率 ρ	$\rho < 0.15$	$0.15 \leqslant \rho < 0.25$	$0.25 \leqslant \rho < 0.5$	$\rho \geqslant 0.5$
ζ_c	0.0	1.0	1.10	1.15

注：填孔率指芯柱根数（含构造柱和填实孔洞数量）与孔洞总数之比。

【例 5-1】　某五层教学楼，平面、剖面及屋顶间平面尺寸如图 5-5 所示。设防烈度为 7 度，场地类别为 Ⅱ 类，设计地震分组为一组。采用装配式钢筋混凝土楼板，梁截面尺寸 200mm×500mm，以横墙承重为主，楼梯间上设置屋顶间，一层内外墙均为 370mm，二层以上外墙为 370mm，内墙为 240mm，砖的强度等级为 MU10，砂浆强度等级为 M5。试验算该楼墙体的抗震承载力。

【解】

1. 重力荷载代表值的计算

集中在各层楼盖标高处的各质点重力荷载代表值包括：楼盖（屋盖）自重的标准值、50% 楼面（屋面）承受的竖向活荷载、各层楼盖（屋盖）上下各半层墙体重量的标准值之和，即

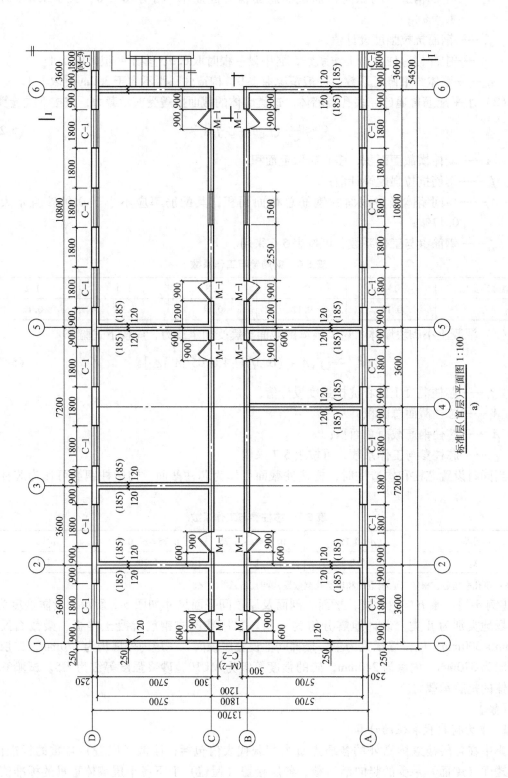

标准层(首层)平面图 1:100

a)

图 5-5　例 5-1 图

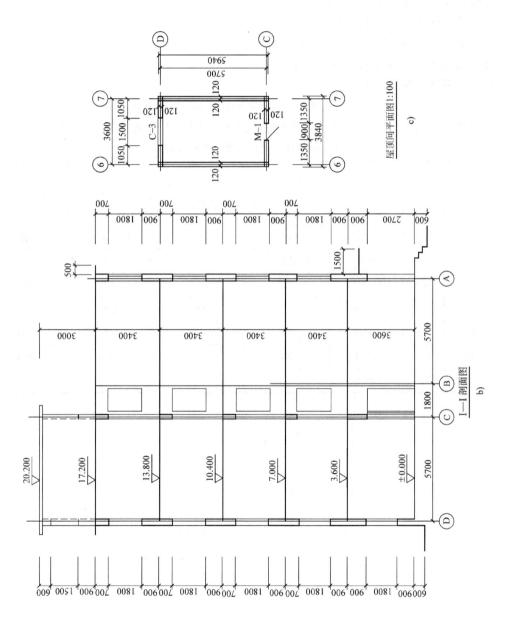

图 5-5 例 5-1 图（续）

屋顶间屋盖处质点 $G_6 = 244\text{kN}$

第5层楼盖处质点 $G_5 = 5984\text{kN}$

第4层楼盖处质点 $G_4 = 8942\text{kN}$

第3层楼盖处质点 $G_3 = 8942\text{kN}$

第2层楼盖处质点 $G_2 = 8942\text{kN}$

第1层楼盖处质点 $G_1 = 10832\text{kN}$

总重力荷载代表值 $G_E = \sum G_i = 43886$ kN

2. 水平地震作用计算及楼层剪力计算

底部总水平地震作用标准值为

$$F_{Ek} = \alpha_1 G_{eq} = \alpha_{max} \times 0.85 G_E = 0.08 \times 0.85 \times 43886\text{kN} = 2984 \text{ kN}$$

各楼层的水平地震作用及楼层地震剪力标准值见表5-8，其示意图如图5-6所示。

表5-8 楼层水平地震作用及地震剪力

分项 层次	G_i/kN	H_i/m	$G_iH_i/\text{kN}\cdot\text{m}$	$\dfrac{G_iH_i}{\sum\limits_{i=1}^{6} G_iH_i}$	$F_i = \dfrac{G_iH_i}{\sum\limits_{i=1}^{6} G_iH_i}F_{Ek}/\text{kN}$	$V_{ik} = \sum\limits_{j=i}^{n} F_j/\text{kN}$	$V_i = 1.3V_{ik}/\text{kN}$
6	244	21.0	5124	0.0111	33	99（乘3）	129
5	5984	18.0	107712	0.2337	697	730	949
4	8942	14.6	130553	0.2832	845	1575	2048
3	8942	11.2	100150	0.2173	648	2223	2890
2	8942	7.8	69748	0.1513	452	2675	3478
1	10832	4.4	47661	0.1034	309	2984	3879
$\sum$	43886	—	460948	—	—	—	—

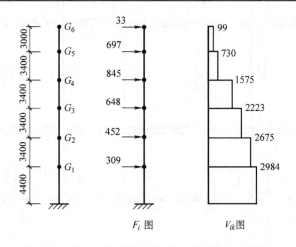

图5-6 例5-1 楼层地震作用和地震剪力示意图

3. 抗震承载力验算

（1）屋顶间墙体强度验算 根据规范要求，局部突出的屋顶间，其地震作用效应宜增大3倍，且屋顶间的正压力很小，对墙体不利，故应先验算屋顶间墙体。由图5-5c不难发现，沿ⓒ、ⓓ两轴墙体由于开洞并属于自承重，其抗剪能力要弱于沿⑥、⑦轴墙体的抗剪能力，因此只验算ⓒ、ⓓ轴墙体对屋顶间而言，沿ⓒ、ⓓ轴可视为横向，因此地震剪力应按中等刚度楼盖进行分配。

1）屋顶间ⓒ、ⓓ轴刚度计算。屋顶间ⓒ、ⓓ轴刚度计算结果见表5-9。

表 5-9　屋顶间ⓒ、ⓓ轴刚度计算

轴线	墙体简图	$\rho = \dfrac{h}{b}$	t 以 240mm 为 1	$k = \dfrac{t}{3\rho}$ 或 $k = \dfrac{t}{3\rho + \rho^3}$	k 调整到层高值	墙体截面净面积 A/m^2	$\dfrac{A}{k}/\text{m}^2$
ⓒ-Ⅰ	0.6m / 2.4m / Ⅰ Ⅱ / 1.47m 1.47m / 0.9m	1.6327	1	0.1081	0.0982		
ⓒ-Ⅱ		1.6327	1	0.1081	0.0982		
ⓒ					0.1963	0.7056	3.594
ⓓ-Ⅰ	0.6m / 1.5m / 0.9m / Ⅰ Ⅱ / 1.17m 1.5m 1.17m	1.2821	1	0.1680	0.1205		
ⓓ-Ⅱ		1.2821	1	0.1680	0.1205		
ⓓ					0.2410	0.5616	2.330

表5-9中先将ⓒ轴按2.4m高算出的Ⅰ、Ⅱ墙段刚度调整到层高

$$k_C = \cfrac{1}{\dfrac{0.6 \times 3}{3.84} + \dfrac{1}{2 \times 0.1081}} = 0.1963$$

再将此值平分，每段刚度为 0.1963/2 = 0.0982。ⓓ轴同样处理得

$$k_D = \cfrac{1}{\dfrac{(0.6 + 0.9) \times 3}{3.84} + \dfrac{1}{2 \times 0.168}} = 0.2410$$

每段刚度为 0.2410/2 = 0.1205。

2）屋顶间地震剪力分配。根据前面计算数据，屋顶间横向总刚度为 $k = k_C + k_D =$ 0.1963 + 0.2410 = 0.4373，设计地震剪力为 $V_顶 = 129$ kN。

ⓒ、ⓓ两墙体的负荷面积均为屋顶间建筑面积的 1/2，因此

$$V_{顶C} = \frac{1}{2} \times \left(\frac{k_{顶C}}{k_顶} + \frac{F_{顶D}}{F_顶} \right) V_顶 = \frac{1}{2} \times \left(\frac{0.1963}{0.4373} + \frac{1}{2} \right) \times 129\text{kN} = 61.2\text{kN}$$

$$V_{顶D} = （129 - 61.2）\text{ kN} = 67.8\text{kN}$$

3）屋顶间墙体抗剪验算。

① ⓒ轴墙体承载力验算：在层高半高处（1.5m）自重墙体的正应力为

$$\sigma_0 = \frac{(3.84 \times 1.5 - 0.9 \times 0.9) \times 5.24 \times 10^3}{(3.84 - 0.9) \times 0.24 \times 10^6} \text{MPa} = 0.037 \text{MPa}$$

由《砌体结构设计规范》查得砂浆强度为 M5 的砖砌体抗剪强度 $f_v = 0.11 \text{MPa}$，则 $\dfrac{\sigma_0}{f_v} = \dfrac{0.037}{0.11} = 0.336$，查 5-5 得 $\zeta_N = 0.8672$，故ⓒ轴墙体抗剪承载力为

$$\frac{\zeta_N f_v A}{\gamma_{RE}} = \frac{0.8672 \times 0.11 \times 0.7056 \times 10^3}{0.75} \text{kN} = 89.7 \text{kN} > 61.2 \text{kN}$$

该墙承载力满足要求。

② ⓓ轴墙体承载力验算：在层高半高处（1.5m）自重墙体的正应力为

$$\sigma_0 = \frac{(3.84 \times 1.5 - 0.9 \times 1.5) \times 5.24 \times 10^3}{(3.84 - 1.5) \times 0.24 \times 10^6} = 0.041 \text{MPa}$$

则 $\dfrac{\sigma_0}{f_v} = \dfrac{0.041}{0.11} = 0.373$，查表 5-5 得 $\zeta_N = 0.8745$，故ⓓ轴墙体抗剪承载力为

$$\frac{\zeta_N f_v A}{\gamma_{RE}} = \frac{0.8745 \times 0.11 \times 0.5616 \times 10^3}{0.75} \text{kN} = 72.0 \text{kN} > V_{顶D} = 67.8 \text{kN}$$

该墙承载力满足要求。

（2）二层横墙承载力验算　由于首层横墙均为 370mm 厚，而二层以上内横墙改为 240mm 厚，故二层应是薄弱层。从负荷面积考虑，二层⑤轴ⓒ-ⓓ段为最大，故选此墙片验算。

除山墙外，其他各片横墙均无洞口，且各片墙高宽比均小于 1，则各墙片刚度比可简化为面积比。

$$A_{25C-D} = (5.7 + 0.12 + 0.25) \times 0.24 \text{m}^2 = 1.4568 \text{m}^2$$

$$A_2 = 1.4568 \times 16 \text{m}^2 + (13.7 - 1.2) \times 0.37 \times 2 \text{m}^2 = 32.5588 \text{m}^2$$

$$F_{25C-D} = \frac{13.7}{2} \times \left(\frac{7.2}{2} + \frac{10.8}{2}\right) \text{m}^2 = 61.65 \text{m}^2$$

$$F_2 = 13.7 \times 54.5 \text{m}^2 = 746.65 \text{m}^2$$

$$V_2 = 3478 \text{kN}$$

$$V_{25C-D} = \frac{1}{2} \times \left(\frac{1.4568}{32.5588} + \frac{61.65}{746.65}\right) \times 3478 \text{kN} = 221.4 \text{kN}$$

在二层墙半高处重力荷载代表值产生的正压力近似值为

$$\sigma_0 = \frac{3.6 \times 4 \times 12 \times 0.7 \times 10^3}{1 \times 0.24 \times 10^6} \text{MPa} = 0.504 \text{MPa}$$

则 $\dfrac{\sigma_0}{f_v} = \dfrac{0.504}{0.11} = 4.58$，查 5-5 得 $\zeta_N = 1.45$，故墙体抗剪承载力为

$$\frac{\zeta_N f_v A}{\gamma_{RE}} = \frac{1.45 \times 0.11 \times 1.4568 \times 10^3}{1.0} \text{kN} = 232 \text{kN} > V_{25C-D} = 221.4 \text{kN}$$

该墙承载力满足要求。

（3）一层外纵墙承载力验算　外纵墙较内纵墙开洞多，窗间墙截面小，选为危险截面验算。各层外纵墙厚均相同，而首层地震剪力最大，可选首层外纵墙进行验算。由于外纵墙

每个窗间墙的宽度相等，故作用在窗间墙上的地震剪力可近似按横截面面积的比例进行分配。

纵墙总横截面净面积为 $A = $ ［$(54.5 - 1.8 \times 15) \times 0.37\text{m}^2 + (54.5 - 0.9 \times 10 - 1.5 \times 2 - 3.6) \times 0.24\text{m}^2$］$\times 2 = 39.02\text{m}^2$

窗间墙截面面积 $a_C = 1.8 \times 0.37\text{m}^2 = 0.666\text{m}^2$

窗间墙分配的地震剪力为 $V_{1C} = \dfrac{a_C}{A} V_1 = \dfrac{0.666}{39.02} \times 3879\text{kN} = 66.2\text{kN}$

外纵墙按自承重墙考虑，半层高处的平均压应力为

$$\sigma_0 = \frac{(3.6 \times 3.4 - 1.8 \times 1.8) \times 7.62 \times 4 \times 10^3 + (3.6 \times 1.8 - 0.9 \times 1.8) \times 7.62 \times 10^3}{0.666 \times 10^6}\text{MPa}$$

$$= 0.467\text{MPa}$$

则 $\dfrac{\sigma_0}{f_v} = \dfrac{0.467}{0.11} = 4.25$，查 5-5 得 $\zeta_N = 1.42$，故墙体抗剪承载力为

$$\frac{\zeta_N f_v A}{\gamma_{RE}} = \frac{1.42 \times 0.11 \times 0.666 \times 10^3}{0.75}\text{kN} = 138.7\text{kN} > V_{1C} = 66.2\text{kN}$$

该墙承载力满足要求。

5.4　砌体房屋抗震构造措施

抗震设计中除进行抗震承载力验算外，还应做好抗震构造措施。对多层砌体房屋进行多遇地震作用下的抗震验算可保证小震不坏、中震可修。但一般对多层砌体房屋不进行罕遇地震作用下的变形验算，而是通过采取加强房屋整体性及加强连接等一系列构造措施来提高房屋的变形能力，确保大震不倒。

多层砌体房屋构造措施主要是通过合理地设置构造柱、圈梁以及加强构件之间的连接等来增强房屋的整体性。具体规定如下：

5.4.1　多层砖房抗震构造措施

1. 设置构造柱

（1）构造柱的作用　钢筋混凝土构造柱或芯柱的抗震作用在于和圈梁一起对砌体墙片乃至整幢房屋产生约束作用，使墙体在侧向变形下仍具有良好的竖向及侧向承载力，提高墙片的往复变形能力，从而提高墙片及房屋的抗倒塌能力，做到裂而不倒。

（2）构造柱的设置　构造柱的设置部位与设防烈度、层数及房屋的部位有关。对于多层普通砖、多孔砖房，构造柱的设置一般情况下应符合表 5-10 的要求。

（3）构造柱的截面尺寸和配筋　构造柱最小截面可采用 240mm × 180mm，纵向钢筋宜采用 $4\phi12\text{mm}$，箍筋间距不宜大于 250mm，且在柱上下端宜适当加密；6、7 度时超过六层、8 度时超过五层和 9 度时，构造柱纵向钢筋宜采用 $4\phi14\text{mm}$，箍筋间距不应大于 200mm，房屋四角的构造柱可适当加大截面及配筋。

（4）构造柱的其他要求

1）钢筋混凝土构造柱施工时，必须先砌墙，后浇柱，构造柱与墙连接处应砌成马牙

楼，并应沿墙高每隔500mm设2φ6mm拉结钢筋，每边伸入墙内不宜小于1m（图5-7）。

表5-10 砖房构造柱设置要求

房屋层数				设置部位	
6度	7度	8度	9度		
四、五	三、四	二、三		楼、电梯间四角，楼梯斜梯段上、下端对应的墙体处，外墙四角，错层部位横墙与外纵墙交接处，大房间内外墙交接处，较大洞口两侧	隔12m或单元横墙与外纵墙交接处；楼梯间对应的另一侧内横墙与外纵墙交接处
六	五	四	二		隔开间横墙（轴线）与外墙交接处，山墙与内纵墙交接处
七	≥六	≥五	≥三		内墙（轴线）与外墙交接处，内墙的局部较小墙垛处；内纵墙与横墙（轴线）交接处

注：1. 外廊式和单面走廊式的多层房屋，应根据房屋增加一层后的层数，按表5-10的要求设置构造柱，且单面走廊两侧的纵墙均应按外墙处理。

2. 教学楼、医院等横墙较少的房屋，应根据房屋增加一层后的层数，按表5-10的要求设置构造柱；当教学楼、医院等横墙较少的房屋为外廊式或单面走廊式时，应按注1要求设置构造柱，但6度不超过四层、7度不超过三层和8度不超过二层时，应按增加二层后的层数对待。

3. 横墙很少的房屋，应按增加二层的层数对待。

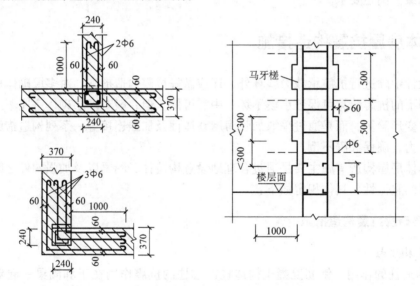

图5-7 构造柱与墙体连接构造

2）构造柱与圈梁连接处，构造柱的纵筋应在圈梁纵筋内侧穿过，保证构造柱纵筋上下贯通。

3）构造柱可不单独设置基础，但应伸入室外地面下500mm，或与埋深小于500mm的基础圈梁相连。

4）房屋高度和层数接近表5-1的限值时，纵、横墙内构造柱间距尚应符合下列要求：①横墙内的构造柱间距不宜大于层高的两倍，下部1/3楼层的构造柱间距适当减小；②当外纵墙开间大于3.9m时，应另设加强措施，内纵墙的构造柱间距不宜大于4.2m。

2. 设置圈梁

（1）圈梁的作用 现浇钢筋混凝土圈梁对房屋抗震有重要的作用，其功能如下：

1）圈梁和构造柱一起对砌体墙片乃至整幢房屋产生约束作用，提高其抗震能力。

2）加强纵横墙的连接，箍住楼屋盖，增强其整体性并可增强墙体的稳定性。

3）抑制地基不均匀沉降造成的破坏。

4）减轻和防止地震时的地表裂隙将房屋撕裂。

（2）圈梁的布置　圈梁的布置与设防烈度、楼盖及墙体位置有关，具体布置应符合下列要求：

1）对于装配式钢筋混凝土楼、屋盖或木楼、屋盖的砖房，应按表 5-11 的要求设置圈梁；纵墙承重时，抗震横墙上的圈梁间距应比表内的要求适当加密。

表 5-11　砖房现浇钢筋混凝土圈梁设置要求

墙类	烈度		
	6、7	8	9
外墙和内纵墙	屋盖处及每层楼盖处	屋盖处及每层楼盖处	屋盖处及每层楼盖处
内横墙	同上；屋盖处间距不应大于 4.5m；楼盖处间距不应大于 7.2m；构造柱对应部位	同上；各层所有横墙，且间距不应大于 4.5m；构造柱对应部位	同上；各层所有横墙

2）现浇或装配整体式钢筋混凝土楼、屋盖与墙体有可靠连接的房屋，应允许不另设圈梁，但楼板沿墙体周边应加强配筋并应与相应的构造柱可靠连接。

（3）圈梁的截面尺寸与配筋　圈梁的截面高度不应小于 120mm，配筋应符合表 5-12 的要求，为加强基础整体性和刚性而增设的基础圈梁，截面高度不应小于 180mm，配筋不应少于 4φ12mm。

表 5-12　砖房圈梁配筋要求

配筋	烈度		
	6、7	8	9
最小纵筋	4φ10mm	4φ12mm	4φ14mm
最大箍筋间距/mm	250	200	150

（4）圈梁的其他构造要求

1）圈梁应闭合，遇有洞口圈梁应上下搭接。圈梁宜与预制板设在同一标高处或圈梁紧靠板底（图 5-8）。

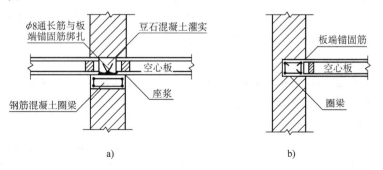

图 5-8　楼盖处圈梁的设置

2）圈梁在表5-11要求的间距内无横墙时，应利用梁或板缝中配筋替代圈梁。

3. 楼屋盖及其连接

1）现浇钢筋混凝土楼板或屋面板伸进纵、横墙内的长度，均不应小于120mm。

2）装配式钢筋混凝土楼板或屋面板，当圈梁未设在板的同一标高时，板端伸进外墙的长度不应小于120mm，伸进内墙的长度不应小于100mm，在梁上不应小于80mm。

3）当板的跨度大于4.8m并与外墙平行时，靠外墙的预制板侧边应与墙或圈梁配筋拉结。

4）房屋端部大房间的楼盖，6度时房屋的屋盖和7~9度时房屋的楼、屋盖，当圈梁设在板底时，钢筋混凝土预制板应相互拉结，并应与梁、墙或圈梁拉结。

4. 其他构件之间的连接

1）楼、屋盖的钢筋混凝土梁或屋架应与墙、柱（包括构造柱）或圈梁可靠连接，不得采用独立砖柱。跨度不小于6m大梁的支承构件应采用组合砌体等加强措施，并满足承载力要求。

2）对后砌的非承重墙应沿墙高每隔500mm配置2φ6mm拉结钢筋与承重墙或柱拉结，并每边伸入墙内不宜小于500mm（图5-9）。8度和9度时，长度大于5.0m的后砌隔墙，墙顶尚应与楼板或梁拉结。

3）6、7度时长度大于7.2m的大房间，及8度和9度时，外墙转角及内外墙交接处，应沿墙高每隔500mm配置2φ6mm拉结钢筋，并每边伸入墙内不宜小于1m。

4）坡屋顶房屋的屋架应与顶层圈梁可靠连接，檩条或屋面板应与墙及屋架可靠连接，房屋出入口处的檐口瓦应与屋面构件锚固；采用硬山搁檩时，顶层内纵墙顶宜增砌支承山墙的踏步式墙垛，并设置构造柱。

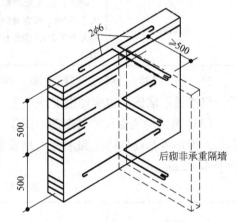

图5-9　后砌非承重墙与承重墙的拉结

5）预制阳台应与圈梁和楼板的现浇板带可靠连接。

6）门窗洞处不应采用无筋砖过梁；过梁支承长度，6~8度时不应小于240mm，9度时不应小于360mm。

7）同一结构单元的基础（或桩承台），宜采用同一类型的基础，底面宜埋置在同一标高上，否则应增设基础圈梁并应按1:2的台阶逐步放坡。

5. 楼梯间的构造要求

1）顶层楼梯间墙体应沿墙高每隔500mm设2φ6mm通长钢筋；7~9度时其他各层楼梯间墙体应在休息平台或楼层半高处设置60mm厚的钢筋混凝土带或配筋砖带，其砂浆强度等级不应低于M7.5，纵向钢筋不应少于2φ10mm。

2）楼梯间及门厅内墙阳角处的大梁支承长度不应小于500mm，并应与圈梁连接。

3）装配式楼梯段应与平台板的梁可靠连接；8、9度时不应采用装配式楼梯，不应采用墙中悬挑式踏步或踏步竖肋插入墙体的楼梯，不应采用无筋砖砌栏板。

4）突出屋顶的楼、电梯间，构造柱应伸到顶部，并与顶部圈梁连接，所有墙应沿墙高每隔 500mm 设 2ϕ6mm 拉结钢筋，且每边伸入墙内不应小于 1m。

6. 丙类的多层砌体房屋，当横墙较少且总高度和层数接近或达到表 5-1 规定限值，应采取的加强措施

1）房屋的最大开间尺寸不宜大于 6.6m。

2）同一结构单元内横墙错位数量不宜超过横墙总数的 1/3，且连续错位不宜多于两道；错位的墙体交接处均应增设构造柱，且楼、屋面板应采用现浇钢筋混凝土板。

3）横墙和内纵墙上洞口的宽度不宜大于 1.5m；外纵墙上洞口的宽度不宜大于 2.1m 或开间尺寸的一半；且内外墙上洞口位置不应影响内外纵墙与横墙的整体连接。

4）所有纵横墙均应在楼、屋盖标高处设置加强的现浇钢筋混凝土圈梁：圈梁的截面高度不宜小于 150mm，上下纵筋各不应少于 3ϕ10mm，箍筋不小于 ϕ6mm，间距不大于300mm。

5）所有纵横墙交接处及横墙的中部，均应增设满足下列要求的构造柱：在纵、横墙内柱距不宜大于 3.0m，最小截面尺寸不宜小于 240mm × 240mm，配筋宜符合表 5-13 的要求。

表 5-13　增设构造柱的纵筋和箍筋设置要求

位置	纵向钢筋			箍筋		
	最大配筋率（%）	最小配筋率（%）	最小直径/mm	加密区范围/mm	加密区间距/mm	最小直径/mm
角柱	1.8	0.8	14	全高	100	6
边柱			14	上端 700		
中柱	1.4	0.6	12	下端 500		

6）同一结构单元的楼、屋面板应设置在同一标高处。

7）房屋顶层和底层的窗台标高处，宜设置沿纵横墙通长的水平现浇钢筋混凝土带；其截面高度不小于 60mm，宽度不小于墙厚，纵向钢筋不少于 2ϕ10mm。

5.4.2　多层砌块房屋的抗震构造措施

1. 设置芯柱

（1）芯柱设置部位　混凝土小砌块房屋应按表 5-14 的要求设置钢筋混凝土芯柱，对医院、教学楼等横墙较少的房屋，应根据房屋增加一层后的层数，按表 5-14 的要求设置芯柱。

（2）芯柱的构造要求

1）混凝土小砌块房屋芯柱截面尺寸不宜小于 120mm × 120mm。

2）混凝土强度等级不应低于 Cb20。

3）芯柱的竖向插筋应贯通墙身且与圈梁连接，插筋不应小于 1ϕ12mm，6、7 度时超过五层、8 度时超过四层和 9 度时，插筋不应小于 1ϕ14mm。

4）芯柱应伸入室外地面下 500mm，或与埋深小于 500mm 的基础圈梁相连。

5）为提高墙体抗震受剪承载力而设置的芯柱，宜在墙体内均匀布置，最大净距不宜大于 2.0m。

表5-14 小砌块房屋芯柱设置要求

房屋层数				设置部位	设置数量
6度	7度	8度	9度		
四、五	三、四	二、三		外墙转角、楼梯间四角；楼梯斜梯段上下端对应的墙处；大房间内外墙交接处；错层部位横墙与外纵墙交接处；隔12m或单元横墙与外纵墙交接处	外墙转角，灌实3个孔；内外墙交接处，灌实4个孔；楼梯斜梯段上下端对应的墙体处，灌实2个孔
六	五	四		同上；隔开间横墙（轴线）与外纵墙交接处	
七	六	五	二	同上；各内墙（轴线）与外纵墙交接处；内纵墙与横墙（轴线）交接处和洞口两侧	外墙转角，灌实5个孔；内外墙交接处，灌实4个孔；内墙交接处，灌实4~5个孔；洞口两侧各灌实1个孔
	七	≥六	≥三	同上；横墙内芯柱间距不宜大于2m	外墙转角，灌实7个孔；内外墙交接处，灌实5个孔；内墙交接处，灌实4~5个孔；洞口两侧各灌实1个孔

2. 设置钢筋混凝土构造柱

混凝土小砌块房屋中替代芯柱的钢筋混凝土构造柱，应符合下列要求：

1）构造柱最小截面可采用190mm×190mm，纵向钢筋宜采用4ϕ12mm，箍筋间距不宜大于250mm，且在柱上下端宜适当加密；6、7度时超过五层、8度时超过四层和9度时，构造柱纵向钢筋宜采用4ϕ14mm，箍筋间距不宜大于200mm，外墙转角的构造柱可适当加大截面及配筋。

2）构造柱与砌块墙连接处应砌成马牙槎，与构造柱相邻的砌块孔洞，6度时宜填实，7度时应填实，8、9度时应填实并插筋；沿墙高每隔600mm应设拉结钢筋网片，每边伸入墙内不宜小于1m。

3）构造柱与圈梁连接处，构造柱的纵筋应在圈梁纵筋内侧穿过，保证构造柱纵筋上下贯通。

4）构造柱可不单独设置基础，但应伸入室外地面下500mm，或与埋深小于500mm的基础圈梁相连。

3. 设置钢筋混凝土圈梁

混凝土小砌块房屋均应设置现浇钢筋混凝土圈梁，圈梁宽度不应小于190mm，配筋不应小于4ϕ12mm，箍筋间距不应大于200mm。设置部位应满足表5-11的要求。

4. 砌块墙体之间的拉结

小砌块房屋墙体交接处或芯柱与墙体连接处应设置拉接钢筋网片，网片可采用直径4mm的钢筋定位焊而成，沿墙高每隔600mm设置，每边伸入墙内不宜小于1m。

5. 设置钢筋混凝土现浇带

混凝土小砌块房屋的层数，6度时五层、7度时超过四层、8度时超过三层和9度时，在底层和顶层的窗台标高处沿纵横墙应设置通长的水平现浇钢筋混凝土带；其截面高度不小于60mm，纵筋不少于2ϕ10mm，并应有分布拉结筋；其混凝土强度等级不应低于C20。

6. 其他构造措施

小砌块房屋的其他抗震构造措施，如楼板和屋面板伸入墙内的长度，加强楼梯间的整体性等，与多层砖房相应要求相同。

5.5　底部框架-抗震墙房屋的抗震设计

5.5.1　底部框架-抗震墙房屋抗震设计的一般规定

底部由框架和一定数量的钢筋混凝土抗震墙（或砖抗震墙）组成，上部为多层砖房的组合结构称为底部框架-抗震墙房屋（简称底框砖房）。其中底部框架-抗震墙的层数可以为一层或两层（至多为两层）。

底部框架-抗震墙房屋中的上部砖房各层纵横墙较密，不仅重力大，抗侧刚度也大，而底部框架-抗震墙的抗侧刚度比上部小，这就形成了"上刚下柔"的结构体系，因而底部为薄弱层，在地震作用下容易形成塑性变形集中，引起底层严重破坏，危及整个建筑的安全。

为防止底层因过多的变形集中而发生严重震害，应对该类房屋的结构方案和结构布置、总高度和总层数及抗震横墙间距进行限制，尤其是对抗震横墙的数量应进行严格控制。

1. 关于房屋高度与抗震横墙间距的限制

《建筑抗震设计规范》对底部框架-抗震墙房屋的总高度和总层数给出了限制，见表5-1。同时规定了底部框架-抗震墙房屋的抗震墙的最大间距，见表5-3。

2. 底部框架-抗震墙房屋的结构布置

底部框架-抗震墙房屋的结构布置，应符合下列要求：

1）上部的砌体抗震墙与底部的框架梁或抗震墙，除楼梯间附近的个别墙段外均应对齐。

2）房屋的底部应沿纵横两方向设置一定数量的抗震墙，并应均匀、对称布置。6 度且总层数不超过四层的底部框架-抗震墙房屋，应允许采用嵌砌于框架之间的约束普通砖砌体或小砌块砌体的砌体抗震墙，但应计入砌体墙对框架的附加轴力和附加剪力并进行底层的抗震验算，且同一方向不应同时采用钢筋混凝土抗震墙和约束砌体抗震墙；其余情况，8 度时应采用钢筋混凝土抗震墙，6、7 度时应采用钢筋混凝土抗震墙或配筋小砌块砌体抗震墙。

3）底部框架-抗震墙房屋的纵横两个方向，第二层与底层侧向刚度的比值，6、7 度时不应大于 2.5，8 度时不应大于 2.0，且均不应小于 1.0。

4）底部两层框架-抗震墙房屋的纵横两个方向，底层与底部第二层侧向刚度应接近，第三层与底部第二层侧向刚度的比值：6、7 度时不应大于 2.0，8 度时不应大于 1.5，且均不应小于 1.0。

5）底部框架-抗震墙房屋的抗震墙，应设置条形基础、筏形基础或桩基。

3. 底框砖房中框架和抗震墙的抗震等级

底部框架-抗震墙房屋的钢筋混凝土结构部分，应符合《建筑抗震设计规范》中钢筋混凝土结构抗震的有关要求，此时，底部框架-抗震墙房屋的框架的抗震等级为：6 度按三级采用；7度按二级采用；8度按一级采用。混凝土墙体的抗震等级，6、7、8度应分别按三、三、二级采用。

5.5.2　底部框架-抗震墙房屋抗震计算的有关规定及其特殊要求

底框砖房包含了多层砖房和底部框架-抗震墙结构两个部分，其抗震计算既要遵循两个部分的有关要求，又要有两部分结合体的新特点，设计时要特别注意。

1. 侧移刚度的计算

底部框架-抗震墙房屋的计算应由侧移刚度的计算开始，因为第二层（或第三层）与底框层侧移刚度比不满足规范要求时，必须对底框层抗震墙的设置数量进行修正。二层以上砖房的侧移刚度可利用前述中普通砖房的有关公式进行计算，底部框架柱的侧移刚度可利用 D 值法进行计算，底部钢筋混凝土抗震墙（一片）的侧移刚度可按下式计算

$$K_{cw} = \cfrac{1}{\cfrac{1.2h}{G_c A_w} + \cfrac{h^3}{3E_c I_w}} \tag{5-23}$$

式中　h——抗震墙的计算高度；

A_w——抗震墙水平截面面积；

I_w——抗震墙水平截面二次矩；

G_c、E_c——混凝土的切变模量和弹性模量。

式（5-23）中既考虑了剪切变形的影响又考虑了弯曲变形的影响。

砖砌体抗震墙（一片）的侧移刚度可按式（5-9）计算。

以 $\sum D$ 表示底层框架柱的总侧移刚度，$\sum K_{bw}$ 表示底层砖墙的总侧移刚度，$\sum K_{bw2}$ 表示二层砖墙的总侧移刚度，则二层与底层侧移刚度比为

$$\gamma = \frac{K_2}{K_1} = \frac{\sum K_{bw2}}{\sum D + \sum K_{cw} + \sum K_{bw}} \tag{5-24}$$

2. 水平地震作用的计算

底框砖房的地震作用可采用底部剪力法计算，且地震影响系数 α_1 取 α_{max}，不考虑顶部附加集中力，则总水平地震作用，即底部总剪力为

$$F_{Ek} = \alpha_{max} G_{eq} \tag{5-25}$$

各质点地震作用为

$$F_i = \frac{G_i H_i}{\sum\limits_{i=1}^{n} G_i H_i} F_{Ek} \tag{5-26}$$

各楼层地震剪力为

$$V_i = \sum\limits_{j=i}^{n} F_j \tag{5-27}$$

对突出屋面的屋顶间、女儿墙、烟囱等的地震作用效应，应乘以增大系数3，但增大部分不往下层传递，即

$$V_n = 3F_n \tag{5-28}$$

3. 各楼层地震剪力的分配

上部各层砖房的地震剪力分配可按普通砖房的有关原则进行分配。但底部框架-抗震墙层的剪力应按《建筑抗震设计规范》进行调整。

（1）框架层地震剪力的调整　由于竖向刚度不均匀，地震时底框层将产生塑性变形集中，在计算底框层地震剪力时应考虑上述不利影响，并应按下列规定予以调整：

1）对底层框架-抗震墙房屋，底层的纵向和横向地震剪力设计值应均应乘以增大系数。其值应允许根据第二层与底层侧向刚度比值的大小，在 1.2~1.5 范围内选用。

2）对底部两层框架-抗震墙房屋，抗震墙房屋底层和第二层的纵向和横向地震剪力设计值，亦均应乘以增大系数。其值应允许根据侧向刚度比，在 1.2~1.5 范围内选用。

以 ζ 表示增大系数，一般取

$$\zeta = \sqrt{\gamma} \tag{5-29}$$

式中　γ——侧移刚度比，按式（5-24）计算。

（2）底部框架-抗震墙层间剪力的分配　《建筑抗震设计规范》指出，底层或底部两层的纵向和横向地震剪力设计值应全部由该方向的抗震墙承担，并按各抗震墙侧向刚度比进行分配。即弹性阶段略去框架柱侧移刚度的贡献，所有剪力由抗震墙承担，则砖抗震墙所分担的剪力为

$$V_{bw} = \frac{K_{bw}}{\sum K_{bw} + \sum K_{cw}} V \tag{5-30}$$

混凝土抗震墙分担的剪力为

$$V_{cw} = \frac{K_{cw}}{\sum K_{bw} + \sum K_{cw}} V \tag{5-31}$$

关于框架柱的所分担的地震剪力，《建筑抗震设计规范》指出，可按各抗侧力构件有效刚度比例分配确定：有效刚度的取值，框架不折减，混凝土墙乘以折减系数 0.3，砖墙乘以折减系数 0.2。此处是考虑弹塑性阶段抗震墙开裂，产生内力重分布，此时，混凝土抗震墙弹性模量取初始值的 30%，砖墙取 20%，再与框架柱共同承担底部剪力。按照这一原则，一根钢筋混凝土框架柱承担的剪力为

$$V_c = \frac{D}{\sum D + 0.2 \sum K_{bw} + 0.3 \sum K_{cw}} V \tag{5-32}$$

式中　D——一根钢筋混凝土框架柱的侧移刚度。

4. 上部砖房所形成的地震倾覆力矩对底层框架-抗震墙的影响

（1）倾覆力矩的分配　底框砖房中，底部框架层除了承担地震剪力外，还应承担上部砖房各层对框架层顶板的倾覆力矩（图5-10），该项总和以 M_1 表示，有

$$M_1 = \sum_{i=2}^{n} F_i (H_i - H_1) \tag{5-33}$$

该倾覆力矩在抗震墙和框架柱之间的分配，考虑实际运算的可操作性，可近似按照抗震墙和框架柱之间的侧向刚度比例进行（图5-11）。

抗震墙承担的倾覆弯矩为

$$M_w = \frac{K_w}{\sum K_w + \sum K_f} M_1 \tag{5-34}$$

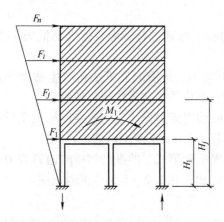

图 5-10 底部框架-抗震墙地震作用示意图

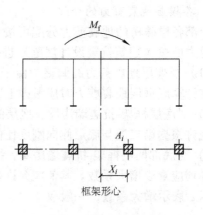

图 5-11 底部框架示意图

一榀框架承担的倾覆弯矩为

$$M_\text{f} = \frac{K_\text{f}}{\sum K_\text{w} + \sum K_\text{f}} M_1 \tag{5-35}$$

式中 K_w——一片抗震墙的侧向刚度，可按式（5-9）或式（5-23）计算；

K_f——一榀框架的侧向刚度，即为一榀框架内各柱的侧向刚度之和。

（2）底层柱的附加轴力 框架承担的地震倾覆力矩将引起框架柱的附加轴力，可按下式计算

$$N_i = \pm \sigma_i A_i = \pm \frac{M_\text{f} A_i x_i}{\sum A_i x_i^2} \tag{5-36}$$

式中，截面二次矩为 $I = \sum A_i x_i^2$，柱中正应力 $\sigma_i = \pm \dfrac{M_\text{f} x_i}{\sum A_i x_i^2}$。

各柱截面积相同时，则式（5-36）可简化为

$$N_i = \pm \frac{M_\text{f} A_i x_i}{\sum A_i x_i^2} = \pm \frac{M_\text{f} x_i}{\sum x_i^2} \tag{5-37}$$

忽略中柱对倾覆弯矩的贡献 $N = \pm \dfrac{M_\text{f}}{B}$ $\tag{5-38}$

式中 B——框架边柱中距；

N——框架边柱轴力。

5. 嵌砌于框架之间的抗震砖墙对框架柱引起的附加轴力和附加剪力

底层框架-抗震墙房屋中嵌砌于框架之间的普通砖抗震墙，当符合 5.5.3 节中第 5 条的构造要求时，其抗震验算应符合下列规定：

1）底层框架柱的轴向力和剪力，应计入砖抗震墙引起的附加轴力和附加剪力，其值可按下列公式确定

$$N_\text{f} = V_\text{w} H_\text{f}/l \tag{5-39}$$

$$V_\text{f} = V_\text{w} \tag{5-40}$$

式中 V_w——墙体承担的剪力设计值，柱两侧有墙时可取两者的较大值；

N_f——框架柱的附加轴力设计值；

V_f——框架柱的附加剪力设计值；

H_f、l——框架的层高和跨度。

2）嵌砌于框架之间的普通砖抗震墙及两端框架柱，其抗震受剪承载力应按下式验算

$$V \leqslant \frac{1}{\gamma_{REc}} \sum (M_{yc}^u + M_{yc}^l)/H_0 + \frac{1}{\gamma_{REw}} \sum f_{vE} A_{w0} \tag{5-41}$$

式中　　V——嵌砌普通砖抗震墙及两端框架柱剪力设计值；

A_{w0}——砖墙水平截面的计算面积，无洞口时取实际截面的 1.25 倍，有洞口时取截面净面积，但不计入宽度小于洞口高度 1/4 的墙肢截面面积；

M_{yc}^u、M_{yc}^l——底层框架上下端的正截面受弯承载力设计值，可按 GB 50010—2010《混凝土结构设计规范》非抗震设计的有关公式取等号计算；

H_0——底层框架柱的计算高度，两侧均有砖墙时取柱净高的 2/3，其余情况取柱净高；

γ_{REc}——底层框架柱承载力抗震调整系数，可采用 0.8；

γ_{REw}——嵌砌普通砖抗震墙承载力抗震调整系数，可采用 0.9。

5.5.3　底层框架-抗震墙房屋抗震构造要求

1. 构造柱的设置要求

1）钢筋混凝土构造柱的设置部位，应根据房屋的总层数按多层砖房的规定设置；过渡层尚应在底部框架柱对应位置处设置构造柱。

2）构造柱的截面不宜小于 240mm×240mm。

3）构造柱的纵向钢筋不宜少于 4ϕ14mm，箍筋间距不宜大于 200mm。

4）过渡层构造柱的纵向钢筋，6、7 度时不宜少于 4ϕ16mm，8 度时不宜少于 6ϕ18mm。一般情况下，纵向钢筋应锚入下部的框架柱内；当纵向钢筋锚固在框架梁内时，框架梁的相应位置应加强。

5）构造柱应与每层圈梁连接或与现浇楼板可靠拉结。

2. 楼盖的构造要求

1）过渡层的底板应采用现浇钢筋混凝土板，板厚不应小于 120mm；并应少开洞，开小洞。当洞口尺寸大于 800mm 时，洞口周边应设置边梁。

2）其他楼层，采用装配式钢筋混凝土楼板时，均应设现浇圈梁；采用现浇钢筋混凝土楼板时，应允许不另设圈梁，但楼板沿墙体周边应加强配筋，并应与相应的构造柱可靠连接。

3. 托墙梁的构造要求

1）梁的截面宽度不应小于 300mm，梁的截面高度不应小于跨度的 1/10。

2）箍筋的直径不应小于 8mm，间距不应大于 200mm；梁端在 1.5 倍梁高且不小于 1/5 梁净跨范围内，以及上部墙体的洞口处和洞口两侧各 500mm 且不小于梁高的范围内，箍筋间距不应大于 100mm。

3）沿梁高应设腰筋，数量不应少于 2ϕ14mm，间距不应大于 200mm。

4）梁的主筋和腰筋应按受拉钢筋的要求锚固在柱内，且支座上部的纵向钢筋在柱内的锚固长度应符合钢筋混凝土框支梁的有关要求。

4. 抗震墙的构造要求

1）抗震墙周边应设置梁（或暗梁）和边框柱（或框架柱）组成的边框；边框梁的截面宽度不宜小于墙板厚度的1.5倍，截面高度不宜小于墙板厚度的2.5倍；边框柱的截面高度不宜小于墙板厚度的2倍。

2）抗震墙墙板的厚度不宜小于160mm，且不应小于墙板净高的1/20；抗震墙宜开设洞口形成若干墙段，各墙段的高宽比不宜小于2。

3）抗震墙的竖向和横向分布钢筋配筋率均不应小于0.3%，并应采用双排布置；双排分布钢筋间拉筋的间距不应大于600mm，直径不应小于6mm。

4）抗震墙的边缘构件可按混凝土抗震墙一般部位的规定设置。

5. 砖抗震墙的构造要求

1）墙厚不应小于240mm，砌筑砂浆强度等级不应低于M10，应先砌墙后浇框架。

2）沿框架柱每隔300mm配置2φ8mm拉结钢筋，并沿砖墙全长设置；在墙体半高处尚应设置与框架柱相连的钢筋混凝土水平系梁。

3）墙长大于4m时，应在墙内增设钢筋混凝土构造柱。

6. 材料要求

1）框架柱、抗震墙和托墙梁的混凝土强度等级不应低于C30。

2）过渡层墙体的砌筑砂浆强度等级不应低于M10。

【例5-2】　某底层框架-抗震墙房屋，底层为商店，上部为五层住宅，其底层平面图与二层（二至六层相同）平面图如图5-12、图5-13所示，剖面图如图5-14所示，设防烈度7度，Ⅱ类场地。底层全部采用钢筋混凝土抗震墙，横向抗震墙6道，即中间三个楼梯间260mm厚钢筋混凝土抗震墙；底层纵向抗震墙7道，即三个楼梯间3道，外纵墙Ⓐ轴四道。框架柱截面为500mm×500mm，横向框架梁截面为300mm×700mm，框架柱、梁、抗震墙及一层顶板全部现浇，强度等级均为C30，二层以上楼、屋盖均为预制空心板。一层外墙均为490mm填充墙，二层砖墙中内墙（抗震墙）厚240mm，外墙厚490mm，砖的强度等级为MU10，砂浆的强度等级：一、二层为M7.5，三层以上为M5。房屋建筑高度18.2m，结构高度19.2m，底层柱高5.2m，底层层高为4.2m，其他层层高均为2.8m。上部砖房构造柱的设置与底层框架柱相接，上部砖房每层均设置钢筋混凝土圈梁。各楼层重力荷载代表值经收集与计算为 $G_6 = 3824$kN，$G_5 = G_4 = G_3 = G_2 = 5771$kN，$G_1 = 8827$kN，$G_E = \sum_1^6 G_i = 35735$kN。试对该底层框架-抗震墙砖房进行横向抗震内力分析。

【解】

1. 底层侧移刚度计算

（1）钢筋混凝土抗震墙的侧向刚度计算　截面如图5-15、图5-16所示，截面二次矩 $I_w = 4.61$m^4，面积 $A_w = 1.62$m^2，弹性模量 $E = 30.0 \times 10^6$ kN/m^2（C30），切变模量 $G = 0.4E$，利用式（5-23）计算一片钢筋混凝土抗震墙的侧移度

$$K_{cw} = \frac{1}{\dfrac{1.2h}{G_c A_w} + \dfrac{h^3}{3E_c I_w}} = \frac{1}{\dfrac{1.2 \times 5.2}{0.4 \times 30.0 \times 10^6 \times 1.62} + \dfrac{5.2^3}{3 \times 30.0 \times 10^6 \times 4.61}} \text{kN/m}$$
$$= 1.515 \times 10^6 \text{kN/m}$$

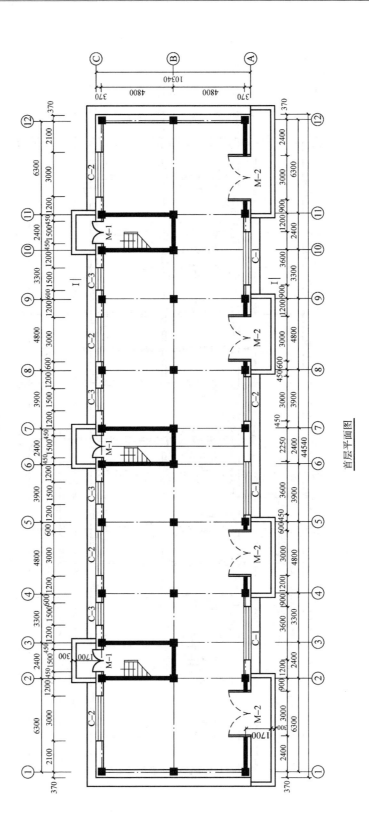

首层平面图

图 5-12 首层平面图

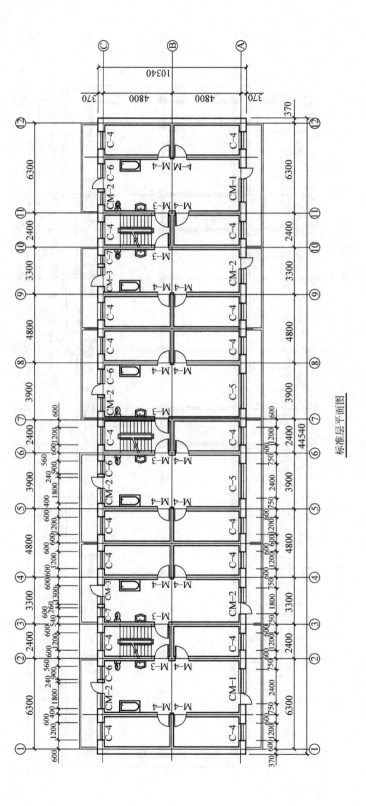

标准层平面图

图 5-13 标准层平面图

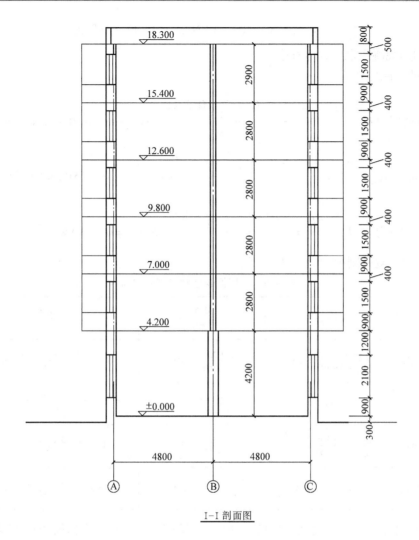

I-I 剖面图

图 5-14　*I-I* 剖面图

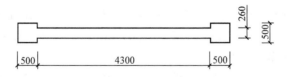

图 5-15　抗震墙平面图

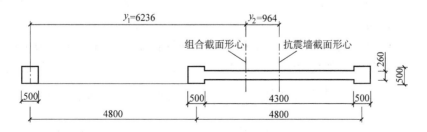

图 5-16　组合体抗震墙平面图

$$\sum K_{cw} = 1.515 \times 10^6 \times 6 kN/m = 9.09 \times 10^6 kN/m$$

（2）钢筋混凝土框架的侧移刚度

1）梁的线刚度计算。

中间框架梁　$K_{b1} = \dfrac{EI_{b1}}{l} = \dfrac{30.0 \times 10^6 \times \dfrac{2}{12} \times 0.3 \times 0.7^3}{4.8} kN \cdot m = 0.1072 \times 10^6 kN \cdot m$

边框架梁　$K_{b2} = \dfrac{EI_{b2}}{l} = \dfrac{30.0 \times 10^6 \times \dfrac{1.5}{12} \times 0.3 \times 0.7^3}{4.8} kN \cdot m = 0.0804 \times 10^6 kN \cdot m$

2）柱的线刚度　$K_c = \dfrac{EI_c}{h} = \dfrac{30.0 \times 10^6 \times \dfrac{1}{12} \times 0.5^4}{5.2} kN \cdot m = 0.0300 \times 10^6 kN \cdot m$

一层框架柱侧移刚度 D 值见表 5-15。

表 5-15　一层框架柱侧移刚度 D 值

框架位置	柱位置	$\overline{K} = \dfrac{\sum K_b}{K_c}$	$\alpha = \dfrac{0.5 + \overline{K}}{2 + \overline{K}}$	$D = \alpha \times \dfrac{12K_c}{h^2} / (kN/m)$
边框架	边柱	$\dfrac{0.0804 \times 10^6}{0.0300 \times 10^6} = 2.68$	$\dfrac{0.5 + 2.68}{2 + 2.68} = 0.679$	$0.679 \times \dfrac{12 \times 0.0300 \times 10^6}{5.2^2} = 0.904 \times 10^4$
	中柱	$2 \times 2.68 = 5.36$	$\dfrac{0.5 + 5.36}{2 + 5.36} = 0.796$	$0.796 \times \dfrac{12 \times 0.0300 \times 10^6}{5.2^2} = 1.060 \times 10^4$
中框架	边柱	$\dfrac{0.1072 \times 10^6}{0.0300 \times 10^6} = 3.57$	$\dfrac{0.5 + 3.57}{2 + 3.57} = 0.731$	$0.731 \times \dfrac{12 \times 0.0300 \times 10^6}{5.2^2} = 0.973 \times 10^4$
	中柱	$2 \times 3.57 = 7.14$	$\dfrac{0.5 + 7.14}{2 + 7.14} = 0.836$	$0.836 \times \dfrac{12 \times 0.0300 \times 10^6}{5.2^2} = 1.113 \times 10^4$

框架柱的总侧移刚度（边框架边柱 4 根，边框架中柱 2 根，中框架边柱 11 根，中框架中柱 4 根）

$$\sum D = (0.904 \times 4 + 1.060 \times 2 + 0.973 \times 11 + 1.113 \times 4) \times 10^4 kN/m = 0.209 \times 10^6 kN/m$$

底层侧移刚度总和：$K_1 = \sum K_{cw} + \sum D = (9.09 + 0.209) \times 10^6 kN/m = 9.299 \times 10^6 kN/m$

2. 二层侧移刚度计算

二层横墙除了洞口及小砖墙外，砖墙的高宽比均小于 1，因此应按剪切刚度（不计弯曲刚度）计算，横墙截面总面积为

$$A = [(9.6 + 2 \times 0.37) \times 14 - (1.8 + 0.24) \times 6 - (1.8 + 0.48) \times 3 - 0.9 \times 3]$$
$$\times 0.24 m^2 + (9.6 + 2 \times 0.37) \times 0.49 \times 2 m^2 = 39.6 m^2$$

砖墙（MU10，M7.5$f = 1.69 \times 10^3 kN/m^3$）的弹性模量 $E = 1600f = 1600 \times 1.69 \times 10^3 kN/m^2 = 2.704 \times 10^6 kN/m^2$，切变模量 G 取 $0.4E$，利用式（5-9）计算二层侧移刚度

$$K_2 = \dfrac{GA}{1.2h} = \dfrac{0.4 \times 2.704 \times 10^6 \times 39.6}{1.2 \times 2.8} kN/m = 1.275 \times 10^7 kN/m$$

二层与一层侧移刚度比 $\gamma = \dfrac{K_2}{K_1} = \dfrac{1.275 \times 10^7}{9.299 \times 10^6} = 1.371 < 2.5$，满足要求。

3. 横向水平地震作用及楼层剪力计算

利用式（5-25）计算底部总剪力

$$F_{Ek} = \alpha_{max} G_{eq} = \alpha_{max} 0.85 G_E = 0.08 \times 0.85 \times 35735kN = 2430kN$$

各水平地震作用标准值和相应的楼层剪力计算见表 5-16。

表 5-16　水平地震作用及楼层剪力

分项\层次	G_i/kN	H_i/m	$G_i H_i$/kN·m	$\dfrac{G_i H_i}{\sum\limits_{i=1}^{6} G_i H_i}$	$F_i = \dfrac{G_i H_i}{\sum\limits_{i=1}^{6} G_i H_i} F_{Ek}$/kN	$V_{ik} = \sum\limits_{i}^{n} F_i$/kN
6	3824	19.2	73421	0.1831	445	445
5	5771	16.4	94644	0.2361	574	1019
4	5771	13.6	78486	0.1957	475	1494
3	5771	10.8	62327	0.1554	378	1872
2	5771	8	46168	0.1151	280	2152
底	8827	5.2	45900	0.1145	278	2430
$\sum$			400946			

4. 底层地震剪力设计值及其在各构件间的分配

按式（5-29）计算底层地震剪力增大系数，$\zeta = \sqrt{\gamma} = \sqrt{1.371} = 1.17 < 1.2$，按照《建筑抗震设计规范》要求，取 $\zeta = 1.2$，则底层地震剪力设计值为

$$V_1 = 1.3 \times 1.2 \times 2430kN = 3791kN$$

一片钢筋混凝土抗震墙所承担的地震剪力设计值可按式（5-31）计算

$$V_{cw} = \frac{K_{cw}}{\sum K_{bw} + \sum K_{cw}} V = \frac{1.515 \times 10^6}{0 + 9.09 \times 10^6} \times 3791kN = 632kN$$

一根框架柱所承担的地震剪力设计值可按式（5-32）计算，不同类型各柱地震剪力 V_c 值见表 5-17。

表 5-17　一根框架柱所承担的地震剪力设计值 V_c

框架位置	柱位置	D/（kN/m）	$\sum D + 0.3 \sum K_{cw} + 0.2 \sum K_{bw}$/（kN/m）	$\dfrac{D}{\sum D + 0.3 \sum K_{cw} + 0.2 \sum K_{bw}}$	V_c/kN
边框架	边柱	0.904×10^4	2.936×10^6	0.00308	11.7
	中柱	1.060×10^4	2.936×10^6	0.00361	13.7
中框架	边柱	0.973×10^4	2.936×10^6	0.00331	12.5
	中柱	1.113×10^4	2.936×10^6	0.00379	14.4

5. 底层各构件侧向刚度计算

一榀边框架的侧向刚度 $K_{f1} = 0.904 \times 10^4 \times 2kN/m + 1.06 \times 10^4 kN/m = 2.868 \times 10^4 kN/m$

一榀中框架的侧向刚度为 $K_{f2} = 0.973 \times 10^4 \times 2kN/m + 1.113 \times 10^4 kN/m = 3.059 \times 10^4 kN/m$

一榀混凝土抗震墙的侧向刚度为 $K_{cw} = 1.515 \times 10^6 kN/m$

一榀组合体混凝土抗震墙（由一根中框架边柱和一榀抗震墙组成）的侧向刚度为

$$K'_{cw} = 1.515 \times 10^6 kN/m + 0.973 \times 10^4 kN/m = 1.525 \times 10^6 kN/m$$

底层包含边框架2榀，中框架4榀，混凝土抗震墙3榀，组合体混凝土抗震墙3榀，则总侧向刚度为

$$K_1 = 2.868 \times 10^4 \times 2kN/m + 3.059 \times 10^4 \times 4kN/m + 1.515 \times 10^6 \times 3kN/m$$
$$+ 1.525 \times 10^6 \times 3kN/m = 9.299 \times 10^6 kN/m$$

6. 底层顶板倾覆力矩的计算及其分配

（1）底层顶板倾覆力矩 利用式（5-33）计算倾覆力矩，总和为

$$M_1 = 1.3 \times [445 \times (19.2 - 5.2) + 574 \times (16.4 - 5.2) + 475 \times (13.6 - 5.2) + 378 \times (10.8 - 5.2) + 280 \times (8 - 5.2)]kN/m = 25414kN \cdot m$$

（2）地震倾覆力矩分配 分配到一榀边框架上的地震倾覆力矩为

$$M_{f1} = \frac{K_{f1}}{K_1}M_1 = \frac{2.868 \times 10^4}{9.299 \times 10^6} \times 25414kN \cdot m = 78.4kN \cdot m$$

分配到一榀中框架上的地震倾覆力矩为

$$M_{f2} = \frac{K_{f2}}{K_1}M_1 = \frac{3.059 \times 10^4}{9.299 \times 10^6} \times 25414kN \cdot m = 83.6kN \cdot m$$

分配到一榀混凝土抗震墙上的地震倾覆力矩为

$$M_{cw} = \frac{K_{cw}}{K_1}M_1 = \frac{1.515 \times 10^6}{9.299 \times 10^6} \times 25414kN \cdot m = 4140.5kN \cdot m$$

分配到一榀组合体混凝土抗震墙上的地震倾覆力矩为

$$M'_{cw} = \frac{K'_{cw}}{K_1}M_1 = \frac{1.525 \times 10^6}{9.299 \times 10^6} \times 25414kN \cdot m = 4167.8kN \cdot m$$

可以看出，近似按侧向刚度分配地震倾覆力矩时，框架所分配到的力矩偏少。

7. 地震作用引起的底层构件内力

上部砖房所形成的水平地震作用对底层的总效应为 M_1 与 V_1。V_1 分配到一片钢筋混凝土墙上的剪力 $V_{cw} = 632kN$ 不仅使抗震墙受剪，还要使抗震墙底部产生弯矩 $M_{cwv} = 632 \times 5.2kN \cdot m = 3286.4kN \cdot m$。$V_1$ 分配到各框架柱上的剪力 V_c 将使柱产生弯矩，利用 D 值法可计算出各柱端弯矩，详见表5-18。

表5-18 柱端弯矩计算

框架位置	柱位置	$\overline{K}$	y_0	V_c/kN	$M_b = V_c y_0 h$/kN·m	$M_t = V_c(1 - y_0)h$/kN·m
边框架	边柱	2.68	0.55	11.7	33.5	27.4
	中柱	5.36	0.55	13.7	39.2	32.1
中框架	边柱	3.57	0.55	12.5	35.8	29.3
	中柱	7.14	0.5	14.4	37.4	37.4

M_1 分配给一榀框架的倾覆力矩将使框架柱产生附加轴力，利用式（5-38）计算两边框架柱轴力

边框架 $N_边 = \frac{78.4}{4.8 \times 2} = 8.2kN$，$N_中 = 0$

中框架 $N_边 = \frac{83.6}{4.8 \times 2} = 8.7kN$，$N_中 = 0$

M_1 分配给一榀抗震墙的倾覆力矩 $M_{cw} = 4140.5kN \cdot m$，应和剪力产生的弯矩 $M_{cwv} =$

3286.4kN·m 叠加，总弯矩为（4140.5 + 3286.4）kN·m = 7426.9kN·m。

M_1 分配给一榀组合体抗震墙的倾覆力矩 $M'_{cw} = 4167.8$kN·m，将使独立柱与抗震墙均产生轴力，同时也将分配给抗震墙一部分弯矩，分别计算如下：

1）组合体抗震墙如图 5-16 所示，组合截面的截面二次矩为

$$I = 0.5^2 \times 6.236^2 \text{m}^4 + 4.61 \text{m}^4 + 1.62 \times 0.964^2 \text{m}^4 = 15.84 \text{m}^4$$

2）独立柱产生的轴力为

$$N_{独} = \frac{M'_{cw} y_1 A_c}{I} = \frac{4167.8 \times 6.236 \times 0.5^2}{15.84} \text{kN} = 410.2 \text{kN}$$

3）抗震墙产生的轴力为

$$N_{墙} = \frac{M'_{cw} y_2 A_w}{I} = \frac{4167.8 \times 0.964 \times 1.62}{15.84} \text{kN} = 410.9 \text{kN}$$

4）分配给抗震墙的弯矩为

$$M_w = \frac{EI'_w}{EI} M'_{cw} = \frac{4.61 + 1.62 \times 0.964^2}{15.84} \times 4167.8 \text{kN·m} = 1609.1 \text{kN·m}$$

将其和剪力产生的弯矩叠加，得总弯矩为

$$(1609.1 + 3286.4) \text{kN·m} = 4895.5 \text{kN·m}$$

利用平衡条件可验算上述结果的正确性，即（410.2 × 6.236 + 1609.1）kN·m = 4167.1kN·m ≈ 4167.8kN·m。

地震作用在各抗震墙和框架梁、柱中产生的内力应和重力荷载代表值引起的内力进行组合，再进行配筋计算，此处计算从略。

思 考 题

5-1 砌体结构房屋的常见震害有哪些？出现这些震害的原因是什么？

5-2 砌体结构房屋抗震设计的一般规定有哪些？

5-3 砌体结构房屋的结构体系应符合哪些要求？

5-4 在多层砌体结构房屋抗震设计中，楼层地震剪力在墙体间应如何分配？

5-5 底部框架-抗震墙房屋的结构布置应满足哪些要求？

5-6 在底部框架-抗震墙房屋中，底部框架-抗震墙层的地震剪力为什么要进行调整，是如何调整的？

5-7 圈梁和构造柱在多层砌体房屋抗震中的作用是什么？

第 6 章
多层及高层钢结构房屋抗震设计

6.1 多层及高层钢结构房屋的特点

多层及高层建筑是近代经济发展和科学进步的产物。多层及高层建筑钢结构的发展已有100多年的历史。世界上第一幢高层钢结构是美国芝加哥的家庭保险公司大楼（10层，高55m），建于1884年。20世纪开始，高层钢结构建筑在美国大量建成，最具代表性的几幢高层钢结构如102层、高381m的纽约帝国大厦，原110层、高412m的世界贸易中心以及110层、高443m的芝加哥西尔斯大厦等（图6-1），均为当时世界最高建筑。

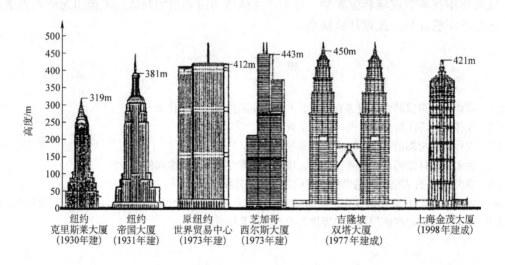

图6-1 几幢高层建筑钢结构

钢结构在我国最初主要应用于厂房、屋盖、平台等工业建筑中，直到20世纪80年代初期才开始大规模地应用于民用建筑中。但最近二十多年民用建筑钢结构在我国发展迅速，特别是在20世纪80年代中期至90年代中期曾在我国掀起了建设高层钢结构建筑的热潮。我国现代高层建筑钢结构自20世纪80年代中期起步，第一幢高层建筑钢结构为43层、高165m的深圳发展中心大厦。此后，在北京、上海、深圳、大连等地又陆续有高层钢结构建筑建成。较具代表性的如52层、高208m的北京京广中心，81层、高325m的深圳地王大厦，44层、高144m的上海希尔顿饭店以及91层、高421m的金茂大厦（图6-2）等。1998

年底，我国正式颁布了 JGJ 99—1998《高层民用建筑钢结构技术规程》，为我国高层建筑钢结构的健康发展奠定了基础。

多层及高层建筑采用钢结构具有良好的综合经济效益和力学性能，其特点主要表现在：

1）自重轻——钢材的抗拉、抗压、抗剪强度高，因而钢结构构件结构断面小、自重轻。采用钢结构承重骨架，可比钢筋混凝土结构减轻自重约 1/3 以上。结构自重轻，可以减少运输和吊装费用，基础的负载也相应减少，在地质条件较差地区，可以降低基础造价。

2）抗震性能好——钢材良好的弹塑性性能，可使承重骨架及节点等在地震作用下具有良好的延性。此外，钢结构自重轻也可显著减少地震作用，一般情况下，地震作用可减少 40% 左右。

图 6-2 金茂大厦

3）有效使用面积高——建筑钢结构的结构断面小，因而结构占地面积小，同时还可适当降低建筑层高。与同类钢筋混凝土高层结构相比，可相应增加建筑使用面积约 4%。

4）建造速度快——建筑钢结构的构件一般在工厂制造，现场安装，因而可提供较宽敞的现场施工作业面。钢梁和钢柱的安装、钢筋混凝土核心筒的浇筑以及组合楼盖的施工等可实施平行立体交叉作业，与同类钢筋混凝土高层结构相比，一般可缩短建设周期约 1/4 ~ 1/3。

5）防火性能差——不加耐火防护的钢结构构件，其平均耐火时限约 15min 左右，明显低于钢筋混凝土结构。故当有防火要求时，钢构件表面必须用专门的防火涂料防护，以满足高层建筑防火规范的要求。

在这二十多年中，钢结构的结构体系也呈多样化发展，纯框架结构、框架中心支撑结构、框架偏心支撑结构、框架抗震墙结构、筒中筒结构、带加强层的框筒结构以及巨型框架结构等各种类型的钢结构建筑物都相继在我国建成。与之相适应的，我国的钢铁工业在这些年中也得到了迅猛的发展，钢材的品种、产量以及型钢的规格都大大地丰富了。近些年来，钢框架-混凝土核心筒结构在我国应用较多，它主要由混凝土核心筒来承担地震作用。这种结构形式在美国地震区不被采用，日本将其列为特种结构，在工程中应用首先要经日本建筑中心评定和建设大臣批准，目前很少采用。同时，由于国内对其的抗震性能也尚缺乏系统的研究，故我国抗震规范的修订暂未列入这种结构形式的内容。

6.2 多层及高层钢结构房屋的抗震性能

6.2.1 纯钢框架结构的抗震性能

纯钢框架结构体系早在 19 世纪末就已出现，它是高层建筑中最早出现的结构体系。这种结构平面布置灵活，可为建筑提供较大的室内空间，且结构的整体刚度比较均匀，构造简单，制作安装方便；同时在大震作用下，结构具有较大的延性和一定的耗能能力——其耗能能力主要是通过梁端塑性弯曲铰的非弹性变形来实现的。但是这种结构形式在弹性状况下的抗侧刚度较小，主要取决于组成框架的柱和梁的抗弯刚度。在水平力作用下，当楼层较少时，结构的侧向变形主要是剪切变形，即由框架柱的弯曲变形和节点转角所引起的；当层数较多时，结构的侧向变形则除了由框架柱的弯曲变形和节点转角造成外，框架柱的轴向变形所造成的结构整体弯曲而引起的侧移随着结构层数的增多也越来越大。由此可以看出，纯框架结构的抗侧移能力主要决定于框架柱和梁的抗弯能力，当层数较多时要提高结构的抗侧移刚度只有加大梁和柱的截面。截面大，就会使框架失去其经济合理性，由于侧向位移大，易引起非结构构件的破坏，故其主要适用于三十层以下的钢结构房屋。

6.2.2 钢框架-支撑（抗震墙板）结构的抗震性能

由于纯框架结构是靠梁柱的抗弯刚度来抵抗水平地震作用的，因而不能有效利用构件的强度，当层数较多时，就很不经济。因此，当建筑物超过三十层或纯框架结构在风荷载或地震作用下的侧移不符合要求时，往往在纯框架结构中再加上抗侧移构件，即构成了钢框架-抗侧移结构体系。根据抗侧移构件的不同，这种体系又可分为框架-支撑结构体系（中心支撑和偏心支撑）和框架-抗震墙板结构体系。

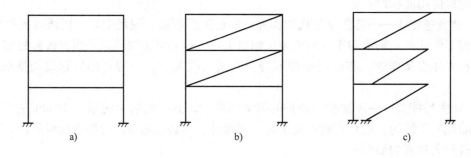

图6-3 几种不同的框架形式

a）纯框架 b）中心支撑框架 c）偏心支撑框架

1. 框架-支撑结构体系（中心支撑和偏心支撑）

框架-支撑结构就是在框架的一跨或几跨沿竖向布置支撑而构成，其中支撑桁架部分起着类似于框架-剪力墙结构中剪力墙的作用。在水平力作用下，支撑桁架部分中的支撑构件只承受拉、压轴向力，这种结构形式无论是从强度或变形的角度看，都十分有效。与纯框架结构相比，这种结构形式大大提高了结构的抗侧移刚度。就钢支撑的布置而言，可分为中心支撑和偏心支撑两大类，如图6-3所示。中心支撑框架是指支撑的两端都直接连接在梁柱节点上，而偏心支撑就是支撑至少有一端偏离了梁柱节点，而是直接连在梁上，则支撑与柱之间的一段梁即为消能梁段。中心支撑框架体系在大震作用下支撑易屈曲失稳，造成刚度及耗能能力急剧下降，直接影响结构的整体性能；但其在小震作用下抗侧移刚度很大，构造相对简单，实际工程应用较多，我国很多的实际钢结构工程都采用了这种结构形式。偏心支撑框架结构是一种新型的结构形式，它较好地结合了纯框架和中心支撑框架两者的长处，与纯框架相比，它每层加有支撑，具有更大的抗侧移刚度及极限承载力。与中心支撑框架相比，它在支撑的一端有消能梁段，在大震作用下，消能梁段在巨大剪力作用下，先发生剪切屈服，从而保证支撑的稳定，使得结构的延性好，滞回环稳定，具有良好的耗能能力。近年来，在美国的高烈度地震区，已有数十栋高层建筑采用其作为主要抗震结构，我国北京工商银行总行也采用了这种结构体系。

2. 框架-抗震墙板结构体系

这里的抗震墙板包括钢筋混凝土带竖缝墙板、内藏钢支撑混凝土墙板和钢抗震墙板等。带竖缝墙板最早是由日本在 20 世纪 60 年代研制的，并成功应用到日本第一栋高层建筑钢结构——霞关大厦。这种带竖缝墙板就是通过在钢筋混凝土墙板中按一定间距设置竖缝而形成的，同时在竖缝中设置了两块重叠的石棉纤维作隔板，这样既不妨碍竖缝剪切变形，还能起到隔声等作用。它在小震作用下处于弹性，刚度较大；在大震作用下即进入塑性状态，能吸收大量的地震能量并保证其承载力。北京的京广中心大厦的结构体系采用的就是这种带竖缝墙板的钢框架-抗震墙板结构。内藏钢板支撑剪力墙构件就是一种以钢板为基本支撑、外包钢筋混凝土墙板的预制构件，它只在支撑节点处与钢框架相连，而且混凝土墙板与框架梁柱之间留有间隙，因此实际上仍然是一种支撑。钢抗震墙板就是一种用钢板或带有加劲肋的钢板制成的墙板，这种构件在我国应用很少。

6.2.3　筒体结构的抗震性能

筒体结构体系是在超高层建筑中应用较多的一种，按筒体的位置、数量等分为框筒、筒中筒、带加强层的筒体和束筒等几种结构体系。

1. 钢框架-核心筒结构体系

钢框架-核心筒结构体系将抗剪结构作成四周封闭的核心筒，用以承受全部或大部分水平荷载和扭转荷载。外围框架可以是铰接钢结构或钢骨混凝土结构，主要承受自身的重力荷载，也可设计成抗弯框架，承担一部分水平荷载。核心筒的布置随建筑的面积和用途不同而有很大的变化，它可以是设于建筑物核心的单筒，也可以是几个独立的筒位于不同的位置上。

2. 筒中筒结构体系

筒中筒结构体系就是集外围框筒和核心筒于一体的结构形式，其外围多为密柱深梁的钢框筒，核心为钢结构构成的筒体。内、外筒通过楼板而连接成一个整体，大大提高了结构的总体刚度，可以有效地抵抗水平外力。与钢框架-核心筒结构体系相比，由于外围框架筒的存在，整体刚度远大于它；与外框筒结构体系相比，由于核心内筒参与抵抗水平外力，不仅提高结构抗侧移刚度，还可使得框筒结构的剪力滞后现象得到改善。这种结构体系在工程中应用较多，建于 1989 年的 39 层高 155m 的北京国贸中心大厦就采用了全钢筒中筒结构体系。

3. 带加强层的筒体结构体系

对于钢框架-核心筒结构，其外围柱与中间的核心筒仅通过跨度较大的连系梁连接。这时结构在水平地震作用下，外围框架柱不能与核心筒共同形成一个有效的抗侧力整体。从而使得核心筒几乎独自抗弯，外围柱的轴向刚度不能很好地利用，致使结构的抗侧移刚度有限，建筑物高度也受到限制。带水平加强层的筒体结构体系就是通过在技术层（设备层、避难层）设置刚度而形成的反弯矩来减少内筒体的倾覆力矩，从而达到减少结构在水平荷载作用下的侧移。由于外围框架梁的竖向刚度有限，不足以让未与水平加强层直接相连的其他周边柱子参与结构的整体抗弯，一般在水平加强层的楼层沿结构周边外圈还要设置周边环带桁架。设置水平加强层后，抗侧移效果显著，顶点侧移可减少约20%左右。

4. 束筒结构体系

束筒结构就是将多个单元框架筒体相连在一起而组成的组合筒体，是一种抗侧刚度很大的结构形式。这些单元筒体本身就有很高的强度，它们可以在平面和立面上组合成各种形状，并且各个筒体可终止于不同高度。既可使建筑物形成丰富的立面效果，而又不增加其结构的复杂性。位于芝加哥的110层、高443m的芝加哥西尔斯大厦所采用的就是这种结构形式。

6.2.4　巨型结构的抗震性能

巨型结构体系是一种新型的超高层建筑结构体系，它的提出起源于20世纪60年代末，是由梁式转换楼层结构发展而形成的。巨型结构又称超级结构体系，是由不同于通常梁柱概念的大型构件——巨型梁和巨型柱组成的简单而巨型的主结构和由常规结构构件组成的次结构共同工作的一种结构体系。主结构中巨型构件的截面尺寸通常很大，其中巨型柱的尺寸常超过一个普通框架的柱间距，形式上可以是巨大的实腹钢骨混凝土柱、空间格构式桁架或筒体；巨型梁大多数采用的是高度在一层以上的平面或空间格构式桁架，一般若干层才设置一道。在主结构中，有时也设置跨越好几层的支撑或斜向布置剪力墙。

巨型钢结构的主结构通常为主要的抗侧力体系，承受全部的水平荷载和次结构传来的各种荷载；次结构承担竖向荷载，并负责将力传给主结构。巨型结构体系从结构角度看是一种超常规的具有巨大抗侧移刚度及整体工作性能的大型结构，可以很好地发挥材料的性能，是一种非常合理的超高层结构形式；从建筑物角度出发，它的提出既可满足建筑师丰富建筑平立面的愿望，又可实现建筑师对大空间的需求。

巨型结构按其主要受力体系可分为：巨型桁架（包括筒体）、巨型框架、巨型悬挂结构和巨型分离式筒体四种基本类型。而且由上述四种基本类型和其他常规体系还可组合出许多种其他性能优越的巨型钢结构体系。由于这种新型的结构形式具有良好的建筑适应性和潜在的高效结构性能，正越来越引起国际建筑业的关注。近年来巨型结构在我国已取得了进展，其中比较典型的有1990年建成的70层高369m的香港中国银行大厦。

6.3　多层及高层钢结构房屋的震害

钢结构自从其诞生之日起就被认为具有卓越的抗震性能，它在历次的地震中也经受了考验，很少发生整体破坏或坍塌现象。但是在1994年美国洛杉矶大地震和1995年日本阪神大地震中，钢结构出现了大量的局部破坏（如梁柱节点破坏、柱子脆性断裂、腹板裂缝和翼缘屈曲等），甚至在日本阪神地震中发生了钢结构建筑整个中间楼层被震塌的现象。根据钢结构在地震中的破坏特征，将结构的破坏形式分为以下几类。

6.3.1　多层钢结构底层或中间某层的整层坍塌

在以往的地震中，钢结构建筑很少发生整层坍塌的破坏现象。而在1995年阪神特大地震中，不仅许多多层钢结构在首层发生了整体破坏，还有不少多层钢结构在中间层发生了整体破坏。究其原因，主要是楼层屈服强度系数沿高度分布不均匀，造成了结构薄弱层的形成。

6.3.2　梁、柱、支撑等构件的破坏

在以往所有的地震中，梁柱构件的局部破坏都较多。对于框架来说，主要有翼缘的屈曲，拼接处的裂缝，节点焊缝处裂缝引起的柱翼缘层状撕裂，甚至框架柱的脆性断裂，如图 6-4 所示。对于框架梁而言，主要有翼缘屈曲、腹板屈曲和裂缝、截面扭转屈曲等等破坏形式，如图 6-5 所示。支撑的破坏形式主要就是轴向受压失稳。

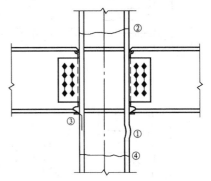

图 6-4　框架柱的主要破坏形式
①—翼缘屈曲　②—拼接处的裂缝
③—柱翼缘的层状撕裂　④—柱的脆性断裂

6.3.3　节点域的破坏形式

节点域的破坏形式比较复杂，主要有加劲板的屈曲和开裂、加劲板焊缝出现裂缝、腹板的屈曲和裂缝，如图 6-6 所示。

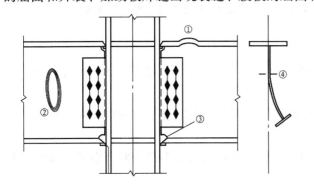

图 6-5　框架梁的主要破坏形式
①—翼缘屈曲　②—腹板屈曲
③—腹板裂缝　④—截面扭转屈曲

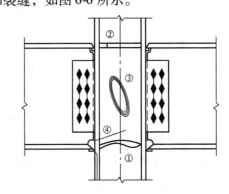

图 6-6　节点域的主要破坏形式
①—加劲板屈曲　②—加劲板开裂
③—腹板屈曲　④—腹板开裂

6.3.4　节点的破坏形式

节点破坏是地震中发生最多的一种破坏形式，尤其是 1994 年美国洛杉矶大地震和 1995 年日本阪神大地震中，钢框架梁-柱连接节点遭受广泛的严重破坏。这些地震中的梁柱节点脆性破坏，主要出现在梁柱节点的下翼缘，上翼缘的破坏要相对少很多。根据在现场观察到的梁柱节点破坏，将节点的破坏模式分为 8 类（图 6-7）。图 6-7a、b 所示的节点破坏形式为 1994 年美国洛杉矶大地震中梁柱节点破坏最多的形式，即裂缝在梁下翼缘焊缝中扩展，甚至梁下翼缘焊缝与柱翼缘完全脱离开来；图 6-7c、d 为另两种发生较多的梁柱节点破坏模式，即裂缝从梁下翼缘垫板与柱交界处开始，然后向柱翼缘中扩展，甚至很多情况下撕下一部分柱翼缘母材。其实这些梁柱节点脆性破坏曾在试验室试验中多次出现，只是当时都没有引起人们的重视。在地震中另一种节点破坏就是柱底板的破裂以及其锚栓、钢筋混凝土墩的破坏。

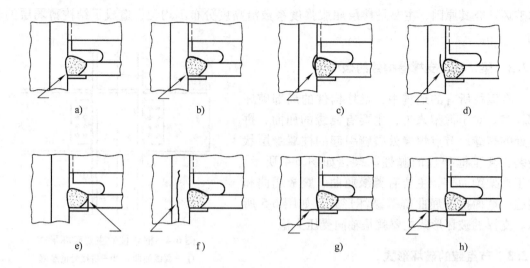

图 6-7 梁柱节点的主要破坏形式

a）焊缝与柱翼缘完全撕裂 b）焊缝与柱翼缘部分撕裂 c）柱翼缘完全撕裂 d）柱翼缘部分撕裂

e）焊趾处翼缘断裂 f）柱翼缘层状撕裂 g）柱翼缘断裂 h）柱翼缘和腹板部分断裂

6.3.5 震害原因分析

根据对上述多层及高层钢结构房屋的震害特征的分析，总结其破坏原因，主要有如下几点：

1）结构的层屈服强度系数和抗侧刚度沿高度分布不均匀造成了底层或中间某层形成薄弱层，从而发生薄弱层的整体破坏现象。

2）构件的截面尺寸和局部构造如长细比、板件宽厚比设计不合理时，造成了构件的脆性断裂、屈曲和局部的破裂等。

3）焊缝尺寸设计不合理或施工质量不过关造成许多焊缝处都出现了裂缝的破坏。

4）梁柱节点的设计、构造以及焊缝质量等方面的原因造成了大量的梁柱节点脆性破坏。

为了预防以上震害的出现，多层及高层钢结构房屋抗震设计应符合以下几节中的一些规定和抗震构造措施。

6.4 多层及高层钢结构房屋抗震设计的一般规定

6.4.1 结构平、立面布置以及防震缝的设置

与其他类型的建筑结构一样，多层及高层钢结构房屋的平面布置宜简单、规则和对称，并应具有良好的整体性；建筑的立面和竖向剖面宜规则，结构的抗侧刚度宜均匀变化，竖向抗侧力构件的截面尺寸和材料强度宜自下而上逐渐减小，避免抗侧力结构的侧向刚度和承载力突变。钢结构房屋应尽量避免采用不规则结构。

多层及高层钢结构房屋一般不宜设防震缝，薄弱部位应采取措施提高抗震能力。当结构

体型复杂、平立面特别不规则，必须设置防震缝时，可按实际需要在适当部位设置防震缝，形成多个较规则的抗侧力结构单元，防震缝缝宽应不小于相应钢筋混凝土结构房屋的 1.5 倍。

6.4.2 各种不同结构体系的多层及高层钢结构房屋适用的高度和最大高宽比

表 6-1 所列为《规范》规定的各种不同结构体系多层和高层钢结构房屋的最大适用高度，如某工程设计高度超过表中所列的限值时，应按住房和城乡建设部的规定进行超限审查。表 6-1 中所列的各项取值是在研究各种结构体系的结构性能和造价的基础之上，按照安全性和经济性的原则确定的。纯钢框架结构有较好的抗震能力，即在大震作用下具有很好的延性和耗能能力，但在弹性状态下抗侧刚度相对较小。研究表明，对 6、7 度设防和非设防的结构，即水平地震作用相对较小的结构，最大经济层数是 30 层约 110m，则此时《规范》规定最大高度不应超过 110m。对于 8、9 度设防的结构，地震作用相对较大，层数应适当减小。参考已建的北京长富宫中心饭店（纯钢框架结构、8 度设防、26 层高 94m）等建筑，8 度设防的纯框架结构最大适用高度设为 90m，9 度设防的纯钢框架结构最大的适用高度设为 50m。框架-支撑（延性墙板）结构是在纯框架结构基础上增加了支撑或带竖缝墙板等抗侧移构件，从而提高了结构的整体刚度和抗侧移能力，即这种结构体系可以建得更高。同时参考已建的北京京城大厦（框架-抗震墙板结构、8 度设防、52 层高 183.5m）、北京京广中心（框架-抗震墙板结构、8 度设防、52 层高 208m）等建筑，《规范》规定 8 度设防的结构，最大适用高度为 200m；对 6、7 度地区和非设防地区适当放宽，定为 220m；9 度地区适当减小，定为 160m。筒体结构在超高层建筑中应用较多，也是建筑物高度最高的一种结构形式，世界上最高的建筑物大多采用筒体。由于我国在超高层建筑方面的研究和经验不多，故参考国内外已建工程，《规范》将筒体结构在 6、7 度地区的最大适用高度定为 300m。8、9 度地区适当减少，其中 8 度定为 260m，9 度定为 180m。

表 6-1 钢结构房屋适用的最大高度 （单位：m）

结构类型	6、7 度 (0.10g)	7 度 (0.15g)	8 度		9 度 (0.40g)
			(0.20g)	(0.30g)	
框架	110	90	90	70	50
框架-中心支撑	220	200	180	150	120
框架-偏心支撑（延性墙板）	240	220	200	180	160
筒体（框筒、筒中筒、桁架筒、束筒）和巨型框架	300	280	260	240	180

注：1. 房屋高度指室外地面到主要屋面板板顶的高度（不包括局部凸出屋顶部分）。

2. 超过表内高度的房屋，应进行专门研究和论证，采取有效的加强措施。

3. 表内的筒体不包括混凝土筒。

表 6-2 所列为钢结构民用房屋适用的最大高宽比。由于对各种结构体系的合理最大高宽比缺乏系统的研究，故《规范》主要从高宽比对舒适度的影响以及参考国内外已建实际工程的高宽比确定。由于原纽约世界贸易中心的高宽比是 6.5，其值较大并具有一定的代表性，其他建筑的高宽比很少有超过此值的。故《规范》将 6、7 度地区的钢结构建筑物的高宽比最大值定为 6.5，8、9 度地区适当缩小，分别为 6.0 和 5.5。由于缺乏对各种结构形式

钢结构的合理高宽比最大值进行系统研究，故在《规范》中不同结构形式采用统一值。

表6-2 钢结构民用房屋适用的最大高宽比

烈度	6、7度	8度	9度
最大高宽比	6.5	6.0	5.5

注：计算高宽比的高度从室外地面算起。塔形建筑的底部有大底盘时，高宽比可按大底盘以上计算。

钢结构房屋应根据设防分类、烈度和房屋高度采用不同的抗震等级，并应符合相应的计算和构造要求。丙类建筑的抗震等级应按表6-3确定。

表6-3 钢结构房屋的抗震等级

房屋高度	烈度			
	6度	7度	8度	9度
≤50m		四	三	二
>50m	四	三	二	一

注：1. 高度接近或等于高度分界时，应允许结合房屋不规则程度和场地、地基条件确定抗震等级。

2. 一般情况，构件的抗震等级应与结构相同；当某个部位各构件的承载力均满足两倍地震作用组合下的内力要求时，7～9度的构件抗震等级应允许按降低一度确定。

6.4.3 框架-支撑结构的支撑布置原则

在框架结构中增加中心支撑和偏心支撑等抗侧力构件时，应遵循抗侧力刚度中心与水平地震作用合力接近重合的原则，即支撑框架在两个方向的布置均宜基本对称，同时支撑框架之间楼盖的长宽比不宜大于3，以保证抗侧刚度沿长度方向分布均匀。

抗震等级为三、四级且高度不大于50m的钢结构宜采用中心支撑，也可采用偏心支撑、屈曲约束支撑等消能支撑。抗震等级为一、二级的钢结构房屋，宜设置偏心支撑、带竖缝钢筋混凝土抗震墙板、内藏钢支撑钢筋混凝土墙板、屈曲约束支撑等消能支撑或筒体。

中心支撑框架在小震作用下具有较大的抗侧刚度，同时构造简单；但是在大震作用下，支撑易受压失稳，造成刚度和耗能能力的急剧下降。偏心支撑在小震作用下具有与中心支撑相当的抗侧刚度，在大震作用下还具有与纯框架相当的延性和耗能能力，但构造相对复杂。所以对于不超过12层的钢结构，即地震力相对较小的结构可以采用中心支撑框架，有条件时可以采用偏心支撑的消能支撑。超过12层的钢结构宜采用偏心支撑框架。

多层及高层钢结构的中心支撑框架宜采用交叉支撑，也可采用人字支撑或单斜杆支撑，不宜采用K形支撑，如图6-8所示。因为K形支撑在地震作用下可能因受压斜杆屈曲或受拉斜杆屈服，引起较大的侧移使柱发生屈曲甚至倒塌，故抗震设计中不宜采用。当中心支撑采用只能受拉的单斜杆体系时，应同时设置不同倾斜方向的两组支撑，且每组中不同方向单斜杆的截面面积在水平方向的投影面积之差不应大于10%，以保证结构在两个方向具有基本一致的抗侧能力。对于不超过12层的钢结构可优先采用交叉支撑，按拉杆设计，相对经济。在中心支撑的具体布置时，其轴线宜交汇于梁柱构件轴线的交点，确有困难时偏离交点的偏心距不应超过支撑杆件宽度，并应计入由此产生的附加弯矩。

偏心支撑框架根据其支撑的设置情况分为D、K和V形（图6-9）。无论采用何种形式的偏心支撑框架，每根支撑应至少有一端偏离梁柱节点，而直接与框架梁连接，则梁支撑节点与梁柱节点之间的梁段或梁支撑节点与另一梁支撑节点之间的梁段即为消能梁段。偏心支

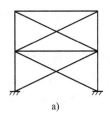 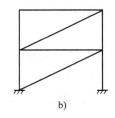 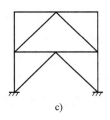 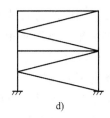

图 6-8　中心支撑类型

a) 交叉支撑　b) 单斜杆支撑　c) 人字支撑　d) K 形支撑

撑框架体系的性能很大程度上取决于消能梁段，消能连梁不同于普通的梁，其跨度小、高跨比大，同时承受较大的剪力和弯矩。其屈服形式、剪力和弯矩的相互关系以及屈服后的性能均较复杂。采用屈曲约束支撑时宜采用人字形支撑、成对布置的单斜杆支撑等形式，不应采用 K 形或 X 形，支撑与柱的夹角宜为 35°～55°。屈曲约束支撑受压时，其设计参数、性能检验和作为一种消能部件的计算方法可按相关要求设计。

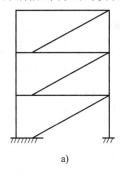 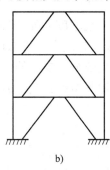 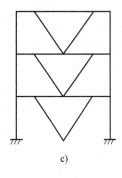

图 6-9　偏心支撑类型

a) D 形偏心支撑　b) K 形偏心支撑　c) V 形偏心支撑

6.4.4　多层及高层钢结构房屋中的楼盖形式

在多层及高层钢结构中，楼盖的工程量占很大的比重，其对结构的整体工作、使用性能、造价及施工速度等方面都有着重要的影响。设计中确定楼盖形式时，主要考虑以下几点：①保证楼盖有足够的平面整体刚度，使得结构各抗侧力构件在水平地震作用下具有相同的侧移；②较轻的楼盖结构自重和较低的楼盖结构高度；③有利于现场快速施工和安装；④较好的防火、隔声性能，便于敷设动力、设备及通信等管线设施。

目前，楼板的做法主要有压型钢板现浇钢筋混凝土组合楼板、装配整体式预制钢筋混凝土楼板、装配式预制钢筋混凝土楼板、普通现浇钢筋混凝土楼板或其他楼板。从性能上比较，压型钢板现浇钢筋混凝土组合楼板和普通现浇钢筋混凝土楼板的平面整体刚度更好；从施工速度上比较，压型钢板现浇钢筋混凝土组合楼板、装配整体式预制钢筋混凝土楼板和装配式预制钢筋混凝土楼板都较快；从造价上比较，压型钢板现浇钢筋混凝土组合楼板也相对较高。

综合比较以上各种因素，《规范》建议多高层钢结构宜采用压型钢板现浇钢筋混凝土组合楼板，因为当压型钢板现浇钢筋混凝土组合楼板与钢梁有可靠连接时，具有很好的平面整体刚度，同时不需要现浇模板，提高了施工速度。《规范》规定，对 6、7 度时不超过 50m 的钢结构，尚可采用装配整体式钢筋混凝土楼板，也可采用装配式楼板或其他轻型楼盖；但应将楼板预埋件与钢梁焊接，或采取其他保证楼盖整体性的措施。对转换层楼盖或楼板有大洞口等情况，必要时可设置水平支撑。

具体设计和施工中，当采用压型钢板钢筋混凝土组合楼板或现浇钢筋混凝土楼板时，应与钢梁有可靠连接；当采用装配式、装配整体式或轻型楼板时，应将楼板预埋件与钢梁焊接，或采取其他保证楼盖整体性的措施。必要时，在楼盖的安装过程中要设置一些临时支撑，待楼盖全部安装完成后再拆除。

6.4.5　多层及高层钢结构房屋的地下室

《规范》规定，超过50m的钢结构房屋应设置地下室。当设置地下室时，其基础形式也应根据上部结构及地下室情况、工程地质条件、施工条件等因素综合考虑确定。地下室和基础作为上部结构的锚伸部分，应具有可靠的埋置深度和足够的承载力及刚度。《规范》规定，当采用天然地基时，其基础埋置深度不宜小于房屋总高度的1/15；当采用桩基时，桩承台埋置深度不宜小于房屋总高度的1/20。

钢结构房屋设置地下室时，为了增强刚度并便于连接构造，框架-支撑（抗震墙板）结构中竖向连续布置的支撑（抗震墙板）应延伸至基础；钢框架柱应至少延伸至地下一层，其竖向荷载应直接传至基础。在地下室部分，支撑的位置不可因建筑方面的要求而在地下室移动位置。但是，当钢结构的底部或地下室设置钢骨混凝土结构层，为增加抗侧刚度、构造等方面的协调性时，可将地下室部分的支撑改为混凝土抗震墙。该抗震墙是否由钢支撑外包混凝土构成还是采用混凝土墙，由设计确定。

是否在高层结构的下部或地下室设置钢骨混凝土结构层，各国的观点不一样。日本认为在下部或地下室设置钢骨混凝土结构层时，可以使内力传递平稳，保持柱脚的嵌固性，增加建筑底部刚性、整体性和抗倾覆稳定性。而美国无此要求，故我国规范对此不作规定。

6.5　多层及高层钢结构房屋的抗震计算

6.5.1　地震作用

1. 计算模型

多高层钢结构房屋的计算模型，当结构布置规则、质量及刚度沿高度分布均匀、不计扭转效应时，可采用平面结构计算模型；当结构平面或立面不规则、体形复杂、无法划分成平面抗侧力单元的结构，或为筒体结构等时，应采用空间结构计算模型。

地震作用计算中有关重力荷载代表值的计算方法、地震作用的计算内容以及地震作用的计算方法等请参考本书第3章的具体论述。

2. 抗侧力构件的模拟

在框架-支撑（抗震墙板）结构的计算分析中，其计算模型中部分构件单元模型可做适当的简化。支撑斜杆构件的两端连接节点虽然按刚接设计，但在大量分析中发现，支撑构件两端承担的弯矩很小，计算模型中支撑构件可按两端铰接模拟。内藏钢支撑钢筋混凝土墙板构件是以钢板为基本支撑，外包钢筋混凝土墙板的预制构件。它只在支撑节点处与钢框架相连，而且混凝土墙板与框架梁柱间留有间隙，因此实际上仍是一种支撑，则计算模型中可按支撑构件模拟。对于带竖缝混凝土抗震墙板，可按只承受水平荷载产生的剪力、不承受竖向荷载产生的压力来模拟。

3. 阻尼比的取值

阻尼比是计算地震作用必不可少的一个重要参数。实测表明，多层和高层钢结构房屋的阻尼比小于钢筋混凝土结构的阻尼比；同时 ISO 规定，低层建筑阻尼比大于高层建筑阻尼比。在此基础之上《规范》规定：

1）在多遇地震下的计算，高度不大于 50m 时阻尼比可取 0.04；高度大于 50m 且小于 200m 时可取 0.03；高度不小于 200m 时宜取 0.02。

2）当偏心支撑框架部分承担的地震倾覆力矩大于结构总地震倾覆力矩的 50% 时，其阻尼比可比第 1）条相应增加 0.005。

3）在罕遇地震下的弹塑性分析，阻尼比可取 0.05。

4. 重力二阶效应的考虑方法

由于钢结构的抗侧刚度相对较弱，随着建筑物高度的增加，重力二阶效应的影响也越来越大。《规范》规定，当结构在地震作用下的重力附加弯矩与初始弯矩之比符合式（6-1）时，应计入重力二阶效应的影响。重力附加弯矩指任一楼层以上全部重力荷载与该楼层地震平均层间位移的乘积；初始弯矩指该楼层地震剪力与楼层层高的乘积。

$$\theta_i = \frac{M_{ai}}{M_{oi}} = \frac{\sum\limits_{j=i}^{n} G_j \cdot \Delta u_i}{V_i h_i} > 0.1 \tag{6-1}$$

式中　θ_i——第 i 层的重力附加弯矩与初始弯矩比值；

M_{ai}、M_{oi}——第 i 层的重力附加弯矩及初始弯矩；

　G_j——第 j 层的重力荷载（$j = i, i+1, \cdots, n$）；

　Δu_i——第 i 层的地震平均层间位移；

　V_i、h_i——第 i 层的地震剪力及楼层层高。

对于重力二阶效应的影响，准确的计算方法就是在计算模型中所有的构件都应考虑几何刚度；当在弹性分析时，可以用一种简化方法来近似地计算，就是将所有构件的地震效应乘一个增大系数，这个增大系数可近似取为 $1/(1-\theta)$。

6.5.2　抗震设计的验算内容以及作用效应的组合方法

1. 验算内容

多层及高层钢结构房屋的抗震设计，也是采用两阶段设计法。第一阶段为多遇地震作用下的弹性分析，验算构件的承载力和稳定以及结构的层间侧移；第二阶段为罕遇地震下的弹塑性分析，验算结构的层间侧移。

第一阶段抗震设计的地震作用效应采用有关章节所述的方法计算。多层及高层钢结构房屋的第二阶段抗震设计的弹塑性变形计算可采用静力弹塑性分析方法（如 Push-over 方法）或弹塑性时程分析（如 DRAIN-2D 程序）；其计算模型，对规则结构可采用弯剪型层模型或平面杆系模型等，不规则结构采用空间结构模型。

2. 作用效应组合方法

无论是结构构件的内力还是结构的变形，两阶段设计时都要考虑地震作用效应和其他荷载效应（如重力荷载效应、风荷载效应等）的组合，区别在于两者的组合系数不一样。结构两阶段设计时的地震作用效应和其他荷载效应的组合方法，详见本书第4章。

6.5.3　钢结构节点域对侧移的影响以及结构在地震作用下的变形验算

1. 节点域对结构侧移的影响

在多层及高层钢结构中，是否考虑梁柱节点域剪切变形对层间位移的影响要根据结构形式、框架的截面形式以及结构的层数、高度而定。研究表明，节点域剪切变形对框架-支撑体系影响较小，对钢框架结构体系影响相对较大。而在纯钢框架结构体系中，当采用工字形截面柱且层数较多时，节点域的剪切变形对框架位移很小，不到1%，可忽略不计，则《规范》规定，对工字形截面柱宜计入梁柱带点域剪切变形，框架位移影响较大，可达10%～20%。当采用箱形柱或层数较小时，节点域的剪切变形对框架位移影响很小，不到1%，可忽略不计，则《规范》规定，对工字形截面柱，宜计入梁柱节点域剪切形对结构侧移的影响；对箱形柱框架、中心支撑框架和不超过50m的钢结构，其层间位移计算可不计入梁柱节点域剪切变形的影响，近似按框架轴线进行分析。

2. 多遇地震作用变形验算

多层及高层钢结构的抗震变形验算，可按多遇地震和罕遇地震两个阶段分别验算。首先，所有的钢结构都要进行多遇地震作用下的抗震变形验算，并且弹性层间位移角限值取1/250，即楼层内最大的弹性层间位移应符合下式要求

$$\Delta u_e \le h/250 \tag{6-2}$$

式中　Δu_e——多遇地震作用标准值产生的楼层内最大弹性层间位移；

　　　h——计算楼层层高。

3. 罕遇地震作用变形验算

结构在罕遇地震作用下薄弱层的弹塑性变形验算，《规范》规定，高度超过150m的钢结构必须进行验算；高度不大于150m的钢结构，宜进行弹塑性变形验算。《规范》同时规定，多层及高层钢结构的弹塑性层间位移角限值取1/50，即楼层内最大的弹塑性层间位移应符合下式要求

$$\Delta u_p \le h/50 \tag{6-3}$$

式中　Δu_p——多遇地震作用标准值产生的楼层内最大弹塑性层间位移；

　　　h——计算楼层层高。

6.5.4　钢结构在地震作用下的内力调整

为了体现钢结构抗震设计中多道设防、强柱弱梁原则以及保证结构在大震作用下按照理想的屈服形式屈服，抗震规范通过调整结构中不同部分的地震效应或不同构件的内力设计值，即乘以一个地震作用调整系数或内力增大系数来实现。

1. 结构不同部分的剪力分配

抗震设计的一条原则是多道设防，对于框架-支撑结构这种双重抗侧力体系结构，不但要求支撑、内藏钢支撑钢筋混凝土墙板等这些抗侧力构件具有一定的刚度和强度，还要求框

架部分具有一定独立的抗侧力能力，以发挥框架部分的二道设防作用。美国 UBC 规定，框架应设计成能独立承担至少 25% 的底部设计剪力。但是在设计中与抗侧力构件组合的情况下，符合该规定较困难。故《规范》在美国 UBC 规定的基础之上又参考了混凝土结构的双重标准，规定：框架-支撑结构的斜杆可按端部铰接杆计算，其框架部分按刚度分配计算得到的地震层剪力应乘以调整系数，达到不小于结构底部总地震剪力的 25% 和框架部分计算最大层剪力 1.8 倍两者的较小值。

2. 框架-中心支撑结构构件内力设计值调整

在钢框架-中心支撑结构中，斜杆轴线偏离梁柱轴线交点不超过支撑杆件的宽度时，仍可按中心支撑框架分析，但应考虑支撑偏离对框架梁造成的附加弯矩。当结构的抗侧力构件采用人字形支撑或 V 形支撑时，支撑的内力设计值应乘以增大系数 1.5。

3. 框架-偏心支撑结构构件内力设计值调整

为了使按塑性设计的偏心支撑框架具有其特有的优良抗震性能，在屈服时按所期望的变形机制变形，即其非弹性变形主要集中在各消能梁段上，设计思想是：在小震作用下，各构件处于弹性状态；在大震作用下，消能梁段纯剪切屈服或同时梁端发生弯曲屈服，其他所有构件除柱底部形成弯曲铰以外其他部位均保持弹性。为了实现上述设计目的，关键要选择合适的消能梁段的长度和梁柱支撑截面，即强柱、强支撑和弱消能梁段。为此《规范》规定，偏心支撑框架构件的内力设计值应通过乘以增大系数进行调整。

1）支撑斜杆的轴力设计值，应取与支撑斜杆相连接的消能梁段达到受剪承载力时支撑斜杆轴力与增大系数的乘积。其增大系数的取值，抗震等级为一级时不应小于 1.4，抗震等级为二级时不应小于 1.3，抗震等级为三级时不应小于 1.2。

2）位于消能梁段同一跨的框架梁内力设计值，应取消能梁段达到受剪承载力时框架梁内力与增大系数的乘积。其增大系数的取值，抗震等级为一级时不应小于 1.3，抗震等级为二级时不应小于 1.2，抗震等级为三级时不应小于 1.1。

3）框架柱的内力设计值，应取消能梁段达到受剪承载力时柱内力与增大系数的乘积。其增大系数的取值，抗震等级为一级时不应小于 1.3，抗震等级为二级时不应小于 1.2，抗震等级为三级时不应小于 1.1。

4. 其他构件的内力调整问题

对框架梁，可不按柱轴线处的内力而按梁端内力设计。钢结构转换层下的钢框架柱，其内力设计值应乘以增大系数，增大系数可采用 1.5。

6.5.5 钢结构构件的承载力验算

《规范》对各种形式钢结构中的一些关键构件或特殊部位的抗震承载能力进行了规定，未作规定者，应符合现行有关结构设计规范的要求。

1. 框架柱的抗震验算

框架柱截面抗震验算包括强度验算以及平面内和平面外的整体稳定性验算，分别按式（6-4）、式（6-5）和式（6-6）进行验算

$$\frac{N}{A_{\mathrm{n}}} + \frac{M_x}{\gamma_x W_{\mathrm{n}x}} + \frac{M_y}{\gamma_y W_{\mathrm{n}y}} \leqslant \frac{f}{\gamma_{\mathrm{RE}}} \tag{6-4}$$

$$\frac{N}{\varphi_x A} + \frac{\beta_{mx} M_x}{\gamma_x W_{lx} (1 - 0.8N/N_{Ex})} \leqslant \frac{f}{\gamma_{RE}} \tag{6-5}$$

$$\frac{N}{\varphi_y A} + \frac{\beta_{tx} M_x}{\varphi_b W_{lx}} \leqslant \frac{f}{\gamma_{RE}} \tag{6-6}$$

式中　N、M_x、M_y——构件的设计轴力和 x 轴、y 轴的弯矩；

A_n、A——构件的净截面和毛截面面积；

γ_x、γ_y——构件截面塑性发展系数，按 GB 50017—2003《钢结构设计规范》的规定取值；

W_{nx}、W_{ny}——构件对 x 轴和 y 轴的净截面抵抗矩；

φ_x、φ_y——弯矩作用平面内和平面外的轴心受压构件稳定系数；

W_{lx}——弯矩作用平面内较大受压纤维的毛截面抵抗矩，按《钢结构设计规范》计算；

β_{mx}、β_{tx}——平面内和平面外的等效弯矩系数，按《钢结构设计规范》的规定取值；

N_{Ex}——构件的欧拉临界力；

φ_b——均匀弯曲的受弯构件的整体稳定系数，按《钢结构设计规范》的规定取值。

f——钢材强度设计值；

γ_{RE}——框架柱承载力抗震调整系数，取 0.75。

2. 框架梁的抗震验算

框架梁抗震验算包括抗弯强度和抗剪强度验算，分别按式（6-7）和式（6-8）验算。同时除了设置刚性铺板情况以外，还要按式（6-9）进行梁的稳定性验算。

$$\frac{M_x}{\gamma_x W_{nx}} \leqslant \frac{f}{\gamma_{RE}} \tag{6-7}$$

$$\tau = \frac{VS}{I t_w} \leqslant \frac{f_v}{\gamma_{RE}} \tag{6-8a}$$

框架梁端部截面的抗剪强度　$\tau = V/A_{wn} \leqslant \dfrac{f_v}{\gamma_{RE}}$ \tag{6-8b}

$$\frac{M_x}{\varphi_b W_x} \leqslant \frac{f}{\gamma_{RE}} \tag{6-9}$$

式中　M_x——梁对 x 轴的弯矩设计值；

W_{nx}、W_x——梁对 x 轴的净截面抵抗矩和毛截面抵抗矩；

V——计算截面沿腹板平面作用的剪力；

A_{wn}——梁端腹板的净截面面积；

γ_x——截面塑性发展系数，按《钢结构设计规范》的规定取值；

γ_{RE}——框架梁承载力抗震调整系数，取 0.75；

I——截面的毛截面惯性矩；

t_w——腹板厚度；

φ_b——梁的整体稳定系数；

f、f_v——钢材的抗压强度设计值和抗弯强度设计值。

3. 中心支撑框架结构中支撑斜杆的受压承载力验算

研究结果表明，支撑斜杆在地震反复拉压作用下承载力要降低，设计中应予以考虑。《规范》中采用了一个与长细比有关的强度降低系数，来考虑承载力的下降。具体设计时支撑斜杆的受压承载力按以下公式验算

$$N/\ (\varphi A_{br})\ \leqslant \psi f/\gamma_{RE} \tag{6-10}$$

$$\psi = 1/\ (1 + 0.35\lambda_n) \tag{6-11}$$

$$\lambda_n = \ (\lambda/\pi)\ \sqrt{f_{ay}/E} \tag{6-12}$$

式中　N——支撑杆的轴向力设计值；

　　　A_{br}——支撑斜杆的截面面积；

　　　φ——轴心受压构件的稳定系数；

　　　ψ——受循环荷载时的强度降低系数；

　λ、λ_n——支撑斜杆的长细比和正则化长细比；

　　　E——支撑斜杆材料的弹性模量；

　f、f_{ay}——钢材抗压强度设计值和屈服强度；

　　　γ_{RE}——支撑稳定破坏承载力抗震调整系数，取 0.8。

4. 中心支撑框架结构中人字形支撑和 V 形支撑的横梁验算

人字形支撑或 V 形支撑的斜杆受压屈曲后，承载力将急剧下降，则拉压两支撑斜杆将在支撑与横梁连接处引起不平衡力。对于人字形支撑而言，这种不平衡力将引起楼板的下陷；对于 V 形支撑而言，这种不平衡力将引起楼板的向上隆起。为了避免这种情况的出现，应对横梁进行承载力验算。人字支撑和 V 形支撑的框架梁在支撑连接处应保持连续，并按不计入支撑支点作用的梁验算重力荷载和支撑屈曲时不平衡力作用下的承载力；不平衡力应按受拉支撑的最小屈服承载力和受压支撑最大屈曲承载力的 0.3 倍计算。必要时，人字支撑和 V 形支撑可沿竖向交替设置或采用拉链柱。

5. 偏心支撑框架中消能梁段的受剪承载力验算

消能梁段是偏心支撑框架中的关键部位，偏心支撑框架在大震作用下的塑性变形就是通过消能梁段良好的剪切变形能力实现的。由于消能梁段长度短，高跨比大，承受着较大的剪力。当轴力较大时，对梁的抗剪承载力有一定的影响，故消能梁段的抗剪承载力要分轴力较小和较大两种情况分别验算：

当 $N \leqslant 0.15Af$ 时　　$V \leqslant \varphi V_l/\gamma_{RE}$ \hfill (6-13)

其中，$V_l = 0.58A_w f_{ay}$ 或 $V_l = 2M_{lp}/a$，取较小值；$A_w = \ (h - 2t_f)\ t_w$，$A_{lp} = W_p f$。

当 $N > 0.15Af$ 时　　$V \leqslant \varphi V_{le}/\gamma_{RE}$ \hfill (6-14)

其中，$V_{lc} = 0.58A_w f_{ay} \sqrt{1 - \left[N/\ (Af)^2\right]}$ 或 $V_{lc} = 2.4M_{lp}\ [1 - N\ (Af)]\ /a$，取较小值。

式中　　　　φ——系数，可取 0.9；

　　　V、N——消能梁段的剪力设计值和轴力设计值；

　　V_l、V_{lc}——消能梁段的受剪承载力和计入轴力影响的受剪承载力；

　　　　M_{lp}——消能梁段的全塑性受弯承载力；

　a、h、t_w、t_f——消能梁段的长度、截面高度、腹板厚度和翼缘厚度；

A、A_w——消能梁段的截面面积和腹板截面面积；

W_p——消能梁段的塑性截面模量；

f、f_{ay}——消能梁段钢材的抗压强度设计值和屈服强度；

γ_{RE}——消能梁段承载力抗震调整系数，取 0.75。

6. 钢框架梁柱节点全塑性承载力验算

"强柱弱梁"也是抗震设计的基本原则之一，所以除了分别验算梁、柱构件的截面承载力外，还要验算节点的左右梁端和上下柱端的全塑性承载力。为了保证"强柱弱梁"的实现，要求交汇节点的框架柱受弯承载力之和应大于梁的受弯承载力之和，即满足式（6-15）。同时出于对地震内力考虑不足、钢材超强等原因的考虑，公式中还增加了强柱系数 η 以增大框架柱的承载力。

等截面梁
$$\sum W_{pc}(f_{yc} - N/A_c) \geqslant \eta \sum W_{pb} f_{yb} \tag{6-15}$$

端部翼缘变截面梁
$$\sum W_{pc}(f_{yc} - N/A_c) \geqslant \sum (\eta W_{pb1} f_{yb} + V_{pb} S)$$

式中 W_{pc}、W_{pb}——交汇于节点的柱和梁的塑性截面模量；

W_{pb1}——梁塑性铰所在截面的梁塑性截面模量；

N——地震组合的柱轴力设计值；

A_c——框架柱的截面面积；

f_{yc}、f_{yb}——柱和梁的钢材屈服强度；

η——强柱系数，抗震等级为一级时取 1.15，二级时取 1.10，三级时取 1.05；

V_{pb}——梁塑性铰剪力；

S——塑性铰至柱面的距离，塑性铰可取梁端部变截面翼缘的最小处。

同时《规范》还规定，当满足以下条件之一时，可以不进行节点全塑性承载力验算：

1）柱所在楼层的受剪承载力比相邻上一层的受剪承载力高出 25%。

2）柱轴压比不超过 0.4，或 $N_2 \leqslant \varphi A_c f$（$N_2$ 为 2 倍地震作用下的组合轴力设计值）。

3）与支撑斜杆相连的节点。

7. 节点域的抗剪强度、屈服承载力和稳定性验算

工字形截面柱和箱形截面柱的节点域抗剪承载力按式（6-16）验算。公式左侧没有包括梁端剪力引起的节点域剪应力一项，同时节点域周边构件的存在也提高了节点域的抗剪承载力，所以公式右侧乘以了一项 4/3。

节点域的屈服承载力按式（6-17）验算。节点域厚度对钢框架性能影响较大，太薄了会使钢框架位移增大过大，太厚了会使节点域不能发挥耗能作用，因此要选择合理的节点域厚度。日本的研究成果表明，节点域屈服弯矩为梁端屈服弯矩之和的 0.7 倍时，可使节点域剪切变形对框架位移的影响不大，同时又能满足耗能要求。所以公式左侧增加了折减系数 ψ，抗震等级为三、四级时取 0.6，一、二级时取 0.7。

节点域的稳定性按式（6-18）验算。

$$(M_{b1} + M_{b2}) / V_p \leqslant (4/3) f_v / \gamma_{RE} \tag{6-16}$$

$$\psi (M_{pb1} + M_{pb2}) / V_p \leqslant (4/3) f_{yv} \tag{6-17}$$

$$t_w \geqslant (h_b + h_c) / 90 \tag{6-18}$$

工字形截面柱
$$V_p = h_{b1} h_{c1} t_w$$

箱形截面柱

$$V_p = 1.8 h_{b_1} h_{c_1} t_w$$

圆管截面柱

$$V_p = \frac{\pi}{2} h_{b_1} h_{c_1} t_w$$

式中　　M_{pb1}、M_{pb2}——节点域两侧梁的全塑性受弯承载力；

　　　　　　　V_p——节点域的体积；

　　　　　　　f_v——钢材的抗剪强度设计值；

　　　　　　f_{yv}——钢材的屈服抗剪强度，取钢材屈服强度的 0.58 倍；

　　　　　　　ψ——折减系数，抗震等级为三、四级时取 0.6，一、二级时取 0.7；

　　　h_{b_1}、h_{c_1}——梁翼缘厚度中点间的距离和柱翼缘厚度中点间的距离；

　　　　　　　t_w——柱在节点域的腹板高度；

　　　M_{b1}、M_{b2}——节点域两则梁的弯矩设计值；

　　　　　　γ_{RE}——节点域承载力抗震调整系数，取 0.75。

6.5.6　钢结构构件连接的弹性设计和极限承载力验算

　　钢材具有很好的延性性能，但材料的延性并不能保证结构的延性。所以钢结构优良的塑性变形能力还需要强大的节点来保证，即"强节点，弱构件"的设计原则。《规范》分别给出了梁与柱刚接、支承与框架连接，以及梁、柱、支撑各自拼接的极限承载力验算公式，与2001 版《建筑结构抗震设计规范》的最大不同是引入了连接系数，其取值与钢种、钢材强度、连接方式有关，而不是原来规定的定值 1.2。

　　《规范》规定，钢结构构件连接首先要按地震组合内力进行弹性设计，然后进行极限承载力验算。所谓的弹性设计，就是根据剪力由腹板独自承担、弯矩由翼缘和腹板根据各自的截面惯性矩得到的原则计算出翼缘和腹板各自所承担的内力，然后进行设计。

　　1. 梁柱连接的弹性设计和极限承载力验算

　　弹性设计按翼缘和腹板分别验算，其中翼缘满足式（6-19），而腹板则根据是采用角焊缝连接还是高强度螺栓连接分别应当满足式（6-20）和式（6-21）。

$$\frac{M_f}{\beta_f W_f} \leqslant \frac{f_t^w}{\gamma_{RE}} \tag{6-19}$$

$$\sqrt{\left(\frac{M_w}{\beta_f W_w}\right)^2 + \left(\frac{V}{2 \times 0.7 A_w}\right)^2} \leqslant \frac{f_t^w}{\gamma_{RE}} \tag{6-20}$$

$$\sqrt{\left(\frac{V}{n} + N_{My}\right)^2 + N_{Mx}^2} \leqslant N_v^b \tag{6-21}$$

$$M_f = \frac{I_f M}{I_f + I_w}$$

$$M_w = \frac{I_w M}{I_f + I_w}$$

$$N_V^b = 0.9uP$$

式中　M、V——梁端弯矩设计值和剪力设计值；

　　　M_f、M_w——梁端翼缘所承担的弯矩设计值和腹板所承担的弯矩设计值；

　　　I_f、I_w——梁翼缘截面惯性矩和梁腹板的净截面惯性矩；

W_f、W_w——梁翼缘截面抵抗矩和梁腹板的净截面抵抗矩；

f_t^w——对接焊缝和角焊缝的抗拉强度设计值；

A_w——腹板的净截面面积；

N_{My}、N_{Mx}——腹板所承担的弯矩设计值在最不利螺栓的 y 方向和 x 方向引起的剪力；

γ_{RE}——连接焊缝的承载力抗震调整系数，取 0.90；

N_v^b——单个高强螺栓的抗剪承载力；

u——摩擦面的抗滑移系数；

P——每个高强螺栓的设计预拉力；

β_f——正面角焊缝的强度设计值提高系数。

按弹性设计的梁柱连接还要按式（6-22）和式（6-23）分别进行极限受弯、受剪承载力验算，计算时极限受弯承载力和极限受剪承载力可按弯矩由翼缘承受和剪力由腹板承受的近似方法计算。其中，梁上下翼缘全熔透坡口焊缝的极限受弯承载力 M_u 和梁腹板连接的极限受剪承载力 V_u 分别按式（6-24）、式（6-25）和式（6-26）计算

$$M_u \geqslant \eta_j M_p \tag{6-22}$$

$$V_u \geqslant 1.2 \ (2M_p / l_n) \ + V_{Gb} \tag{6-23}$$

$$M_u = A_f \ (h - t_f) \ f_u \tag{6-24}$$

当腹板采用角焊缝连接时 $V_u = 0.58 A_f^w f_u$ (6-25)

当腹板采用高强螺栓连接时 $V_u = n N_u^b$ (6-26)

式中　　M_u——梁上下翼缘全熔透坡口焊缝的极限受弯承载力；

V_u——梁腹板连接的极限受剪承载力，垂直于角焊缝受剪时，可提高 1.22 倍；

M_p——梁的全塑性受弯承载力（梁贯通时为柱的）；

η_j——连接系数，见表 6-4。

h、l_n——梁截面高度及梁的净跨（梁贯通时取该楼层柱的净高）；

V_{Gb}——梁在重力荷载代表值（9 度时高层建筑还应包括竖向地震作用标准值）作用下，按简支梁分析的梁端截面剪力设计值。

A_f^w——角焊缝的有效受剪面积；

f_u——构件母材的抗拉强度最小值；

A_f、t_f——翼缘的截面面积和厚度；

n——高强螺栓的个数；

N_u^b——N_{vu}^b 和 N_{cu}^b 之中的较小值，N_{vu}^b、N_{cu}^b 分别为单个高强度螺栓的极限受剪承载力和对应的板件极限承压承载力。

表 6-4　钢结构抗震设计的连接系数

母材牌号	梁柱连接		支撑连接，构件拼接		柱脚	
	焊接	螺栓连接	焊接	螺栓连接		
Q235	1.40	1.45	1.25	1.30	埋入式	1.2
Q345	1.30	1.35	1.20	1.25	外包式	1.2
Q345GJ	1.25	1.30	1.15	1.20	外露式	1.1

注：1. 屈服强度高于 Q345 的钢材，按 Q345 的规定采用；屈服强度高于 Q345GJ 的 GJ 钢材，按 Q345GJ 的规定采用；

　　2. 翼缘焊接腹板栓接时，连接系数分别按表中连接形式取用。

2. 支撑与框架的连接及支撑拼接的极限承载力

支撑与框架的连接及支撑拼接的极限承载力应按下式验算

$$N_{ubr} \geq \eta_j A_n f_{ay} \tag{6-27}$$

式中　N_{ubr}——螺栓连接和节点板连接在支撑轴线方向的极限承载力；

　　　　A_n——支撑的截面净面积；

　　　　f_{ay}——支撑钢材的屈服强度。

3. 梁、柱构件拼接的弹性设计和极限承载力验算

梁、柱构件拼接的弹性设计与梁柱节点连接的弹性设计一样，腹板应与翼缘共同承担拼接处的弯矩设计值，同时腹板的受剪承载力不应小于构件截面受剪承载力的 50%。按弹性设计的拼接连接还要对极限受弯承载力分别进行验算，其中极限受剪承载力按式（6-28）验算，而极限受弯承载力还要根据轴向力的大小分别按式（6-29）和式（6-30）进行验算。

$$V_u \geq 0.58 h_w t_w f_{ay} \tag{6-28}$$

无轴向力时

$$M_u \geq \eta_j M_p \tag{6-29}$$

有轴向力时

$$M_u \geq \eta_j M_{pc} \tag{6-30}$$

式中　M_u、V_u——构件拼接的极限受弯、受剪承载力；

　　M_p、M_{pc}——无轴向力、有轴向力时构件全塑性受弯承载力；

　　h_w、t_w——拼接处构件截面腹板的高度和厚度；

　　　　f_{ay}——被拼接构件的钢材屈服强度。

拼接采用螺栓连接时，还要进行下列验算：

翼缘

$$n N_{cu}^b \geq \eta_j A_f f_{ay} \tag{6-31}$$

且

$$n N_{vu}^b \geq \eta_j A_f f_{ay} \tag{6-32}$$

腹板

$$N_{cu}^b \geq \sqrt{(V_u/n)^2 + (N_M^b)^2} \tag{6-33}$$

$$N_{vu}^b \geq \sqrt{(V_u/n)^2 + (N_M^b)^2} \tag{6-34}$$

式中　N_{vu}^b、N_{cu}^b——一个螺栓的极限受剪承载力和对应的板件极限承压承载力；

　　　　A_f——翼缘的有效截面面积；

　　　　N_M^b——腹板拼接中弯矩引起的一个螺栓的最大剪力；

　　　　n——翼缘拼接或腹板拼接一侧的螺栓数。

6.5.7　不同连接材料的承载力计算方法、全塑性受弯承载力计算公式

1. 不同截面形式的全塑性受弯承载力计算方法

（1）无轴向力作用时构件的全塑性受弯承载力

$$M_p = W_p f_{ay} \tag{6-35}$$

式中　W_p——构件截面塑性抵抗矩；

　　　　f_{ay}——钢材的屈服强度。

（2）有轴向力作用时构件的全塑性受弯承载力

1）工字形截面（绕强轴）和箱形截面

当 $N/N_y \leq 0.13$ 时

$$M_{pc} = M_p \tag{6-36}$$

当 $N/N_y > 0.13$ 时

$$M_{pc} = 1.15 (1 - N/N_y) M_p \tag{6-37}$$

2）工字形截面（绕弱轴）

当 $N/N_y \leqslant A_{wn}/A_n$ 时　　　　　　　　$M_{pc} = M_p$　　　　　　　　　　　　　　（6-38）

当 $N/N_y > A_{wn}/A_n$ 时 $M_{pc} = \{1 - [(N - A_{wn}f_{ay})/(N_y - A_{wn}f_{ay})]^2\} M_p$　　　　　　（6-39）

式中　N_y——构件轴向屈服承载力，即 $N_y = A_n f_{ay}$；

A_{wn}、A_n——构件腹板截面和构件截面的净面积；

其余参数意义同前。

（3）不同截面的塑性抵抗矩

箱形截面的塑性抵抗矩

$$W_{px} = Bt_f (H - t_f) + \frac{1}{2} (H - 2t_f)^2 t_w$$

$$W_{py} = Ht_w (B - t_w) + \frac{1}{2} (B - 2t_w)^2 t_f$$

H 形截面的塑性抵抗矩

$$W_{px} = Bt_f (H - t_f) + \frac{1}{4} (H - 2t_f)^2 t_w$$

$$W_{py} = \frac{1}{2} B^2 t_f + \frac{1}{4} (H - 2t_f)^2 t_w$$

式中　W_{px}、W_{py}——以 x 轴和 y 轴为中性轴的塑性抵抗矩；

B、H、t_f 和 t_w——截面尺寸，如图 6-10 所示。

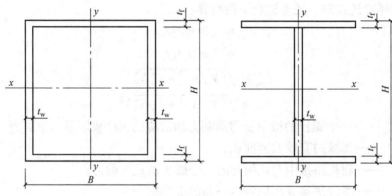

图 6-10　截面尺寸

2. 不同材料的极限承载力

（1）焊缝的极限承载力

对接焊缝受拉　　　　　　　　$N_u = A_f^w f_u$

角焊缝受剪　　　　　　　　$V_u = 0.58 A_f^w f_u$

式中　A_f^w——焊缝的有效受力面积；

f_u——构件母材的抗拉强度最小值。

（2）高强度螺栓连接的极限受剪承载力　取以下两式计算的较小值

$$N_{vu}^b = 0.58 n_f A_e^b f_u^b$$

$$N_{cu}^b = d \sum t f_{cu}^b$$

式中　N_{vu}^b、N_{cu}^b——一个高强度螺栓的极限受剪承载力和对应的板件极限承压承载力；

n_f——螺栓连接的剪切面数量；

A_e^b——螺栓螺纹处的有效截面面积；

f_u^b——螺栓钢材的抗拉强度最小值；

d——螺栓杆直径；

$\sum t$——同一受力方向的钢板厚度之和；

f_{cu}^b——螺栓连接板的极限承压强度，取 $1.5f_u$。

6.6　钢框架结构抗震构造措施

6.6.1　框架梁、柱的构造措施

当框架梁的上翼缘采用抗剪连接件与组合楼板连接时，可不验算地震作用下的整体稳定性。因此，《规范》对梁的长细比限值无特殊要求。

针对以往地震中框架梁、柱出现的翼缘屈曲、板件间的裂缝、拼接破坏和整体失稳等破坏形式，设计中必须满足以下抗震构造。

1. 框架柱的长细比

框架柱的长细比关系到结构的整体稳定性，《规范》规定：抗震等级为一级时不应大于 $60\sqrt{235/f_{ay}}$，二级时不应大于 $80\sqrt{235/f_{ay}}$，三级时不应大于 $100\sqrt{235/f_{ay}}$，四级时不应大于 $120\sqrt{235/f_{ay}}$。

2. 框架梁、柱板件的宽厚比限值

板件的宽厚比限值是构件局部稳定性的保证，考虑到"强柱弱梁"的设计思想，即要求塑性铰出现在梁上，框架柱一般不出现塑性铰。因此，梁的板件宽厚比限值要求满足塑性设计要求，梁的板件宽厚比限值相对严些，框架柱的板件宽厚比相对松点。《规范》规定框架梁、柱板件宽厚比应符合表 6-5 的规定。

表 6-5　框架梁、柱板件宽厚比限值

	板件名称	一级	二级	三级	四级
柱	工字形截面翼缘外伸部分	10	11	12	13
	工字形截面腹板	43	45	48	52
	箱形截面壁板	33	36	38	40
梁	工字形截面和箱形截面翼缘外伸部分	9	9	10	11
	箱形截面翼缘在两腹板之间部分	30	30	32	36
	工字形截面和箱形截面腹板	$72-120N_b/$ (Af) $\leqslant 60$	$72-100N_b/$ (Af) $\leqslant 65$	$80-110N_b/$ (Af) $\leqslant 70$	$85-120N_b/$ (Af) $\leqslant 75$

注：1. 表列数值适用于 Q235 钢，采用其他牌号钢材时，应乘以 $\sqrt{235/f_{ay}}$。

2. $N_b/(Af)$ 为梁轴压比。

3. 框架柱板件之间的焊缝构造

框架节点附近和框架柱接头附近的受力比较复杂。为了保证结构的整体性，《规范》对这些区域的框架板件之间的焊缝构造都进行了规定。

梁与柱刚性连接时，柱在梁翼缘上下各 500mm 的范围内，工字形截面柱翼缘与柱腹板间或箱形柱壁板间的连接焊缝，应采用全熔透坡口焊缝。

框架柱的柱拼接处，上下柱的对接接头应采用全熔透焊缝，柱拼接接头上下各 100mm 范围内，工字形截面柱翼缘与柱腹板间及箱形柱角部壁板间的连接焊缝，应采用全熔透焊缝。

4. 其他规定

框架柱的接头距框架梁上方的距离，可取 1.3m 和柱净高一半两者的较小值。梁柱构件受压翼缘应根据需要设置侧向支撑。梁柱构件在出现塑性铰的截面，其上下翼缘均应设置侧向支撑。相邻两支承点间构件长细比，应符合《钢结构设计规范》关于塑性设计的有关规定。

6.6.2 梁柱连接的构造

以往的震害表明，梁柱节点的破坏除了设计计算上的原因外，很多是构造上的原因。近几年国内外很多研究机构在梁柱节点方面做了很多研究工作，《规范》在这些研究的基础上对节点的构造也作了详细的规定。

1. 基本原则

1）梁与柱的连接宜采用柱贯通型。

2）柱在两个互相垂直的方向都与梁刚接时宜采用箱形截面，并在梁翼缘连接处设置隔板。当柱仅一个方向与梁刚接时，宜采用工字形截面，并将柱腹板置于刚接框架平面内。

3）框架梁采用悬臂梁段与柱刚性连接时，悬臂梁段与柱应预先采用全焊接连接，此时上下翼缘焊接孔的形式宜相同；梁的现场拼接可采用翼缘焊接腹板螺栓连接（图 6-11a）或全部螺栓连接（图 6-11b）。

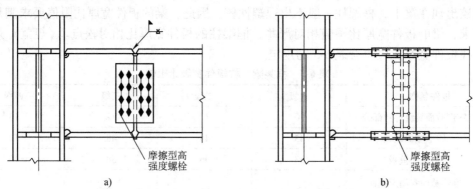

图 6-11　带悬臂梁段的梁柱刚性连接

2. 细部构造

工字形截面和箱形截面柱与梁刚接时，应符合下列要求，有充分依据时也可采用其他构造形式。

1）梁翼缘与柱翼缘间应采用全熔透坡口焊缝，如图 6-12 所示；抗震等级为一、二级时，应检验焊缝的 V 形切口冲击韧性，其夏比冲击韧性在 -20℃ 时不低于 27J/cm²。

2）柱在梁翼缘对应位置应设置横向加劲肋（隔板），加劲肋（隔板）厚度不应小于梁翼缘厚度，强度与梁翼缘相同。

3）梁腹板宜采用摩擦型高强度螺栓通过连接板与柱连接；腹板角部应设置焊接孔，孔形应使其端部与梁翼缘和柱翼缘间的全熔透坡口焊缝完全隔开（图 6-12）。

4）抗震等级为一级和二级时，梁柱刚性连接宜采用能将塑性铰自梁端外移的端部扩大形连接、梁端加盖板或骨形连接，如图 6-13 所示。

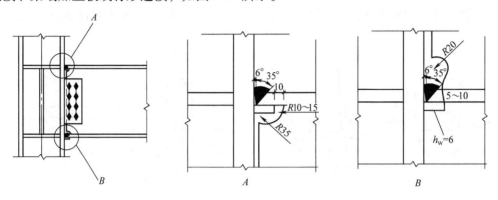

图 6-12　钢框架梁柱刚性连接的典型构造

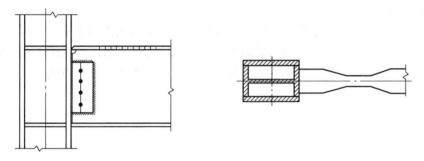

图 6-13　骨形连接

5）箱形柱在与梁翼缘对应位置设置的隔板，应采用全熔透对接焊缝与壁板相连。工字形柱的横向加劲肋与柱翼缘，应采用全熔透对接焊缝连接，与腹板可采用角焊缝连接。

6.6.3　节点域的构造措施

当节点域的抗剪强度、屈服强度以及稳定性不能满足有关规定时，应采取加厚柱腹板或贴焊补强板的措施。补强板的厚度及其焊缝应按传递补强板所分担剪力的要求设计。具体设计时根据以下情况采取相应的加强措施：

1）对焊接组合柱，宜加厚柱腹板，将柱腹板在节点域范围更换为较厚板件。加厚板件应伸出柱横向加劲肋之外各 150mm，并采用对接焊缝与柱腹板相连。

2）对轧制 H 形柱，可贴焊补强板加强。补强板上下边缘可不伸过横向加劲肋或伸过柱横向加劲肋之外各 150mm。当补强板不伸过横向加劲肋时，加劲肋应与柱腹板焊接，补强板与加劲肋之间的角焊缝应能传递补强板所分担的剪力，且厚度不小于 5mm；当补强板伸过加劲肋时，加劲肋仅与补强板焊接，此焊缝应能将加劲肋传来的力传递给补强板，补强板的厚度及其焊缝应按传递该力的要求设计。补强板侧边可采用角焊缝与柱翼缘相连，其板面尚应采用塞焊与柱腹板边成整体。塞焊点之间的距离不应大于相连板件中较薄板件厚度的 $21\sqrt{235/f_{ay}}$ 倍。

6.6.4 刚接柱脚的构造措施

建筑钢结构刚性柱脚主要有埋入式和外包式两种，如图 6-14 和图 6-15 所示。考虑到在 1995 年日本阪神大地震中，外包式柱脚的破坏较多，性能较差，所以《规范》建议：钢结构的刚接柱脚宜采用埋入式，也可采用外包式；6、7 度设防且高度不超过 50m 时也可用外露式。

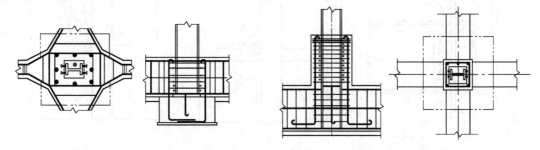

图 6-14　埋入式柱脚　　　　　　　　　　图 6-15　外包式柱脚

1. 埋入式柱脚

埋入式柱脚就是将钢柱埋置于混凝土基础梁中。上部结构传递下来的弯矩和剪力都是通过柱翼缘对混凝土的承压作用传递给基础的；上部结构传递下来的轴向压力或轴向拉力是由柱脚底板或锚栓传给基础的。其弹性设计阶段的抗弯强度和抗剪强度应满足式（6-40）和式（6-41）的要求。

$$\frac{M}{W} \leqslant f_{cc} \tag{6-40}$$

$$\left(\frac{2h_0}{d}+1\right)\left[1+\sqrt{1+\frac{1}{(2h_0/d+1)^2}}\right]\frac{V}{Bd} \leqslant f_{cc} \tag{6-41}$$

式中　M、V——柱脚的弯矩设计值和剪力设计值；

　　　d、h_0、B——钢柱埋入深度、柱反弯点至柱脚底板的距离和钢柱翼缘宽度；

　　　f_{cc}——混凝土局部承压强度设计值。

其设计中尚应满足以下构造要求：

1）柱脚的埋入深度对轻型工字形柱，不得小于钢柱截面高度的两倍；对大截面 H 形钢柱和箱形柱，不得小于钢柱截面高度的三倍。

2）埋入式柱脚在钢柱埋入部分的顶部，应设置水平加劲肋或隔板，加劲肋或隔板的宽厚比应符合《钢结构设计规范》关于塑性设计的规定。柱脚在钢柱的埋入部分应设置栓钉，栓钉的数量和布置可按外包式柱脚的有关规定确定。

3）柱脚钢柱翼缘的保护层厚度，对中间柱不得小于 180mm，对边柱和角柱的外侧不宜小于 250mm，如图 6-16 所示。

（4）柱脚钢柱四周应按下列要求设置主筋和箍筋

1）主筋的截面面积应按下式计算

$$A_s = \frac{M_0}{d_0 f_{sy}} \tag{6-42}$$

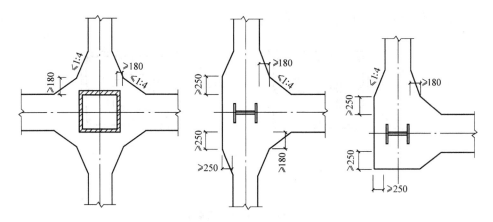

图 6-16 埋入式柱脚的保护层厚度

式中 M_0——作用于钢柱脚底部的弯矩，$M_0 = M + Vd$，M、V 为柱脚的弯矩设计值，d 为柱脚的埋入深度；

d_0——受拉侧与受压侧纵向主筋合力点间的距离；

f_{sy}——钢筋抗拉强度设计值；

2）主筋的最小配筋率为 0.2%，且不宜少于 $4\phi22mm$，并上端弯钩。主筋的锚固长度不应小于 $35d$（d 为钢筋直径），当主筋的中心距大于 200mm 时，应设置 $\phi16mm$ 的架立筋。

3）箍筋宜为 $\phi10mm$，间距 100mm；在埋入部分的顶部，应配置不小于 $3\phi12mm$、间距 50mm 的加强箍筋。

2. 外包式柱脚

外包式柱脚就是在钢柱外面包以钢筋混凝土的柱脚。上部结构传递下来的弯矩和剪力全部通过外包混凝土承受；上部结构传递下来的轴向压力或轴向拉力由柱脚底板或锚栓传给基础。其弹性设计阶段的抗弯强度和抗剪强度应满足式（6-43）和式（6-44）的要求。

$$M \leqslant nA_s f_{sy} d_0 \qquad (6-43)$$

$$V - 0.4N \leqslant V_{rc} \qquad (6-44)$$

式中 M、V、N——柱脚弯矩、剪力和轴力设计值；

A_s——一根受拉主筋截面面积；

n——受拉主筋的根数；

V_{rc}——外包钢筋混凝土所分配到的受剪承载力，由混凝土粘结破坏或剪切破坏的最小值决定；

b_{rc}——外包钢筋混凝土的总宽度；

b_e——外包钢筋混凝土的有效宽度，$b_e = b_{e1} + b_{e2}$，如图 6-17 所示；

f_{sy}、f_{ysh}——受拉主筋和水平箍筋的抗拉强度设计值；

ρ_{sh}——水平箍筋配筋率；

d_0——受拉主筋重心至受压区主筋重心间的间距；

h_0——混凝土受压区边缘至受拉钢筋重心的距离。

V_{rc} 按下式计算

工字形截面 $V_{rc} = b_{rc}h_0(0.07f_{cc} + 0.5f_{ysh}\rho_{sh})$ 和 $V_{rc} = b_{rc}h_0(0.14f_{cc}b_e/b_{rc} + 0.5f_{ysh}\rho_{sh})$，取较小值

箱形截面　$V_{rc} = b_e h_0 (0.07 f_{cc} + 0.05 f_{ysk} \rho_{sk})$

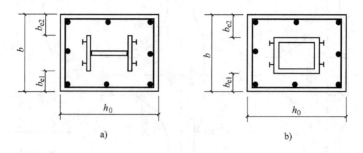

图6-17　外包式柱脚截面
a）工字形柱　b）箱形柱

在设计中尚应满足以下主要构造要求：

1）柱脚钢柱的外包高度，对工字形截面柱可取钢柱截面高度的2.2～2.7倍，对箱形截面柱可取钢柱截面高度的2.7～3.2倍。

2）柱脚钢柱翼缘外侧的钢筋混凝土保护层厚度，一般不应小于180mm，同时应满足配筋的构造要求。

3）柱脚底板的长度、宽度和厚度，可根据柱脚轴力计算确定，但柱脚底板的厚度不宜小于20mm。

4）锚栓的直径，通常根据其与钢柱板件厚度和底板厚度相协调的原则确定，一般可在29～42mm的范围取值，不宜小于20mm，当不设锚板或锚梁时，柱脚锚栓的锚固长度要大于30倍锚栓直径，当设有锚板或锚梁时，柱脚锚栓的锚固长度要大于25倍锚栓直径。

6.7　钢框架-支撑结构抗震构造措施

钢框架-中心支撑结构中除了钢框架部分满足前节的构造措施外，其他部分还需要满足本节所规定的抗震构造措施。

6.7.1　钢框架-中心支撑结构抗震构造措施

1. 框架部分的构造措施

当房屋高度不高于100m且框架部分按计算分配的地震剪力不大于结构底部总地震剪力的25%时，抗震等级为一、二、三级的抗震构造措施可按框架结构降低一级的相应要求采用。其他抗震构造措施仍按前节对框架结构抗震构造措施的规定采用。

2. 中心支撑杆件的构造措施

（1）支撑杆件的长细比限值　支撑杆件的长细比，按压杆设计时不应大于120 $\sqrt{235/f_{ay}}$；抗震等级为一、二、三级时中心支撑不得采用拉杆设计，抗震等级为四级采用拉杆设计时，其长细比不应大于180。

（2）支撑杆件的板件宽厚比限值　支撑杆件的板件宽厚比，不应大于表6-6规定的限值。采用节点板连接时，应注意节点板的强度和稳定。

表 6-6　钢结构中心支撑板件宽厚比限值

板件名称	一级	二级	三级	四级
翼缘外伸部分	8	9	10	13
工字形截面腹板	25	26	27	33
箱形截面腹板	18	20	25	30
圆管外径与壁厚比	38	40	40	42

注：表列数值适用于 Q235 钢，采用其他牌号钢材应乘以 $\sqrt{235/f_{ay}}$，圆管应乘以 $235/f_{ay}$。

3. 中心支撑节点的构造措施

1）支撑与框架连接处，支撑杆端宜做成圆弧。

2）支撑杆件的截面选择。抗震等级为一、二、三级时，支撑宜采用 H 形钢制作，两端与框架可采用刚接构造，梁柱与支撑连接处应设置加劲肋；抗震等级为一级和二级采用焊接工字形截面的支撑时，其翼缘与腹板的连接宜采用全熔透连续焊缝。

3）梁在其与 V 形支撑或人字形支撑相交处，应设置侧向支承；该支承点与梁端支承点间的侧向长细比（λ_y）以及支承力，应符合《钢结构设计规范》关于塑性设计的规定。

4）若支撑与框架采用节点板连接，应符合《钢结构设计规范》关于节点板在连接杆件每侧有不小于 30°夹角的规定；同时为了减轻大震作用对支撑的破坏，支撑端部至节点板最近嵌固点（节点板与框架构件连接焊缝的端部）在沿支撑杆件轴线方向的距离，不应小于节点板厚度的两倍。

6.7.2　钢框架-偏心支撑结构抗震构造措施

1. 框架部分的构造措施

当房屋高度不高于 100m 且框架部分按计算分配的地震作用不大于结构底部总地震剪力的 25%时，抗震等级为一、二、三级的抗震构造措施可按框架结构降低一级的相应要求采用；其他抗震构造措施仍按前节对框架结构抗震构造措施的规定采用。

2. 偏心支撑杆件的构造措施

偏心支撑框架的支撑杆件的长细比不应大于 $120\sqrt{235/f_{ay}}$，支撑杆件的板件宽厚比不应超过《钢结构设计规范》规定的轴心受压构件在弹性设计时的宽厚比限值。

3. 消能梁段的构造措施

（1）基本规定　偏心支撑框架消能梁段的钢材屈服强度不应大于 345MPa。消能梁段的腹板不得贴焊补强板，也不得开洞。

（2）板件宽厚比限值　消能梁段及与消能梁段同一跨内的非消能梁段，其板件的宽厚比不应大于表 6-7 规定的限值。

表 6-7　偏心支撑框架梁的板件宽厚比限值

板件名称		宽厚比限值
翼缘外伸部分		8
腹板	当 $N/(Af)\leqslant0.14$ 时	$90[1-1.65N/(Af)]$
	当 $N/(Af)>0.14$ 时	$33[2.3-N/(Af)]$

注：表列数值适用于 Q235 钢，当材料为其他牌号钢材时应乘以 $\sqrt{235/f_{ay}}$，$N/(Af)$ 为梁轴压比。

（3）消能梁段的长度规定　当 $N>0.16Af$ 时，消能梁段的长度应符合下列规定：

当 $\rho\ (A_w/A)<0.3$ 时　$a<0.6M_{lp}/V_l$ (6-45)

当 $\rho\ (A_w/A)\geq0.3$ 时，$a\leq[1.15-0.5\rho\ (A_w/A)]\times1.6M_{lp}/V_l$ (6-46)

式中　a——消能梁段的长度；

ρ——消能梁段轴向力设计值与剪力设计值之比，即 $\rho=N/V$；

其他参数意义同前。

（4）消能梁段腹板的加劲肋设置要求

1）消能梁段与支撑连接处，应在其腹板两侧配置加劲肋，加劲肋的高度应为梁腹板高度，一侧的加劲肋宽度不应小于 $b_p/2-t_w$，厚度不应小于 $0.75t_w$ 和 10mm 的较大值。

2）当 $a\leq1.6M_{lp}/V_l$ 时，应在消能梁段腹板上设置中间加劲肋，加劲肋间距不大于 $30t_w-h/5$。

3）当 $2.6M_{lp}/V_l<a\leq5M_{lp}/V_l$ 时，应在距消能梁段端部 $1.5b_f$ 处配置中间加劲肋，且中间加劲肋间距不应大于 $52t_w-h/5$。

4）当 $1.6M_{lp}/V_l<a\leq2.6M_{lp}/V_l$ 时，腹板上设置中间加劲肋的间距宜在上述 2）、3）条之间线性插入。

5）当 $a>5M_{lp}/V_l$ 时，腹板上可不配置中间加劲肋。

6）腹板上中间加劲肋应与消能梁段的腹板等高，当消能梁段截面高度不大于 640mm 时，可配置单侧加劲肋，消能梁段截面高度大于 640mm 时，应在两侧配置加劲肋，一侧加劲肋的宽度不应小于 $b_l/2-t_w$，厚度不应小于 t_w 和 10mm 的较大值。

4. 消能梁段与柱连接的构造措施

消能梁段与柱的连接应符合下列要求：

1）消能梁段与柱连接时，其长度不得大于 $1.6M_{lp}/V_l$，且应满足消能梁段的承载力验算规定。

2）消能梁段翼缘与柱翼缘之间应采用坡口全熔透对接焊缝连接，消能梁段腹板与柱之间应采用角焊缝（气体保护焊）连接；角焊缝的承载力不得小于消能梁段腹板的轴力、剪力和受矩同时作用的承载力。

3）消能梁段与柱腹板连接时，消能梁段翼缘与连接板间应采用坡口全熔透焊缝，消能梁段与柱间应采用角焊缝连接；角焊缝的承载力不得小于消能梁段腹板的轴力、剪力和弯矩同时作用时的承载力。

5. 侧向稳定性构造

消能梁段两端上下翼缘应设置侧向支撑，支撑的轴力设计值不得小于消能梁段翼缘轴向承载力设计值（翼缘宽度、厚度和钢材受压承载力设计值三者的乘积）的 6%，即 $0.06b_ft_ff$。

偏心支撑框架梁的非消能梁段上下翼缘，应设置侧向支撑，支撑的轴力设计值不得小于梁翼缘轴向承载力的 2%，即 $0.02b_ft_ff$。

6.8　多层钢结构厂房抗震设计要求

6.8.1　多层钢结构厂房的结构形式

根据纵、横两个方向抗侧力体系的不同，多层钢结构厂房的结构形式可分以下四种主要形式：

1）纯刚接框架体系，就是结构的纵横两个方向，均采用刚接的框架作为抗侧力结构。这种结构形式多用于民用建筑和纵、横方向均为单跨且设置支撑有困难的工业建筑物中。这种结构形式的耗钢量较多，双向刚接亦使节点连接趋于复杂。

2）刚接框架-支撑式结构体系，就是结构的横向采用刚接的框架，纵向采用梁柱铰接，并设置支撑的支撑式结构作为抗侧力结构的结构体系，这是多层工业厂房中的主要结构形式。

3）支撑式结构体系，就是在纵横两个方向均采用梁柱铰接的钢骨架，并在钢骨架之间设置竖向支撑的抗侧力结构的结构体系。

4）混合结构体系，就是由于设备布置和生产操作的需要，在纵横两个方向同时采用刚接框架和支撑式结构作为抗侧力构件的结构体系。

多层钢结构厂房的围护结构宜优先采用如压型钢板等轻质墙面板材。当设防烈度为8度及以下时，亦可采用与框架柔性连接的钢筋混凝土墙板、轻质骨架墙或轻质砌体等。

为了保证厂房结构整体参与抗震传力工作，厂房的楼（盖）形式应采用刚性楼盖，目前主要有现浇钢筋混凝土板、压型钢板与现浇混凝土的组合楼板、预制装配式整体楼板或密肋钢铺板等几种形式。

6.8.2　多层钢结构厂房抗震设计的一般规定

1. 结构体型选择和平面、竖向布置

1）体型选择。多层钢结构厂房的体型应力求简单、整齐规则。在确定结构布置时，应与工艺密切配合，使设备尽可能低位布置，减轻工艺荷载和建筑物自重，降低质心位置。质量和刚度宜分布均匀、对称，笨重设备应尽可能布置在框架正中，避免较长的悬臂结构，更不能在悬臂上放置重型设备。

2）平面布置。多层钢结构厂房的平面布置，应从统一考虑各楼层的工艺布置出发来确定柱网和纵、横框架的位置，尽量使得纵、横两个方向的总刚度中心接近总水平力的合力中心，同时应使传力体系明确合理，空间刚度可靠，节点构造简单，并应减少构件的类型。

3）竖向布置。纵、横两个方向各自抗侧结构的抗侧刚度沿高度方向宜均匀变化，避免刚度的突然变化，避免错层的出现。

2. 防震缝的设置

防震缝设置的原则是将体型复杂、刚度变化突出、厂房水平变形悬殊的厂房，划分为外形比较规则、刚度均匀的结构单元，一般在厂房的纵横跨相接处，沿厂房纵向的结构横向抗侧移刚度差异很大处，厂房纵向屋面的高低落差处，主厂房与附属建筑交接处，以及需设置温度伸缩缝或沉降缝处，均应设置防震缝。防震缝处一般应采用双排承重结构，将其两侧上部结构完全分开，缝的净宽度宜根据设防烈度、场地类别以及厂房高度等因素综合考虑。钢结构房屋需要设置防震缝时，缝宽应不小于相应钢筋混凝土结构房屋的1.5倍。钢筋混凝土框架结构房屋的防震缝宽度，当厂房最大高度不超过15m时不应小于100mm；当厂房最大高度超过15m时，每增加高度5m（6度时）、4m（7度时）、3m（8度时）或2m（9度时），宜加宽20mm。

3. 楼盖形式以及水平支撑的设置

多层钢结构的各层楼盖和屋盖对水平地震作用的分配以及空间稳定性都起着重要作用，应设计成水平刚性盘体，使得结构各抗侧力构件在水平地震作用下具有相同的侧移，一般宜采用压型钢板与现浇混凝土的组合楼板，也可采用钢铺板。

当各榀框架侧向刚度相差较大、柱间支撑布置又不规则时应设置楼层水平支撑。当楼板的刚度不足或因工艺需要在楼面上开孔，对楼板刚度有影响时，应从结构整体刚度出发，采取必要的措施，如在楼面梁翼缘处布置水平支撑、加强洞口等。此时，楼层水平支撑的具体设置情况应按表6-8确定。

表6-8　楼层水平支撑设置要求

项次	楼面结构类型		楼面荷载标准值	
			≤10kN/m²	>10kN/m² 或较大集中荷载
1	钢与混凝土组合楼面，现浇、装配整体式楼板与钢梁有可靠连接	仅有小孔楼板	不需设水平支撑	不需设水平支撑
		有大孔楼板	应在开孔周围柱网区格内设水平支撑	应在开孔周围柱网区格内设水平支撑
2	铺金属板（与主梁有可靠连接）		宜设水平支撑	应设水平支撑
3	铺活动格栅板		应设水平支撑	应设水平支撑

注：1. 楼面荷载指除结构自重外的活荷载、管道及电缆等。

　　2. 各行业楼层面板开孔不尽相同，大小孔的划分宜结合工程具体情况确定。

　　3. 6、7度设防时，铺金属板与主梁有可靠连接，可不设置水平支撑。

4. 柱间支撑

柱间支撑宜布置在荷载较大的柱间，且在同一柱间上下贯通，如因工艺、设备布置等原因无法贯通时，应错开间后连续布置，并宜适当增加相近楼层、屋面的水平支撑，确保支撑承担的水平地震作用能传递至基础。对于有抽柱的结构，宜适当增加相近楼层、屋面的水平支撑并在相邻柱间设置竖向支撑。

支撑的形式一般可采用交叉形、人字形、V形等，当采用单斜杆中心支撑时，应对称设置。对9度地区的多层钢结构厂房，可采用带支撑的框架结构，其支撑可采用偏心支撑。柱间支撑杆件应采用整根材料，超过材料最大长度规格时可采用对接焊缝等强拼接；柱间支撑与构件的连接，不应小于支撑杆件塑性承载力的1.2倍。

5. 构筑物设置

当建筑物内局部设有质量较大的构筑物时（如仓、漏斗、烟囱等），宜采用与整体结构的侧向连接为柔性的构造，或尽量布置在底层，并靠近整体建筑物的质心，否则，宜按整体考虑其质量、刚度对结构的地震作用影响。

当建筑物外设有皮带机通廊、栈桥等构筑物时，其不宜与厂房直接相连，可采用端部悬臂与厂房结构形成防震缝，或以链杆、可动铰等构造支于厂房结构的方案，这时应考虑在竖向及侧向有可靠的制动措施。

6. 设备

料斗等设备穿过楼层且支承在该楼层时，其运行装料后设备总重心宜接近楼层的支点处。同一设备穿过两个以上楼层时，应选择其中的一层作为支座；必要时可另选一层加设水平支承点。

对于自承重的设备穿越楼层时，厂房楼盖应与设备分开，且该设备与洞口间应留有不小于防震缝宽度的间隙；对于穿过墙壁或楼层的管道，该管道与洞口间也应留有不小于防震缝宽度的间隙。

一般情况下，楼层上的设备不得跨越防震缝布置，对必须跨越防震缝的管线或皮带运输机等，应考虑与厂房在地震作用下相协调的构造措施。

6.8.3　多层钢结构厂房抗震设计计算

多层钢结构厂房与多层钢结构房屋在结构形式、材料等地方有很多共同之处，同时由于多层钢结构厂房在工艺、设备等方面的一些特殊要求，所以其抗震计算除了满足多层钢结构房屋的一些基本规定外，还应满足以下一些基本规定。

1. 地震作用

（1）计算模型　对质量和刚度有明显不均匀、不对称的结构，宜采用空间结构计算模型，同时尚应考虑附加的扭转影响。对于可不考虑扭转影响的较规则结构，可按以下规定划分计算单元。

1）厂房的横向计算单元：当厂房内有较大抗侧刚度的构件时（如带支撑框架或支撑构件等），应按此构件间距划分；如全部为纯框架结构时，则按框架间距划分。

2）厂房的纵向计算单元；一般可取结构单元的宽度作为计算单元宽度。

（2）重力荷载代表值　地震作用计算时，重力荷载代表值的计算除了和多层钢结构房屋一样，应取结构和构配件自重标准值及各可变荷载组合值之和外，尚应根据行业的特点，对楼面检修荷载、成品或原料堆积楼面荷载、设备和料斗及管道内的物料等，采用相应的组合值系数。

（3）设备产生的地震作用　直接支承设备和料斗的构件及其连接，应计入设备等产生的地震作用：

1）设备与料斗对支承构件及其连接产生的水平地震作用，可按下式确定

$$F_s = \alpha_{max} \lambda G_{eq} \tag{6-47}$$

$$\lambda = 1.0 + H_x / H_n \tag{6-48}$$

式中　　F_s——设备或料斗重心处的水平地震作用标准值；

　　　α_{max}——水平地震影响系数最大值；

　　　G_{eq}——设备或料斗的重力荷载代表值；

　　　λ——放大系数；

　　　H_x——建筑基础至设备或料斗重心的距离；

　　　H_n——建筑基础底至建筑物顶部的距离。

2）由此水平地震作用对支承构件产生的弯矩、扭矩，取此水平地震作用乘以该设备或料斗重心至支承构件形心距离计算。

（4）计算方法　框架结构的手算比较麻烦，通常可利用一些软件（如 STAAD-Pro、SAP2000 等）进行建模和计算。

2. 地震作用效应的调整

（1）一般规定　由于附加地震作用或传力重要性的要求，对表 6-9 中所列的构件应将其

地震反应分析中所得的地震作用效应，乘以地震作用效应增大系数 η 后，进行内力设计值的组合，再进行构件截面验算和节点的设计。

表 6-9 地震作用效应增大系数 η

序号	结构或构件		增大系数	备注
1	多层框架的角柱及两个方向均设支撑的共用柱		1.3	
2	多层框架中的托柱梁		1.5	
3	柱间支撑	交叉支撑、单斜杆支撑	1.2	仅指中心支撑，不包括偏心支撑
		人字形支撑、门形支撑	1.4	
4	支承于屋面或平台上的烟囱、放散管、管道及其支架，当按双质点体系底部剪力简化计算其地震作用效应时	烟囱、放散管	3.0	
		管道及其支架	1.5	

（2）支撑框架结构中框架部分地震作用效应调整系数 在多层钢结构厂房的带支撑框架结构体系中，确定框架所承担的总地震剪力时，应考虑支撑刚度退化以及多道设防的抗震设计原则，即框架应设计成能独立承担至少 25% 的底部设计剪力。当不符合此条件时，应对框架部分的所有梁柱构件的所有地震效应都乘以一个地震效应调整系数，取 $0.25V_0/V_f$ 和 0.18 的较小者，再进行构件内力设计值的组合和验算，使得框架部分的抗剪承载力达到不小于结构底部总地震剪力的 25% 和框架部分地震剪力最大值的 1.8 倍的较小者。

（3）内力设计值增大系数 多层钢结构厂房结构中其他构件的内力设计值增大系数（如支撑的内力设计值增大系数），请参考第 6.5 节中的有关说明。

3. 构件和节点的抗震承载力验算

对多层钢结构厂房中构件的抗震承载力（强度、稳定性以及极限承载力）验算，首先将各种构件的地震作用效应、重力荷载代表值效应及相应的其他的效应都乘以相应的地震效应调整系数、增大系数以及组合系数等系数后得到各构件的最后内力设计值，然后按照《钢结构设计规范》和本章的有关说明进行构件和节点的抗震承载力验算。

6.8.4 多层钢结构厂房抗震构造措施

多层钢结构厂房中有关梁柱构件的长细比、板件的宽厚比、各种节点的构造以及柱脚的构造等请查阅本章的有关说明。除了应符合多高层钢结构房屋的有关要求外，多层钢结构厂房的抗震构造措施尚应满足以下要求。

1. 柱间支撑和屋面水平支撑

多层厂房钢框架与支撑的连接可采用焊接或高强度螺栓连接，纵向柱间支撑和屋面水平支撑布置，应符合下列要求：

1）柱间支撑一般宜设置在柱列中部附近，如图 6-18a 所示，使厂房结构在温度变化时能从支撑向两侧伸缩，以减少支撑柱子与纵向构件的温度应力。在纵向柱列数较少时，因布置需要也可在两端设置，如图 6-18b 所示。

2）屋面的横向水平支撑和顶层的柱间支撑，宜设置在厂房单元端部的同一柱间内，如

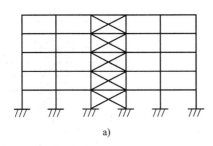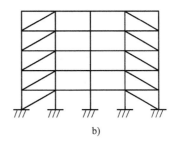

图 6-18 柱间支撑布置图

图 6-19a 所示；当厂房单元较长时，应每隔 3~5 个柱间设置一道，如图 6-19b 所示。

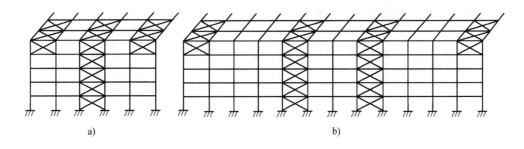

图 6-19 屋面水平支撑和柱间支撑布置图

2. 楼层水平支撑

为适应厂房屋盖开洞的情况，可设置楼层水平支撑。水平支撑的作用，主要是传递水平地震作用和风荷载，控制柱的计算长度和保证结构构件安装时的稳定性。

厂房设置楼层水平支撑时，其构造宜符合下列要求：

1）水平支撑可设在次梁底部，但支撑杆端部应与楼层轴线上主梁的腹板和下翼缘同时相连。

2）楼层水平支撑的布置应与柱间支撑位置相协调。

3）楼层轴线上的主梁可作为水平支撑系统的弦杆，斜杆与弦杆夹角宜为 30°~60°。

4）在柱网格区格次梁承受较大的设备荷载时，应增设刚性系杆，将设备重力的地震作用传到水平支撑弦杆（轴线上的主梁）或节点上。

6.9 高层钢结构房屋抗震计算例题

6.9.1 工程概况

某高层钢结构办公楼，设防烈度为 8 度，设计地震为第一组，Ⅲ类场地。采用钢框架-中心支撑结构，其中支撑采用人字形布置，结构的几何尺寸如图 6-20 所示。结构中柱采用箱形柱，梁采用焊接 H 形钢，支撑采用轧制 H 型钢，具体的构件截面尺寸见表 6-10。钢材型号为梁柱采用 Q345 钢，支撑采用 Q235 钢，楼板为 120mm 厚的压型钢板组合楼盖。

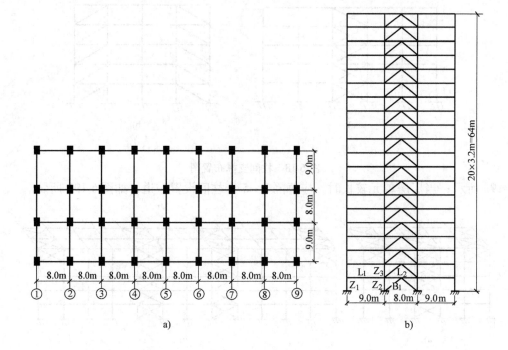

图 6-20　结构示意图

a）平面图　b）剖面图

表 6-10　结构截面尺寸　　　　　　　　　　（单位：mm）

边柱		中柱		框架梁		框架支撑	
层数	截面尺寸	层数	截面尺寸	层数	截面尺寸	层数	截面尺寸（轧制）
1~6	□450×450×32	1~7	□450×450×36	1~10	600×250×25×12	1~10	220×220×16×9.5
7~12	□450×450×28	8~14	□450×450×32	11~20	600×250×20×12	11~20	240×240×17×10
13~20	□450×450×24	15~20	□450×450×28				

6.9.2　计算模型

本工程为规则结构，可采用平面杆系模型计算。应考虑楼板与梁的共同作用，计算模型中梁的惯性矩可取 $1.5I_b$，I_b 为钢梁惯性矩。

1. 地震影响系数曲线的基本参数

水平地震影响系数最大值 $\alpha_{max} = 0.16$

场地特征周期值 $T_g = 0.45$

阻尼比 $\xi = 0.02$

则曲线下降段的衰减指数 $\gamma = 0.9 + \dfrac{0.05 - \xi}{0.3 + 6\xi} = 0.97$

直线下降段的下降斜率调整系数：$\eta_1 = 0.02 + \dfrac{(0.05 - \xi)}{4 + 32\xi} = 0.02647$

阻尼调整系数：$\eta_2 = 1 + \dfrac{0.05 - \xi}{0.08 + 1.6\xi} = 1.326$

2. 等效重力荷载代表值的计算

楼板自重　$0.12 \times 24000 \text{N/m}^2 = 2880 \text{N/m}^2$

管道、吊顶、压型钢板等自重　300N/m^2

活荷载　$1500 \times 0.5 \text{N/m}^2 = 750 \text{N/m}^2$

梁、柱、支撑等构件自重由截面尺寸确定。

6.9.3 构件内力计算及抗震验算

具体的计算可用 STAAD-Pro、SAP2000 等软件建模计算，各软件所得结果有可能不完全一致，但基本相同，本例题是用 SAP2000 软件的计算结果。

1. 各种内力调整系数

（1）地震剪力调整系数　由计算结果可知底层框架柱和支撑所承担的地震剪力分别为：

$$V_{框架} = 374210 \text{N}, \quad V_{支撑} = 655459 \text{N}$$

$$V_{框架} / (V_{框架} + V_{支撑}) = 374210 / (374210 + 655459) = 0.36 > 0.25$$

所以地震剪力调整系数取 1.0。

（2）构件内力增大系数　《规范》规定，对于钢框架-中心支撑结构中的人字形支撑组合内力设计值应乘以 1.5 的增大系数。

2. 构件抗震验算

因篇幅所限，仅对图 6-20 中的 Z_1、Z_2、Z_3、L_1、L_2 和 B_1 等少数构件和节点域进行抗震验算，表 6-11 所列为这些构件的组合内力设计值。

因为本工程是位于Ⅲ类场地、8 度设防、平面布置规则且风荷载不起控制作用的钢框架-中心支撑结构，所以构件的组合内力设计值中不考虑竖向地震作用和风荷载的作用。构件的组合内力设计值是按下式进行组合计算的。

$$S = \gamma_G S_{GE} + \gamma_{Eh} S_{Ehk} \tag{6-49}$$

式中　S——结构构件的内力组合设计值；

γ_G——重力荷载分项系数，一般情况应取 1.2，当重力荷载效应对构件承载力有利时，不应大于 1.0；

γ_{Eh}——水平地震作用分项系数，取 1.3；

S_{GE}——重力荷载代表值的效应；

S_{Ehk}——水平地震作用标准值的效应，尚应乘以相应的增大系数或调整系数。

表 6-11 部分构件的组合内力设计值和截面参数

构件编号	轴力/kN	剪力/kN	弯矩/kN·m	截面积/m²	W_{nx}/m^3	W_{ny}/m^3	承载力抗震调整系数
Z_1	1440	104	250	0.0535	6.96×10^{-3}	6.96×10^{-3}	0.75
Z_2	3292	143	306	0.0596	7.63×10^{-3}	7.63×10^{-3}	0.75
Z_3	2914	105	177	0.0596	7.63×10^{-3}	7.63×10^{-3}	0.75
L_1	—	42.5	201	0.0191	4.00×10^{-3}	5.22×10^{-3}	0.75
L_2	—	36	142	0.0191	4.00×10^{-3}	5.22×10^{-3}	0.75
B_1	561.5	—	—	8.83×10^{-3}	—	—	0.8

（1）框架柱 Z_1 的截面抗震验算　框架柱截面抗震验算包括强度验算以及平面内和平面外的整体稳定性验算，分别按式（6-4）、式（6-5）和式（6-6）进行验算。

1）强度验算：假定 $A_n = 0.9A$，$W_{nx} = W_{ny} = 0.9W_x = 0.9W_y$

$$\frac{N}{A_n} + \frac{M_x}{\gamma_x W_{nx}} + \frac{M_y}{\gamma_y W_{ny}} = \left(\frac{1440 \times 10^3}{0.9 \times 0.0535} + \frac{250 \times 10^3}{1.05 \times 0.9 \times 6.96 \times 10^{-3}} \right) N/m^2$$

$$= 67.9 \times 10^6 N/m^2 \leqslant \frac{f}{\gamma_{RE}} = 400 \times 10^6 N/m^2$$

2）平面内稳定性验算。框架柱 Z_1 为结构的底层柱，根据 Z_1 顶端所连框架梁的线刚度与柱线刚度的关系查表可得，柱 Z_1 的计算长度系数 $u = 1.5$。则

$$\lambda_x = \frac{uH}{i_x} = \frac{1.5 \times 3.2}{0.1711} = 28, \quad \varphi_x = 0.922$$

$$N_{Ex} = \pi^2 EA / \lambda_x^2 = \pi^2 \times 2.06 \times 10^{11} \times 0.0535 / 28^2 N/m^2 = 1.38 \times 10^8 N/m^2$$

$$\beta_{mx} = 1.0$$

$$\frac{N}{\varphi_x A} + \frac{\beta_{mx} M_x}{\gamma_x W_{1x} (1 - 0.8 N/N_{Ex})}$$

$$= \left[\frac{1440 \times 10^3}{0.922 \times 0.0535} + \frac{1.0 \times 250 \times 10^3}{1.05 \times 6.96 \times 10^{-3} \times \left(1 - \frac{0.8 \times 1440 \times 10^3}{1.38 \times 10^8} \right)} \right] N/m^2$$

$$= 63.7 \times 10^6 N/m^2 \leqslant \frac{f}{\gamma_{RE}} = 400 \times 10^6 N/m^2$$

3）平面外稳定性验算。本例假定平面外的计算长度系数也为 1.5，实际工程要根据实际情况计算。

则 $\varphi_y = \varphi_x = 0.922$，$\beta_{tx} = 0.65 + 0.35 M_2 / M_1 = 0.53$，$\varphi_b = 1.4$，

$$\frac{N}{\varphi_y A} + \frac{\beta_{tx} M_x}{\varphi_b W_{1x}} = \left(\frac{1440 \times 10^3}{0.922 \times 0.0535} + \frac{0.53 \times 250 \times 10^3}{1.4 \times 6.96 \times 10^{-3}} \right) N/m^2$$

$$= 42.8 \times 10^6 \text{N/m}^2 \leqslant \frac{f}{\gamma_{RE}} = 400 \times 10^6 \text{N/m}^2$$

则框架柱 Z_1 满足抗震要求。

（2）框架梁 L_1 截面抗震验算　因本结构中楼盖采用的是 120mm 厚的压型钢板组合楼盖，并与钢梁有可靠的连接，故不必验算整体稳定性，只需分别按式（6-7）和式（6-8）验算其抗弯强度和抗剪强度。

1）抗弯强度验算：假定 $W_{nx} = 0.9 W_x$，则

$$\frac{M_x}{\gamma_x W_{nx}} = \frac{201 \times 10^3}{1.05 \times 0.9 \times 4.0 \times 10^{-3}} \text{N/m}^2 = 53.2 \times 10^6 \text{N/m}^2 \leqslant 400 \times 10^6 \text{N/m}^2$$

2）抗剪强度验算：假定 $A_{wn} = 0.85 A_w$，则

$$V/A_{wn} = \frac{42.5 \times 10^3}{0.85 \times (600 - 50) \times 12 \times 10^{-6}} \text{N/m}^2$$

$$= 7.58 \times 10^6 \text{N/m}^2 \leqslant \frac{185 \times 10^6}{0.75} \text{N/m}^2 = 246.7 \times 10^6 \text{N/m}^2$$

则框架梁 L_1 满足抗震要求。

（3）支撑受压承载力验算　支撑的抗震验算要根据式（6-10）进行受压承载力验算。

因为本结构中的中心支撑采用的是人字形支撑，所以其内力设计值应乘以一个 1.5 的增大系数，即

$$N = 1.5 \times 561.5 \text{kN} = 842.25 \text{kN}$$

因 $i_y = 60.8 \text{mm} < i_x = 103 \text{mm}$，则 $\lambda = \dfrac{\sqrt{4^2 + 3.2^2}}{60.8 \times 10^{-3}} = 84.3$，$\varphi = 0.624$

$$\lambda_n = (\lambda/\pi) \sqrt{f_{ay}/E} = (84.3/3.14) \sqrt{235 \times 10^6/2.06 \times 10^{11}} \approx 0.91$$

$$\psi = 1/(1 + 0.35\lambda_n) = 1/(1 + 0.35 \times 0.91) = 0.758$$

$$N/(\varphi A_{br}) = \frac{842.25 \times 10^3}{0.624 \times 8.83 \times 10^{-3}} \text{N/m}^2 = 1.53 \times 10^8 \text{N/m}^2$$

$$\leqslant \frac{\psi f}{\gamma_{RE}} = \frac{0.758 \times 215 \times 10^6}{0.8} \text{N/m}^2 = 2.04 \times 10^8 \text{N/m}^2$$

则支撑构件 B_1 满足抗震要求。

（4）与人字形支撑相连的横梁 L_2 验算　横梁的验算按中间无支座的简支梁计算。

受压支撑的屈曲压力 $N = \varphi A_{br} \psi f / \gamma_{RE} = 1.12 \times 10^6 \text{N}$

支撑不平衡力　$F = (N_拉 - 0.3N_压) \times 3.2 \sqrt{4^2 + 3.2^2} = 3.16 \times 10^5 \text{N}$

构件自重　$q_{G1} = 1.47 \times 10^3 \text{N/m}$

楼板、吊顶等的等效重力荷载代表值 $q_{G2} = 3.144 \times 10^4 \text{N/m}$

$$M_{max} = (q_{G1} + q_{G2}) l^2/8 + Fl/4 = 8.95 \times 10^5 \text{N/m}$$

$$V_{max} = (q_{G1} + q_{G2}) l/2 + F/2 = 2.89 \times 10^5 \text{N}$$

$$\frac{M_x}{\gamma_x W_x} = \frac{0.895 \times 10^6}{1.05 \times 4.0 \times 10^{-3}} \text{N/m}^2 = 213 \times 10^6 \text{N/m}^2 \leqslant 269 \times 10^6 \text{N/m}^2$$

$$V/A_w = \frac{2.89 \times 10^5}{(600-50) \times 12 \times 10^{-6}} \text{N/m}^2 = 4.38 \times 10^7 \text{N/m}^2 \leqslant 1.67 \times 10^8 \text{N/m}^2$$

则横梁 L_2 满足抗震要求。

（5）钢框架梁柱节点全塑性承载力验算　本例仅对与 Z_2、Z_3、L_1、L_2 等构件所连节点进行全塑性承载力验算。

$$\sum W_{pc}(f_{yc} - N/A_c) = 2 \times 9.279 \times 10^{-3} \times \left(345 \times 10^6 - \frac{(3.3+2.9) \times 10^6}{0.0596}\right) \text{N} \cdot \text{m}$$

$$= 4.47 \times 10^6 \text{N} \cdot \text{m} > \eta \sum W_{pb} f_{yb}$$

$$= 1.05 \times 2 \times 4.5 \times 10^{-3} \times 345 \times 10^6 \text{N} \cdot \text{m} = 3.26 \times 10^6 \text{N} \cdot \text{m}$$

则该节点满足全塑性承载力要求。

（6）节点域的抗剪强度、屈服承载力和稳定性验算　本例仅对与 Z_2、Z_3、L_1、L_2 等构件所连节点域进行抗震验算，其他节点域的验算方法一样。具体内容就是按照式(6-16)、式(6-17)和式(6-18)对节点域进行抗剪强度、屈服承载力和稳定性验算。

1）抗剪强度验算

$$V_p = 1.8 h_b h_c t_w = 1.8 \times 550 \times 378 \times 36 \times 10^{-9} \text{m}^3 \approx 0.0135 \text{m}^3$$

$$(M_{b1} + M_{b2})/V_p = \frac{(201+142) \times 10^3}{0.0135} \text{N/m}^3 = 2.54 \times 10^7 \text{N/m}^2$$

$$\leqslant (4/3) f_v / \gamma_{RE} = \frac{4 \times 185 \times 10^6}{3 \times 0.85} \text{N/m}^2 = 2.9 \times 10^8 \text{N/m}^2$$

2）屈服承载力验算和稳定性验算

$$M_{pb1} = M_{pb2} = 4.5 \times 10^{-3} \times 345 \times 10^6 \text{N} \cdot \text{m} = 1.55 \times 10^6 \text{N} \cdot \text{m}$$

$$\frac{\psi(M_{pb1} + M_{pb2})}{V_p} = \frac{0.7 \times 2 \times 1.55 \times 10^6}{0.0135} \text{N/m}^2 = 1.6 \times 10^8 \text{N/m}^2$$

$$\leqslant (4/3) f_v = \frac{4 \times 1.85 \times 10^8}{3} \text{N/m}^2 = 2.47 \times 10^8 \text{N/m}^2$$

$$t_w = 0.036 \geqslant \frac{h_b + h_c}{90} = \frac{0.55 + 0.378}{90} = 0.01$$

则该节点域满足抗震要求。

6.9.4　抗震变形验算

$$\Delta u_{emax} = 0.00315 \text{m} < [\theta_e] h = \frac{3.2}{300} \text{m} = 0.0107 \text{m}$$

则该结构在多遇地震作用下变形满足抗震要求。

6.9.5　节点的弹性设计和极限承载力验算

本例仅对 L_1、L_2 梁柱节点进行抗震验算，其他梁柱节点的验算方法一样。节点连接采用翼缘完全焊透的坡口对接焊缝连接，腹板采用摩擦型高强度螺栓连接，共布置了 10M20 的摩擦型高强度螺栓，具体布置如图 6-21 所示。

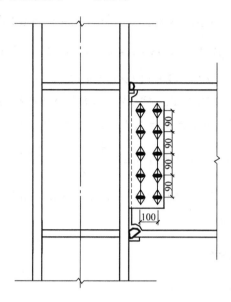

图 6-21 梁柱节点连接

1. 弹性设计

假定 $I_w = 0.85 I_w^0 = 0.85 \times 12 \times 550^3 \times 10^{-12}/12\,\text{m}^4 = 1.414 \times 10^{-4}\,\text{m}^4$，则

$$I_f = 0.25 \times 0.025 \times 0.575^2/2\,\text{m}^4 = 1.03 \times 10^{-3}\,\text{m}^4$$

$$M_f = \frac{I_f M}{I_f + I_w} = \frac{1.03 \times 10^{-3} \times 201 \times 10^3}{1.03 \times 10^{-3} + 1.414 \times 10^{-4}}\,\text{N} \cdot \text{m} = 1.77 \times 10^5\,\text{N} \cdot \text{m}$$

$$M_w = \frac{I_w M}{I_f + I_w} = \frac{1.414 \times 10^{-4} \times 201 \times 10^3}{1.03 \times 10^{-3} + 1.414 \times 10^{-4}}\,\text{N} \cdot \text{m} = 2.43 \times 10^4\,\text{N} \cdot \text{m}$$

$$N_{Mx} = \frac{2.43 \times 10^4 \times 0.18}{4 \times (0.09^2 + 2 \times 0.05^2 + 0.18^2)}\,\text{N} = 2.4 \times 10^4\,\text{N}$$

$$N_{My} = \frac{2.43 \times 10^4 \times 0.05}{4 \times (0.09^2 + 2 \times 0.05^2 + 0.18^2)}\,\text{N} = 6.7 \times 10^3\,\text{N}$$

$$N_v^b = 0.9 n_f u P = 0.9 \times 0.55 \times 1.55 \times 10^5\,\text{N} = 7.67 \times 10^4\,\text{N}$$

$$\frac{M_f}{W_f} = \frac{1.77 \times 10^5}{1.03 \times 10^{-3}/0.3}\,\text{N/m}^2 = 5.15 \times 10^7\,\text{N/m}^2$$

$$\leqslant \frac{f_t^w}{\gamma_{RE}} = \frac{300 \times 10^6}{0.9}\,\text{N/m}^2 = 3.3 \times 10^8\,\text{N/m}^2$$

$$\sqrt{\left(\frac{V}{n} + N_{My}\right)^2 + N_{Mx}^2} = 10^3 \sqrt{(4.25 + 6.7)^2 + 24^2}\,\text{N} = 2.64 \times 10^4\,\text{N}$$

$$\leqslant N_v^b = 7.67 \times 10^4\,\text{N}$$

2. 极限承载力验算

$$M_u = A_f(h - t_f)f_u = 0.25 \times 0.025 \times 0.575 \times 5.1 \times 10^8 N \cdot m = 1.83 \times 10^6 N \cdot m$$

$$M_p = 4.5 \times 10^{-3} \times 3.25 \times 10^8 N \cdot m = 1.46 \times 10^6 N \cdot m$$

$$N_{vu}^b = 0.58 n_f A_e^b f_u^b = 0.58 \times 2.45 \times 500 \times 10^6 N = 7.105 \times 10^6 N$$

$$N_{cu}^b = d \sum t f_{cu}^b = 20 \times 12 \times 1.5 \times 500 N = 1.80 \times 10^5 N$$

$$V_u = 10 \times \min(N_{vu}^b, N_{cu}^b) = 1.80 \times 10^6 N \cdot m$$

$$M_u = 1.80 \times 10^6 N \cdot m \geqslant \eta_j M_p = 1.2 \times 1.46 \times 10^6 N \cdot m = 1.75 \times 10^6 N \cdot m$$

$$V_u = 1.80 \times 10^6 N \geqslant 1.3(2M_p/l_n) = \frac{1.3 \times 2 \times 1.46 \times 10^6}{9 - 0.45}N = 4.44 \times 10^5 N$$

且 $V_u = 1.48 \times 10^6 N \geqslant 0.58 h_w t_w f_{ay} = 0.58 \times 0.55 \times 0.012 \times 3.45 \times 10^8 N = 1.32 \times 10^6 N$

则该节点设计满足抗震要求。

6.9.6 结构抗震构造措施检验

1. 框架部分的构造措施

（1）框架柱 Z_1 的构造检验

1）长细比要求

$\lambda = 28 < 60 \sqrt{235/325} = 51$（满足要求）

2）板件宽厚比要求

箱形截面壁板：$h/t_w = 386/32 = 12.06 < 35 \sqrt{235/325} = 29.7$（满足要求）

则框架柱 Z_1 满足规范构造要求。

（2）框架梁 L_1 的构造检验　因本结构的楼盖采用压型钢板现浇混凝土楼板，并与钢梁有可靠连接，故对钢梁的长细比无特殊要求。板件的长细比因此满足规范要求。

翼缘的外伸部分 $(250 - 12) / (2 \times 25) = 4.76 < 9 \sqrt{235/325} = 7.65$

腹板 $(600 - 50)/12 = 45.8 < \left(72 - \frac{100 \times 3.45 \times 10^4}{0.0191 \times 3.15 \times 10^8}\right)\sqrt{235/325} = 60.7$

则框架梁 L_1 满足规范构造要求。

2. 支撑构件 B_1 的构造措施

1）长细比要求

$\lambda = 84.3 < 90$（满足要求）

2）板件宽厚比要求

翼缘外伸部分　$\dfrac{b_1}{t} = \dfrac{240 - 10}{2 \times 17} = 6.76 < 8$　　（满足要求）

腹板　$\dfrac{h_w}{t_w} = \dfrac{240 - 34}{10} = 20.6 < 23$　　（满足要求）

支撑构件 B_1 满足规范构造要求。

思　考　题

6-1　多层及高层钢结构房屋有何特点?

6-2　建筑钢结构有哪几种主要的结构体系? 它们的抗震性能如何?

6-3　多层及高层钢结构房屋有何主要震害?

6-4　各种结构体系的多层及高层钢结构房屋适用的最大高度和最大宽厚比有何异同?

6-5　框架-支撑结构体系中, 中心支撑与偏心支撑有何区别? 如何进行支撑布置?

6-6　多层及高层钢结构房屋可采用哪些楼盖形式?

6-7　多层及高层钢结构房屋抗震设计有哪些验算内容?

6-8　抗震设计的结构如何才能实现强柱弱梁及强节点弱构件的设计思想?

6-9　钢框架结构有哪些主要抗震构造措施?

6-10　框架-支撑结构有哪些主要抗震构造措施?

6-11　多层钢结构厂房有哪些主要结构形式?

6-12　多层钢结构厂房有哪些主要抗震构造措施?

第7章

单层钢筋混凝土柱厂房抗震设计

7.1 震害及其分析

不同地震烈度地区，单层钢筋混凝土厂房主要结构构件的震害情况大体为：在7度区，少数围护墙开裂外闪，主体结构基本保持完好；在8、9度区，除围护结构、支撑系统破坏外，主体结构也出现不同程度的破坏，柱身开裂甚至折断，屋架倾斜，屋面板错动移位，一些重屋盖厂房，屋盖塌落；在10、11度地区，厂房倒塌现象普遍。

从震害情况分析，单层钢筋混凝土柱厂房存在屋盖较重、结构布置不当、整体刚度弱、构造措施不利等薄弱环节，这些薄弱环节震害情况分析如下。

7.1.1 屋盖系统

屋盖系统较重，产生的地震作用较大，而屋盖结构的整体性却显得不够，发生强烈地震时，往往局部区段首先破坏和塌落。主要震害表现为：屋面板错位、震落，以及屋架（屋面梁）与柱连接处破坏。前者破坏的主要原因是，屋面板与屋架（屋面梁）的焊点数量不足或焊接不牢，板间无灌缝或灌缝质量很差。后者主要原因为构件支撑长度不足，施焊不符合要求，或埋件锚固强度不足等。

凸出屋面的天窗架刚度远小于下部主体结构，受"鞭端效应"影响，地震作用较大，而其与屋架的构造连接又过于薄弱，极易发生倾斜甚至倒塌，它的纵向抗震能力比横向更弱。

钢筋混凝土屋架震害的主要表现是：①上弦发生扭转裂缝；②天窗架支撑传来的地震力将上弦剪断或将上弦与天窗架连接件拔出；③梯形屋架零轴力杆和竖杆发生出平面的破坏，当上弦设有支撑屋面板小柱时，小柱被剪断；④屋架与柱顶连接处发生柱顶混凝土压酥、屋架端头破裂；⑤下弦发生出平面的过大变形。

7.1.2 柱

横向排架结构中，上柱根部（由于柱截面突然变化）和高低跨厂房中柱的支承低跨屋架处（由于高振型影响），为抗震的薄弱部位。单层厂房钢筋混凝土柱主要震害表现为：

1）上柱在牛腿附近因弯曲受拉出现水平裂缝、酥裂或折断，如图7-1a所示。

2）上柱柱头由于与屋架连接不牢，连接件被拔出引起酥裂或折断。

3）下柱由于内力过大，承载力不足，在柱根部产生水平裂缝、环裂甚至折断。由于弯曲引起的竖向剪力，使平腹杆在两端产生竖向裂缝，如图 7-1b 所示。

4）柱间支撑与柱的连接部位，由于支撑应力集中，多出现水平裂缝。

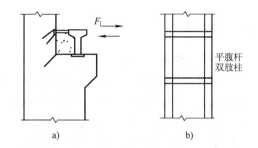

图 7-1　单层厂房柱震害示意图
a）上柱　b）下柱

7.1.3　墙体

单层钢筋混凝土柱厂房外围护砖墙、高低跨处的高跨封墙和纵、横向厂房交接处的悬墙等较高墙，与柱及屋盖连接较差，地震时容易外闪，连同圈梁大面积倒塌。

7.1.4　支撑

支撑系统，尤其是厂房纵向支撑系统，是承受纵向地震作用的重要构件。但是它们的抗震能力很弱，表现为如只按照一般构造要求设置，则往往因间距过大、杆件的刚度和强度偏低而发生支撑压弯、支撑节点板扭折、锚筋拉脱等破坏。

在进行单层厂房结构的抗震设计时，必须针对上述弱点，正确地进行结构布置，注意刚度协调，加强厂房整体性，改进连接构造，同时进行结构抗震验算，以确保厂房结构的抗震能力。

7.2　单层厂房结构抗震设计一般原则

单层厂房，无论是哪类结构形式，由哪种材料做成，都应遵守一定的设计原则，这些原则都应该在概念设计和设计计算中首先加以考虑。

7.2.1　场地选择

厂房宜选择在对建筑物抗震有利的地段（如开阔平坦的坚硬场地土或密实均匀的中硬场地土），避开对建筑物不利的地段（如软弱场地土、易液化土、采空区、河岸和边坡边缘、古河道、暗埋的塘滨沟谷、半填半挖地基等），不应该建造在危险的地段上（可能发生滑坡、地陷的地段）。

7.2.2　地基与基础

地基和基础的设计宜符合下列要求：同一结构单元的结构，宜采用同一类型的基础；同一结构单元的基础宜埋设在同一标高上；同一结构单元不宜设置在性质截然不同的地基土上；若选用桩基础宜采用低承台桩。

7.2.3 结构布置

厂房的结构布置应符合下列要求：

1) 单层厂房的平、立面布置宜规则、对称，质量和刚度变化均匀，厂房建筑物的重心尽可能降低，避免高低错落。多跨厂房宜等高等长，当高差不大时（如高差小于或等于2m），尽量做成等高。厂房屋面应不做或少做女儿墙，必须做时，应尽量降低其高度。大量震害表明，不等高多跨厂房有高振型反应，不等长多跨厂房有扭转效应，由此产生的破坏均较重。

2) 厂房的贴建房屋和构筑物不宜布置在厂房角部和紧邻防震缝处。在地震作用下，防震缝处排架柱的侧移量大，当有毗邻建筑时，相互碰撞或变位受约束的情况严重，从而加重震害。

3) 厂房平面力求避免凹凸曲折。当生产工艺设计人员认为确有必要采用较为复杂的平、立面时，应采用防震缝将厂房分隔成规则的结构单元，在厂房纵横跨交接处、大柱网厂房或不设柱间支撑的厂房，防震缝宽度可采用 100～150mm，其他情况可采用 50～90mm。另外两个主厂房之间的过渡跨至少应一侧采用防震缝与主厂房脱开，避免地震作用下，相邻两个独立的主厂房的振动变形不同步，从而使过渡跨的屋盖倒塌破坏。

4) 厂房内上起重机的铁梯不应靠近防震缝设置，因为上起重机的铁梯，晚间停放起重机时，会增大该处排架侧移刚度，加大地震反应。对于多跨厂房，各跨上起重机的铁梯不宜设置在同一横向轴线附近，否则会导致震害加重。

5) 厂房工作平台宜与主体结构脱开。厂房内的工作平台或刚性内隔墙与厂房主体结构连接时，会改变主体结构的工作性状，加大地震反应，导致应力集中，可能造成短柱效应，不仅影响排架柱，还可能涉及柱顶的连接和相邻的屋盖结构，计算和加强措施均较困难。

6) 厂房的同一结构单元内，不应采用不同的结构形式；厂房端部应设屋架，不应采用山墙承重；厂房单元内不应采用横墙和排架混合承重。不同形式的结构，其振动特性不同、材料强度不同、侧移刚度不同。在地震作用下，往往由于荷载、位移、强度的不均衡而造成结构破坏。除此，若采用山墙承重，则屋盖系统（屋面板、屋架和支撑）在两个端部不封闭，造成屋盖地震作用传递途径变化。山尖墙在6度时就有震害，其破坏后将直接引起屋盖的破坏。

7) 厂房各柱列的侧移刚度宜均匀。纵向刚度严重不均匀的厂房，由于各柱列的地震作用分配不均匀，变形不协调，常导致柱列和屋盖的纵向破坏。

7.2.4 天窗架布置

1) 天窗宜采用凸出屋面较小的避风型天窗，有条件或9度时宜采用下沉式天窗。震害表明：下沉式天窗的屋盖比突出屋面的天窗架的屋盖有更好的抗震性能。

2) 凸出屋面的天窗宜采用钢天窗架；6～8度时采用矩形截面杆件的钢筋混凝土天窗架。

3) 8度和9度时，天窗架宜从厂房单元端部第三柱间开始设置。若从第二开间起开设天窗，将使端开间每块屋面板与屋架无法焊接或焊连的可靠性大大降低而导致地震时掉落，同时也大大降低屋面纵向水平刚度。所以，如果山墙能够开窗，或者采光要求不太高时，天窗从第三开间起设置。按照这种方法设置，虽增强屋面纵向水平刚度，但对建筑通风、采光不利，考虑到 6 度和 7 度区的地震作用效应较小，且很少有屋盖破坏的震例，所以对 6 度和 7 度区不做此要求。

4）天窗屋盖、端壁板和侧板，宜采用轻型板材。

7.2.5 屋架设置

1）厂房宜采用钢屋架或重心较低的预应力混凝土屋架、钢筋混凝土屋架。震害经验表明：轻型大型屋面板无檩屋盖和钢筋混凝土有檩屋盖的抗震性能良好。

2）跨度不大于 15m 时，可采用钢筋混凝土屋面梁。跨度大于 24m，或 8 度Ⅲ、Ⅳ类场地和 9 度时，应优先采用钢屋架。柱距为 12m 时，可采用预应力混凝土托架（梁）；当采用钢屋架时，也可采用钢托架（梁）。

3）预应力混凝土和钢筋混凝土空腹桁架的腹杆及其上弦节点均较薄弱，在天窗两侧竖向支撑的附加地震作用下，容易产生节点破坏、腹杆折断的严重破坏，因此，不宜采用有凸出屋面天窗架的空腹桁架屋盖。

7.2.6 柱的设置

1）8 度和 9 度时，宜采用矩形、工字形截面柱或斜腹杆双肢柱，不宜采用薄壁工字形柱、腹板开孔工字形柱、预制腹板的工字形柱和管柱。

2）柱底至室内地坪以上 500mm 范围内和阶形柱的上柱宜采用矩形截面。

7.2.7 围护墙体

当单层厂房采用砌体结构时，宜采用配筋砌体或组合砌体构件做成，或在砌体构件中增设配筋的构造处理；围护墙体，在条件允许时，宜采用轻质材料或钢筋混凝土做成的大型墙板等轻型墙体。要注意非结构构件（如女儿墙、围护墙、雨篷等）应与主体结构有可靠的连接和锚固，以避免地震时倒塌伤人。要重视钢筋混凝土圈梁、构造柱的构造要求。

7.3 单层厂房的横向抗震验算

7.3.1 单层厂房横向抗震计算简图

单层厂房横向抗震强度验算时，一般可简化为平面排架计算，截取一个柱距的单片排架作为计算单元。当纵向柱列的柱距不等时，可选取较大柱距为计算单元，计算单元内其他柱列的几榀排架合并为一榀平面排架来计算内力。

在进行单层厂房结构的基本周期计算时，认为厂房质量均集中在柱顶处，并假定结构体系中的每一点只发生单一方向的水平振动，每一个质点只有一个自由度。于是，单跨和多跨等高厂房可简化为单质点体系（图 7-2a），两跨不等高厂房可简化为两质点体系（图 7-2b），三跨不等高（不对称）厂房可简化为三质点体系等（图 7-2c）。内力分析按惯用的静力计算方法进行。

在对设有桥式起重机的单层厂房排架进行地震作用下的内力分析时，除了把厂房各部分

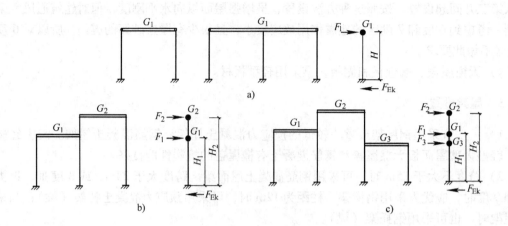

图 7-2 单层厂房横向抗震排架计算简图

a）单质点体系 b）两质点体系 c）三质点体系

的质量集中于柱顶处以外，还须将每跨间起重机的重力集中于该跨任一个柱子的吊车梁顶面处。

7.3.2 集中柱顶处的质点重力荷载 G_i 的计算

在单层厂房抗震验算中，位于柱顶以上的重力荷载，如屋盖的恒荷载和活荷载等，可作为一个质量集中的质点来考虑。但柱自重及围护墙自重、吊车梁自重等却是一些分布的或集中于竖杆不同标高处的重力荷载，属于无限多个质点的体系。

在结构动力计算中，计算厂房自振周期时，常利用"动能等效原则"计算柱顶处等效重力荷载。折算的原则是使简化体系的最大动能与原体系的最大动能相等，折算前后结构周期不变。根据此原则，可以求得动能等效换算系数 ξ（表 7-1）。将原体系中某种质点的重力荷载乘以 ξ，即为折算至柱顶处的质点重力荷载 G_i。

表 7-1 动能等效换算系数 ξ

换算集中到柱顶的各部分结构重力荷载	ξ
1. 位于柱顶以上的结构（屋盖、檐墙等）	1.0
2. 柱及与柱等高的纵墙墙体	0.25
3. 单跨和等高多跨厂房的吊车梁以及不等高厂房的边柱的吊车梁	0.5
4. 不等高厂房高低跨交接处的中柱：	
（1）中柱的下柱，集中到低跨柱顶	0.25
（2）中柱的上柱，分别集中到高跨和低跨柱顶	0.5
5. 不等高厂房高低跨交接处中柱的吊车梁：	
（1）靠近低跨屋盖，集中到低跨柱顶	1.0
（2）位于高跨及低跨柱顶之间，分别集中到高跨和低跨柱顶	0.5

根据表 7-1，可计算出单跨及等高多跨单层厂房（图 7-2a）集中到柱顶的总重力荷载为

$$G_1 = 1.0(G_{屋盖} + 0.50G_{雪} + 0.50G_{灰}) + 0.50G_{吊车梁} + 0.25(G_{柱} + G_{纵墙}) + 1.0G_{檐墙} \tag{7-1}$$

式中，$G_雪$、$G_灰$ 前的系数 0.50 为抗震验算时的可变荷载组合系数，其余系数均为动能等效换算系数。

两跨不等高厂房（图 7-2b）的相应公式为

$$G_1 = 1.0(G_{低屋盖} + 0.50G_{低雪} + 0.50G_{低灰}) + 0.50G_{低吊车梁} +$$
$$1.0G_{高吊车梁} + 0.25(G_{低边柱} + G_{中柱下柱} + G_{低外墙}) +$$
$$0.50(G_{中柱上柱} + G_{高悬墙}) \tag{7-2a}$$

$$G_2 = 1.0(G_{高屋盖} + 0.50G_{高雪} + 0.50G_{高灰}) + 0.50G_{高吊车梁} +$$
$$0.25(G_{高边柱} + G_{高外墙}) + 0.50(G_{中柱上柱} + G_{高悬墙}) \tag{7-2b}$$

在式（7-2a）中 $1.0G_{高吊车梁}$ 为中柱高跨吊车梁重力荷载代表值集中于低跨屋盖处的数值。当集中于高跨屋盖处时，应乘以 0.5 动能等效换算系数。至于集中到低跨屋盖处还是集中到高跨屋盖处，则应以就近集中为原则。

当有起重机桥架时，起重机及桥架重力使自振周期增长，但同时桥架对横向排架起撑杆作用，使横向刚度增大，自振周期变短。综合二者影响，在计算厂房自振周期时，一般可不考虑起重机重力的影响。实践表明，这样处理对厂房抗震计算偏于安全。但确定厂房地震作用时，应考虑起重机重力影响。

用动能等效原则所求得的换算重力荷载代表值确定地震作用在构件内产生的弯矩时，与原有重力荷载代表值产生的弯矩并不等效，此时应按柱底截面弯矩等效原则，确定集中于屋盖处的重力荷载代表值，具体计算公式如下。

$$G_2 = 1.0(G_{屋盖} + 0.50G_{雪} + 0.50G_{灰}) + 0.75G_{吊车梁} +$$
$$0.50(G_{柱} + G_{悬墙} + G_{纵墙})(i = 1,2) \tag{7-3}$$

式中　$0.75G_{吊车梁}$、$0.50G_{柱}$、$0.50G_{纵墙}$——吊车梁、柱和纵墙换算至 i 屋盖处的等效重力。

考虑到影响地震作用的因素很多，为简化计算，确定单层钢筋混凝土柱厂房的横向地震作用时也可采用动能等效原则计算。计算结果表明，这样处理可满足抗震计算所要求的精确度。

确定厂房地震作用时，对于设有起重机的厂房、除将厂房重力荷载按照动能等效原则集中于屋盖标高处以外，还要考虑起重机桥架重力荷载（如为硬钩起重机，尚应包括最大吊重的 30%），一般是把某跨起重机桥架重力荷载集中于该跨的任一柱吊车梁的顶面标高处。如两跨不等高厂房均设有起重机，则在确定厂房地震作用时应按四个集中质点考虑，如图 7-3 所示。

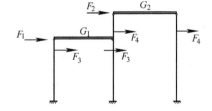

图 7-3　高低跨有起重机厂房计算简图

7.3.3　横向基本周期计算

1. 单跨和等高多跨单层厂房的基本周期 T_1

单跨和等高多跨单层厂房可按单质点体系计算其横向基本周期 T_1（以 s 计），计算公式

为

$$T_1 = 2\pi \sqrt{\frac{G_1\delta_{11}}{g}} \approx 2 \sqrt{G_1\delta_{11}} \tag{7-4}$$

式中　G_1——集中于屋盖处的质点等效重力荷载（kN）；

　　　δ_{11}——单位水平力作用于排架顶部时，该处发生的沿水平方向的位移（m/kN，图7-4）。

　　δ_{11} 的计算公式

$$\delta_{11} = (1 - x_1) \delta_{11}^A$$

式中　x_1——单位水平力作用于排架顶部时，算得的横梁内力；

　　　δ_{11}^A——当 A 柱为竖向悬臂杆，在顶端作用有单位水平力时，在该处发生的沿水平方向的位移（m/kN，图7-4）。

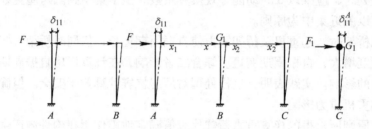

图7-4　等高排架侧移

2. **两跨不等高厂房横向基本周期 T_1**

两跨不等高厂房可按二质点体系计算其横向基本周期 T_1（以 s 计），按能量法其计算公式为

$$T_1 = 2 \sqrt{\frac{G_1\Delta_1^2 + G_2\Delta_2^2}{G_1\Delta_1 + G_2\Delta_2}} \tag{7-5}$$

$$\begin{cases} \Delta_1 = G_1\delta_{11} + G_2\delta_{12} & (7\text{-}6a) \\ \Delta_2 = G_1\delta_{12} + G_2\delta_{22} & (7\text{-}6b) \end{cases}$$

式中　　　　G_1、G_2——集中于低跨和高跨柱顶处的质点等效重力荷载（kN）；

δ_{11}、δ_{12}（ $=\delta_{21}$）、δ_{22}——单位水平力作用于排架顶部时，所发生的各柱柱顶沿水平方向的位移（m/kN，图7-5）。

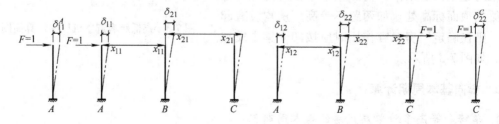

图7-5　不等高排架侧移

δ_{11}、δ_{12}、δ_{22} 可由下面公式计算

$$\delta_{11} = (1 - x_{11}) \delta_{11}^A; \qquad \delta_{21} = x_{21}\delta_{22}^C; \qquad \delta_{22} = (1 - x_{22}) \delta_{22}^C$$

式中　x_{11}、x_{21}（$= x_{12}$）、x_{22}——单位水平力作用于排架顶部时算得的横梁内力；

　　　　δ_{11}^A、δ_{22}^C——当 A、C 柱为竖向悬臂杆，在 A、C 柱顶作用有单位水平力时，在该处发生的沿水平方向的位移（m/kN，图7-5）。

3. 简化为 n 个质点体系的不等高单层厂房的横向基本周期

n 个质点体系的不等高单层厂房的横向基本周期可按下式计算

$$T_1 = 2\sqrt{\frac{\sum_{i=1}^{n} G_i \Delta_i^2}{\sum_{i=1}^{n} G_i \Delta_i}} \tag{7-7}$$

$$\begin{cases} \Delta_1 = G_1\delta_{11} + G_2\delta_{12} + \cdots + G_n\delta_{1n} \\ \vdots \\ \Delta_n = G_1\delta_{1n} + G_2\delta_{2n} + \cdots + G_n\delta_{nn} \end{cases} \tag{7-8a} \tag{7-8b}$$

各符号意义同式（7-5）、式（7-6）。

4. 横向基本周期调整

按平面排架计算厂房的横向地震作用时，排架的基本自振周期应考虑纵墙及屋架与柱连接的固结作用，可按下列规定进行调整：

1）由钢筋混凝土屋架或钢屋架与钢筋混凝土柱组成的排架，有纵墙时取周期计算值的 80%，无纵墙时取周期计算值的 90%。

2）由钢筋混凝土屋架或钢屋架与砖柱组成的排架，取周期计算值的 90%。

3）由木屋架或钢木屋架或轻钢屋架与砖柱组成的排架，取周期计算值。

7.3.4　横向水平地震作用计算

1. 用底部剪力法计算厂房横向水平地震作用

单层厂房在横向水平地震作用下，可视为多质点体系。当它的高度不超过40m，质量和刚度沿高度分布比较均匀时，可以假定地震时各质点的加速度反应分布与质点的高度成比例。因此，单层厂房结构在横向水平地震作用下的计算，可采用下述底部剪力法进行。

1）结构总水平地震作用 F_E（标准值）

$$F_E = \alpha_1 G_{eq} \tag{7-9}$$

式中　α_1——相应于结构基本周期 T_1 的水平地震影响系数

　　　G_{eq}——结构等效总重力荷载，单质点取 G_E，多质点取 $0.85G_E$，G_E 为结构的总重力荷载代表值，可采用式（7-1）、式（7-2）计算。

2）横向水平地震作用沿高度分布

$$F_i = \frac{G_i H_i}{\sum\limits_{j=1}^{n} G_j H_j} F_E \quad (i = 1, 2, \cdots, n) \tag{7-10}$$

式中　F_i——质点 i 的横向水平地震标准值，位置在柱顶或吊车梁顶面；

　　　G_i、G_j——集中于质点 i、j 的重力荷载代表值；

　　　H_i、H_j——质点 i、j 的计算高度，一般自基础顶面算起。

2. 考虑整体空间作用时横向水平地震作用的折减

当单层厂房的两端有山墙时，由于两端山墙在其平面内的刚度比排架计算单元在其平面内的刚度大得多，因此施加在柱顶的横向水平地震作用一部分通过屋盖传至山墙，使各榀排架所受的横向水平地震作用有所减少。这时，山墙处的柱顶水平位移近似为零，各排架柱顶水平位移不等，中间的柱顶水平位移 Δ_1 最大，但却比两端无山墙时的柱顶水平位移 Δ_0 小。这种现象称为单层厂房的整体空间作用。

单层厂房的整体空间作用与山墙的间距有密切关系，山墙间距越小，整体空间作用越大；它还与屋盖类型有关，采用无檩体系屋盖时由于其水平刚度较大，厂房的整体空间作用将比有檩体系屋盖的厂房大。单层厂房的动力实测试验得到类似结论，即厂房的横向自振频率随有无山墙和山墙间距的不同而变化，也随屋盖类型的不同而变化。有山墙时，横向自振频率将提高，而无檩体系厂房比有檩体系厂房提高得更多，同时这种提高又随山墙间距的减小而增大。当山墙间距过长时，实测的横向自振频率接近于排架平面内的自振频率，这时厂房不再存在整体空间作用。

此外，对于一端有山墙、一端开口的无檩体系厂房单元，有时还要考虑因厂房刚度不对称带来的扭转问题。8 度或 8 度以上地区的震害调查表明，在这类厂房单元中的伸缩缝附近的柱下端往往出现水平裂缝，少数还出现受压区混凝土压碎，钢筋压弯现象，个别的在上柱根部出现沿斜下方向发展的斜裂缝。经分析认为，这是由于这类厂房单元内质量中心与刚度中心不重合，在地震时发生扭转作用所引起的。因此，在这种情况下，尚宜考虑扭转对于伸缩缝两侧排架柱内力的影响。

《建筑抗震设计规范》规定，在符合一定条件时，钢筋混凝土柱排架（高低跨交接处除外）应按表 7-2 选用考虑整体空间作用及扭转影响的调整系数 ζ_1。这里的一定条件是：

1）设计烈度为 7 度和 8 度。当设计烈度大于 8 度时，由于山墙破坏严重，地震作用无法传给山墙，不能考虑整体空间作用。

2）厂房单元屋盖长度 L 与厂房总跨度 B 之比 $L/B \leqslant 8$ 或 $B > 12m$ 时。因为当符合这个规定时，厂房屋盖的横向水平刚度较大，能保证将地震作用通过屋盖按相应的比例传给山墙或到顶横墙，否则，由于屋盖的横向水平刚度小而不能考虑整体空间作用。当厂房仅一端有山墙（包括另一端为伸缩缝）时，L 取所考虑排架至山墙的距离。高低跨相差较大的不等高多跨单层厂房，总跨度不包括低跨部分。

3）山墙或到顶横墙厚度不小于 240mm，开洞所占的水平截面面积不超过总面积的 50%，并与屋盖系统有可靠的连接。

4）山墙或承重（抗震）横墙的长度不宜小于其高度。山墙的稳定性不易保证，因此不考虑空间作用影响。

表 7-2　钢筋混凝土柱（高低跨交接处上柱除外）考虑整体空间作用及
扭转影响的效应调整系数

屋盖	山墙		屋盖长度/m											
			≤30	36	42	48	54	60	66	72	78	84	90	96
钢筋混凝土无檩屋盖	两端山墙	等高厂房	—	—	0.75	0.75	0.75	0.8	0.8	0.8	0.85	0.85	0.85	0.9
		不等高厂房	—	—	0.85	0.85	0.85	0.9	0.9	0.9	0.95	0.95	0.95	1.0
	一端山墙		1.05	1.15	1.2	1.25	1.3	1.3	1.3	1.3	1.35	1.35	1.35	1.35
钢筋混凝土有檩屋盖	两端山墙	等高厂房	—	—	0.8	0.85	0.9	0.95	0.95	1.0	1.0	1.05	1.05	1.1
		不等高厂房	—	—	0.85	0.9	0.95	1.0	1.0	1.05	1.05	1.1	1.1	1.15
	一端山墙		1.0	1.05	1.1	1.1	1.15	1.15	1.15	1.2	1.2	1.2	1.25	1.25

7.3.5　排架的内力分析

按式（7-10）求得各质点的横向水平地震作用 F_i 后，就可将其当做静荷载施加在各质点 i 上，采用一般结构力学的方法进行排架的内力分析，得到排架柱在横向水平地震作用下的内力。

在计算排架柱在横向水平地震作用下的内力时，要注意下列问题。

1. 高振型对高低跨交接处柱子内力的影响

由于高低跨厂房在地震时存在着高振型的影响，高低两个屋盖可能产生相反方向的运动，从而增大了高低跨交接处柱子上柱部分的内力（即支承低跨屋盖柱的牛腿以上各截面的内力）。《建筑抗震设计规范》规定：高低跨交接处的钢筋混凝土的支承低跨屋盖的牛腿以上各截面，按底部剪力法求得的地震弯矩和剪力应乘以放大系数 η，其值可按下式采用

$$\eta = \zeta \left(1 + 1.7 \frac{n_h}{n_o} \cdot \frac{G_{EL}}{G_{Eh}} \right) \tag{7-11}$$

式中　ζ——不等高厂房高低跨交接处空间作用影响系数，按表 7-3 采用；

n_h——高跨跨数；

n_o——计算跨数，仅一侧有低跨时取总跨数，两侧均有低跨时取总跨数与高跨跨数之和；

G_{Eh}——集中在高跨柱顶标高处的总重力荷载代表值；

G_{EL}——集中在高低跨交接处一侧各低跨屋盖标高处总重力荷载代表值。

表 7-3　高低跨交接处钢筋混凝土上柱空间工作影响系数

屋盖	山墙	屋盖长度/m										
		≤36	42	48	54	60	66	72	78	84	90	96
钢筋混凝土无檩屋盖	两端山墙	—	0.7	0.76	0.82	0.88	0.94	1.0	1.06	1.06	1.06	1.06
	一端山墙	1.25										
钢筋混凝土有檩屋盖	两端山墙	—	0.9	1.0	1.05	1.1	1.1	1.15	1.15	1.15	1.2	1.2
	一端山墙	1.05										

2. 高振型对凸出屋面的天窗架的影响

当单层厂房有凸出屋面的顶部结构时，由于鞭端效应影响，顶部结构的破坏将比下部排架结构严重。两者的刚度比及质量比相差越大，这种鞭端效应也越大；但当顶部结构的横向刚度大于厂房排架结构的横向刚度时，高振型的影响很小，甚至可认为不存在这种影响。

按下列规定计算凸出屋面天窗架的横向地震作用：

1）有斜撑杆的三铰拱式钢筋混凝土和钢天窗架的横向水平地震作用可按底部剪力法计算。当天窗架的跨度大于 9m，或天窗架的跨度虽小于或等于 9m 但设计烈度为 9 度时，天窗架的横向水平地震作用效应宜乘以 1.5。此增大部分的地震作用效应不往下传递。

2）其他情况的天窗架的横向水平地震可采用振型分解反应谱法。

3）起重机桥自重引起的地震作用。震害表明，有起重机的厂房，在遭遇地震作用时，起重机桥架会造成厂房局部强烈振动而引起严重破坏。为此，钢筋混凝土柱单层厂房的吊车梁的顶面标高处的上柱截面的内力，由起重机桥架引起的地震剪力和弯矩应乘以表 7-4 所列的内力放大系数 θ。

表 7-4　桥架引起的地震剪力和弯矩增大系数

屋盖类型	山墙	边柱	高低跨柱	其他中柱
钢筋混凝土无檩屋盖	两端山墙	2.0	2.5	3.0
	一端山墙	1.5	2.0	2.5
钢筋混凝土有檩屋盖	两端山墙	1.5	2.0	2.5
	一端山墙	1.5	2.0	2.0

7.3.6　排架内力组合

排架横向抗震验算时的内力组合，是指地震作用引起的内力和与之相应的静力竖向荷载引起的内力，在可能出现的最不利情况下所进行的组合，可以根据它进行结构构件的强度验算。其计算方法有以下特点：

1）地震作用是往复的，所以由地震作用产生的排架结构构件截面内力可正可负。

2）内力组合时不考虑风荷载，也不考虑起重机横向水平制动力。

3）在静力竖向荷载计算中，起重机的竖向荷载在单跨时按一台起重机考虑，在多跨时按分别在不同跨度内的两台起重机考虑，并与计算地震作用时所取的起重机台数和所在跨相应。

两类荷载组合后的荷载效应 S（包括轴力、弯矩、剪力）按下式计算

$$S = \gamma_G S_{GE} + \gamma_{Eh} S_{Ehk} \tag{7-12}$$

式中　γ_G——重力荷载分项系数，一般情况下 $\gamma_G = 1.2$，当重力荷载效应对构件承载能力有利时，不应大于 1.0；

　　　S_{EG}——重力荷载代表值的效应，当有起重机时，尚应包括悬吊物重力标准值的效应，此悬吊重力荷载不计入横向水平地震作用；

　　　γ_{Eh}——水平地震作用分项系数，$\gamma_{Eh} = 1.3$；

　　　S_{Ehk}——水平地震作用标准值的效应，尚应乘以相应增大系数或调整系数。

7.3.7　厂房结构构件的抗震验算

单层钢筋混凝土柱厂房的抗震承载力验算，可按（GB 50010—2010）《混凝土结构设计规范》进行，这里不再赘述。

7.4　单层厂房的纵向抗震验算

历次地震，特别是海城、唐山地震，厂房沿纵向发生破坏的例子很多，而且中柱列的破坏普遍比边柱列严重得多。所以，在厂房抗震设计中，应认真对待抗震验算问题。

单层厂房在纵向水平地震作用下的内力分析，严格说来，应视屋盖为一水平剪切梁，厂房的纵向承重结构如纵向柱列、纵向柱间支撑和围护纵墙为一联合体，并由屋盖将纵向构件连接成一个多质点的空间结构，按多质点空间结构的力学模型进行抗震分析，求得厂房结构的纵向基本周期和各主振型的地震作用。然后求得各个控制截面的组合地震作用效应 S。对于不等高厂房和不对称厂房，还要考虑厂房的扭转影响。

用上述多质点空间的结构分析方法虽然精确但计算繁琐，在计算分析和震害总结基础上，《建筑抗震设计规范》提出了厂房纵向抗震计算原则和简化方法。大体有三种方法：柱列法、修正刚度法及拟能量法，前两种方法适用于单跨和等高多跨厂房，视屋盖类型的不同而异。拟能量法厂房适用于多跨不等高厂房。

无论采用哪种方法，在抗震验算中都涉及各种纵向结构构件的刚度计算问题。

7.4.1　纵向结构构件的刚度计算

单层厂房纵向结构的总刚度可以分解为图 7-6 所示的三部分。显然，第 s 柱列的纵向柱列结构的总刚度 K_s，应该等于该柱列所有结构构件的刚度之和，即

$$K_s = \sum K_c + \sum K_b + \sum K_w \qquad (7\text{-}13)$$

式中　$\sum K_c$——纵向柱列各柱刚度的总和；

　　　$\sum K_b$——纵向柱列中柱间支撑刚度的总和；

　　　$\sum K_w$——纵墙体刚度的总和。

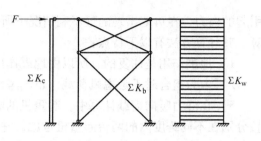

图7-6　纵向柱列刚度构成

对于多跨厂房，$\sum K_c$、$\sum K_b$、$\sum K_w$ 本身又都是各边柱和各中柱列刚度之和。确定构件刚度时，可先确定构件的柔度矩阵，然后求逆。如有两个水平力作用于构件上（如有起重机的情况），可分别求出柔度系数 δ_{11}、δ_{12}、δ_{21}、δ_{22}，如图7-7所示，然后建立柔度矩阵 $\boldsymbol{\delta}$，并由 $\boldsymbol{\delta}$ 求得墙体侧移刚度，$\boldsymbol{K} = \boldsymbol{\delta}^{-1}$，展开后得相应刚度为 $K_{11} = \delta_{22}/\left|\boldsymbol{\delta}\right|$；$K_{22} = \delta_{11}/\left|\boldsymbol{\delta}\right|$；$K_{21} = K_{12} = \delta_{11}/\left|\boldsymbol{\delta}\right|$。$K_{11}$ 为一个力作用于支撑顶端时，支撑的刚度系数亦即在力作用点处产生单位水平侧移时，作用点处需施加的力；$\left|\boldsymbol{\delta}\right| = \delta_{11}\delta_{22} - \delta_{12}^2$。

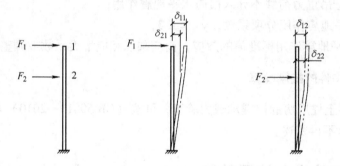

图7-7　构件有两个集中力作用

下面分别介绍其计算方法。

1. 柱柔度

纵向柱列由一系列排架柱组成，柱柔度为

$$\delta_{11} = \frac{H^3}{\mu C_0 EI'_x} \qquad (7\text{-}14)$$

式中　δ_{11}——柱顶在单位力下的侧移；

　　　H——柱高（m）；

　　EI'_x——下柱截面在纵向排架平面内的抗弯刚度（kN·m^2）；

　　　C_0——变截面柱系数，可参照有关设计手册，对于等截面悬臂柱，为3.0；

　　　μ——屋盖、吊车梁等纵向构件对柱抗弯刚度的影响系数，无吊车梁时，$\mu = 1.10$，有吊车梁时，$\mu = 1.50$。

当有两个侧力作用时，不难求出 δ_{11}、δ_{22}、δ_{12}（$=\delta_{21}$）。

2. 柱间支撑刚度

（1）柔性柱间支撑的刚度（支撑杆长细比 $\lambda > 150$）　这类支撑适用于设计烈度低（如设计烈度为7度）、厂房小、无起重机或起重机起重量轻的情况，或不属于上述情况，但所布置的支撑数量较多时（如设计烈度为8度时所设置的上柱支撑）。由于在这种情况下支撑斜杆的内力很小，截面小而杆件长细比很大，斜杆基本上不能够承受压力，因而在柱间支撑的计算简图中只考虑受拉的斜杆，不考虑受压斜杆。这类支撑的柔度可以用图 7-8 来计算。

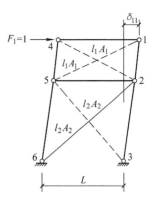

$$\delta_{11} = \frac{1}{L^2 E}\left(\frac{l_1^3}{A_1} + \frac{l_2^3}{A_2}\right) \tag{7-15}$$

式中　l_1、l_2、A_1、A_2——上、下柱支撑斜杆的长度（m）和截面面积（m^2）；

　　　　L——支撑水平杆的长度（m）；

　　　　E——支撑斜杆材料的弹性模量（kN/m^2）。

在 $F_1 = 1$ 作用下，斜杆的内力为

$$\left.\begin{array}{l} N_{51} = l_1/L \\ N_{62} = l_2/L \end{array}\right\} \tag{7-16}$$

图 7-8　柱间交叉支撑柔度

（2）半刚性柱间支撑的刚度（支撑杆长细比 $\lambda = 40 \sim 150$）　这类支撑适用于设计烈度为 8 度的较大跨度厂房。在这种情况下，由于支撑斜杆的内力较大，小截面型钢已不能满足强度和刚度的要求，故此时斜杆的长细比往往小于 150，属于中柔度杆，具有一定的抗压强度和刚度，因而可以考虑这类支撑的斜拉杆和斜压杆均参加受力，但仍忽略水平杆和竖杆的轴向变形。半刚性交叉支撑的柔度为

$$\delta_{11} = \frac{1}{L^2 E}\left[\frac{l_1^3}{(1+\varphi_{\text{上}})\,A_1} + \frac{l_2^3}{(1+\varphi_{\text{下}})\,A_2}\right] \tag{7-17}$$

式中　$\varphi_{\text{上}}$、$\varphi_{\text{下}}$——上支撑和下支撑轴心受压钢构件的稳定系数，按 GB 50017—2003《钢结构设计规范》；

其余符号同式（7-14）。

在 $F_1 = 1$ 作用下，斜杆的内力为

$$\left.\begin{array}{ll} N_{51} = \dfrac{l_1}{(1+k_{\text{上}}\,\varphi_{\text{上}})\,L}, & N_{42} = -\dfrac{k_{\text{上}}\,\varphi_{\text{上}}\,l_1}{(1+k_{\text{上}}\,\varphi_{\text{上}})\,L} \\[3mm] N_{62} = 2\,\dfrac{l_2}{(1+k_{\text{下}}\,\varphi_{\text{下}})\,L}, & N_{53} = -2\,\dfrac{k_{\text{下}}\,\varphi_{\text{下}}\,l_2}{(1+k_{\text{下}}\,\varphi_{\text{下}})\,L} \end{array}\right\} \tag{7-18}$$

式中　$k_{\text{上}}$、$k_{\text{下}}$——考虑上支撑和下支撑钢压杆进入非弹性阶段时，内力的综合影响系数，$\lambda = 60 \sim 100$ 时，取 $k = 0.7 \sim 0.6$，$\lambda = 100 \sim 200$ 时，取 $k = 0.6 \sim 0.5$；

其余符号同式（7-15）。

当有两个水平力时，如图 7-9 所示，有以下计算公式

$$\delta_{12} = \delta_{21} = \delta_{22} = \frac{1}{L^2 E}\,\frac{l_2^3}{(1+\varphi_{\text{下}})\,A_2} \tag{7-19}$$

进而写出柔度矩阵，柔度矩阵求逆，得侧移刚度。

（3）刚性交叉柱间支撑的刚度（支撑杆长细比 $\lambda < 40$）　这类支撑杆件的长细比较小，属于小柔度杆，受压时不致发生侧向失稳现象，压杆与拉杆一样能充分发挥其全截面强度和刚度的作用。刚性交叉支撑的柔度按下式计算

$$\delta_{11} = \frac{1}{2L^2 E}\left(\frac{l_1^3}{A_1} + \frac{l_2^3}{A_2}\right) \tag{7-20}$$

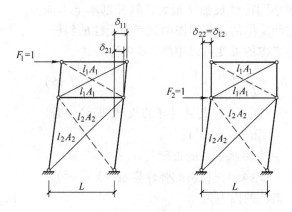

图7-9 柱间支撑有两个水平力

各符号同式（7-14）。

在 $F_1 = 1$ 作用下，斜杆的内力为

$$\left.\begin{array}{l} N_{51} = -N_{42} = l_1/2L \\ N_{62} = -N_{53} = l_2/2L \end{array}\right\} \tag{7-21}$$

3. 墙肢柔度

对于底端为固定端的悬臂无洞单肢墙，在顶端有 $F = 1$ 作用下，当考虑墙体的弯曲变形和剪切变形时，该单肢墙的柔度（图7-10a）为

$$\delta_w = \frac{H^3}{3EI} + \frac{\xi H}{BtG} \approx \frac{4\left(\frac{H}{B}\right)^3}{Et} + \frac{3\left(\frac{H}{B}\right)}{Et} = \frac{4\rho^3 + 3\rho}{Et} \tag{7-22}$$

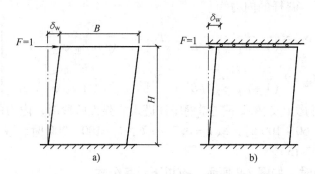

图7-10 墙肢侧移示意图

对于上下端嵌固的无洞单肢墙，在顶端有 $F = 1$ 作用下，该单肢墙的柔度（图7-10b）为

$$\delta_w = \frac{H^3}{12EI} + \frac{\xi H}{BtG} \approx \frac{\rho^3 + 3\rho}{Et} \tag{7-23}$$

式中 H、B、t——墙肢的高度（m）、长度（m）、厚度（m）；

ρ——墙肢的高宽比，$\rho = \dfrac{H}{B}$；

E、G——墙肢砌体材料的弹性模量（kN/m^2）、切变模量（kN/m^2），$G \approx 0.4E$；

ξ——切应力不均匀系数，矩形截面取 1.2。

厂房贴砌纵墙多层多肢贴砌砖墙，如图 7-11 所示，洞口将砖墙分为侧移刚度不同的若干层。在计算各层墙体的侧移刚度时，对于窗洞上下的墙体可以只考虑剪切变形，窗间墙可视为两端嵌固的墙段。在计算窗间墙段的刚度时，可同时考虑剪切变形和弯曲变形，即对于第 i 层 j 段窗间墙的刚度取 $K_{ij} = Et/(\rho^3 + 3\rho)$，故该层墙的刚度为 $K_i = \sum K_{ij}$，墙体侧移 $\delta_i = 1/K_i$。墙体在单位水平力作用下的侧移 δ 为各层砖墙侧移之和。

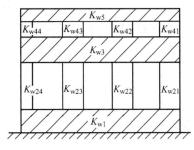

图 7-11　多层多肢贴砌砖墙侧移

若求某 1、2 两个高度处的墙体刚度时，如图 7-12 所示，可先求出墙体侧移 δ_{11}、δ_{12}、δ_{21}、δ_{22} 建立柔度矩阵 $\boldsymbol{\delta}$，并由 $\boldsymbol{\delta}$ 求得墙体侧移刚度，相应刚度为 $K_{11} = \delta_{22}/|\boldsymbol{\delta}|$；$K_{22} = \delta_{11}/|\boldsymbol{\delta}|$；$K_{21} = K_{12} = -\delta_{11}/|\boldsymbol{\delta}|$。

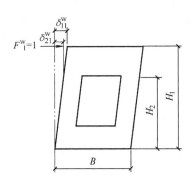 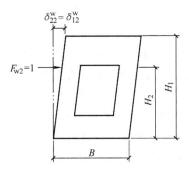

图 7-12　两个集中力时贴砌砖墙侧移

当墙面开洞时，应考虑洞口对墙体刚度削弱的影响，通常可用乘以开洞影响系数来反映。同时考虑持续地震作用下砖墙开裂后刚度应降低，对于贴砌的砖围护墙，可根据柱列侧移值的大小，取侧移刚度折减系数 $\gamma = 0.2 \sim 0.6$。

4. 有起重机时厂房第 i 柱列的刚度矩阵和柔度矩阵

有起重机时，相当于有两个水平力作用于构件上。

（1）刚度矩阵　i 柱列刚度矩阵为

$$\boldsymbol{K}_i = \begin{pmatrix} K_{11} & K_{12} \\ K_{21} & K_{22} \end{pmatrix} = \boldsymbol{K}_c + \boldsymbol{K}_b + \boldsymbol{K}_w$$

$$= \begin{pmatrix} K_{11}^c + K_{11}^b + K_{11}^w & K_{12}^c + K_{12}^b + K_{12}^w \\ K_{21}^c + K_{21}^b + K_{21}^w & K_{22}^c + K_{22}^b + K_{22}^w \end{pmatrix} \tag{7-24}$$

若取柱列所有柱的总侧移刚度为该柱列全部柱间支撑总侧移刚度的 10%，取 $\sum K_{\mathrm{c}} = 0.1 \sum K_{\mathrm{b}}$，则式（7-24）可写成

$$K_{\mathrm{i}} = \begin{pmatrix} 1.1K_{11}^{\mathrm{b}} + K_{11}^{\mathrm{w}} & 1.1K_{12}^{\mathrm{b}} + K_{12}^{\mathrm{w}} \\ 1.1K_{21}^{\mathrm{b}} + K_{21}^{\mathrm{w}} & 1.1K_{22}^{\mathrm{b}} + K_{22}^{\mathrm{w}} \end{pmatrix} \tag{7-25}$$

（2）柔度矩阵　i 柱列柔度矩阵为

$$\Delta_{\mathrm{i}} = \begin{pmatrix} \delta_{11} & \delta_{12} \\ \delta_{21} & \delta_{22} \end{pmatrix} = K_{\mathrm{i}}^{-1}$$

7.4.2　柱列法

1. 适用范围

1）各类型屋盖的单跨厂房。

2）等高多跨轻型柔性屋盖厂房。主要指采用石棉瓦、瓦楞铁、机瓦和木望板等轻质材料做屋盖的厂房。

2. 计算原则

柱列法是将单层厂房沿每跨屋盖的纵向中线切开，如图 7-13 所示，将厂房分割成若干相互独立的柱列结构进行抗震验算的一种方法。这种方法按单质点系分别计算各片柱列结构的纵向基本周期，然后对各柱列纵向水平地震作用分别进行计算，但在基本周期计算中引进厂房整体工作的调整系数。在算得基本周期后，就可以用底部剪力法算出各片柱列结构需要承受的纵向水平地震作用，并进行各结构构件的纵向抗震验算。

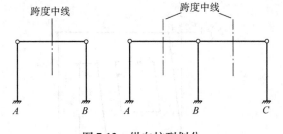

图 7-13　纵向柱列划分

由于屋盖纵向水平面内的刚度很小，由它连接成的空间结构是"弱连接体系"，在地震动时，整个厂房结构的纵向振动特性比较接近于各个柱列自成体系的振动情况。前者（单跨厂房）的柱列虽然可能与纵向水平刚度较大的屋盖相连接，但由于两侧柱列的纵向结构刚度一般是相同的，整个厂房结构的纵向振动特性也比较接近于各个柱列自成体系的振动情况。因此，可采用按各柱列自成振动体系的原则来确定各柱列的纵向地震作用。

3. 纵向等效重力荷载代表值

单层厂房纵向抗震验算时，应以一个伸缩缝区段为计算单元。计算单层厂房纵向基本周期，需要将本单元各部分重力荷载用动能等效原则将它们折算到柱顶标高处。在计算单层厂房纵向水平地震作用时，按内力等效原则进行计算，还需要将吊车梁及其配件的重力荷载、起重机桥架自重（硬钩起重机尚应包括部分悬吊物重力荷载）等集中到吊车梁顶面标高处。两种情况下，单层厂房各部分重力荷载的折算系数 ε 可按表 7-5 取用。

表 7-5　纵向抗震验算时的质量折算系数 ε

序号	厂房结构各部分重力荷载	确定纵向基本周期时	确定纵向地震作用时	
			无起重机柱列	有起重机柱列
1	位于柱顶以上部位的重力荷载	1.0	1.0	1.0
2	柱	0.25	0.50	0.1（柱顶） 0.4（吊车梁顶）
3	山墙、到顶横墙	0.25	0.50	0.50
4	纵墙（包括贴砌墙、嵌砌墙）	0.35	0.70	0.70
5	吊车梁及配件、起重机桥（硬钩起重机包括悬吊荷载的30%）	0.50	—	1.0（吊车梁顶）

单跨及多跨等高厂房在计算纵向基本周期时，假定集中到柱顶的总等效重力荷载为

$$G_{s} = 1.0(G_{屋盖} + 0.50G_{雪} + 0.50G_{灰}) + 0.50(G_{吊车梁} + G_{起重机桥}) +$$
$$0.25(G_{柱} + G_{横墙}) + 0.35G_{纵墙} \tag{7-26}$$

在计算有吊车梁柱列的纵向地震作用时，假定集中到吊车梁顶和柱顶的等效重力荷载分别为

$$w_{s(吊车梁顶)} = 1.0(G_{吊车梁} + G_{起重机桥}) + 0.40G_{柱} \tag{7-27}$$
$$G_{s(柱顶)} = 1.0(G_{屋盖} + 0.50G_{雪} + 0.50G_{灰}) + 0.10G_{柱} +$$
$$0.50G_{横墙} + 0.70G_{纵墙} \tag{7-28}$$

在计算无吊车梁柱列的纵向地震作用时，假定集中到柱顶的总等效重力荷载为

$$G_{s(柱顶)} = 1.0(G_{屋盖} + 0.50G_{雪} + 0.50G_{灰}) + 0.50G_{柱} +$$
$$0.50G_{横墙} + 0.70G_{纵墙} \tag{7-29}$$

4. 基本自振周期

厂房第 i 柱列沿纵向作自由振动的基本周期为

$$T_{1} = 2\psi_{T}\sqrt{G_{i}\delta_{i}} \tag{7-30}$$

式中　ψ_{T}——根据厂房空间分析结果确定的周期修正系数，对于单跨厂房，$\psi_{T} = 1.0$，对多跨厂房，按表 7-6 采用；

G_{i}——换算至 i 柱列柱顶标高处的等效重力荷载代表值。

表 7-6　考虑厂房整体工作的基本周期调整系数

			边柱列	中柱列
砖墙	有柱撑	边跨无天窗	1.6（1.3）	0.9（0.9）
		边跨有天窗	1.65（1.4）	0.9（0.9）
	无柱撑		2（1.15）	0.85（0.85）

注：括号内数据适用于无围护墙或用挂瓦、石棉瓦墙。

5. 柱列纵向水平地震作用

（1）无起重机厂房 此时，作用于第 i 柱列顶处的水平地震作用 F_{Ei} 为

$$F_{Ei} = \alpha_1 G_{eq} \tag{7-31}$$

式中 α_1——相应于结构基本周期 T_1 的水平地震影响系数；

G_{eq}——第 i 柱列柱顶等效总重力荷载，按式（7-29）计算。

（2）有起重机厂房 有起重机厂房纵向水平地震作用如图 7-14 所示，作用于第 i 柱列柱顶标高的纵向水平地震作用同式（7-31），但 G_{eq} 应用式（7-28）计算。作用于第 i 柱列吊车梁顶标高的纵向水平地震作用为

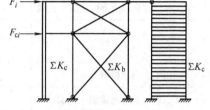

图 7-14 有起重机厂房纵向水平地震作用

$$F_{ci} = \alpha_1 G_{ci} \frac{H_{ci}}{H_i} \ (i = 1, \ 2, \ \cdots, \ n) \tag{7-32}$$

式中 F_{ci}——i 柱列的纵向水平地震标准值，位置在柱顶或吊车梁顶面；

G_{ci}——同式（7-27）中的 w_s，为第 i 柱列集中到吊车梁顶面标高的重力荷载代表值；

H_{ci}——为 i 柱列吊车梁顶高度；

H_i——第 i 柱列柱顶高度，一般自基础顶面算起。

6. 构件水平地震作用分配

（1）无起重机厂房 第 i 柱列，每一根柱子、一片柱间支撑及贴砌纵向砖墙所分担的纵向地震作用分别为

$$F_c = \frac{\sum K_c}{nK_s} F_{Ei} \ （柱）（i = 1, \ 2, \ \cdots, \ n） \tag{7-33a}$$

$$F_b = \frac{\sum K_b}{mK_s} F_{Ei} \ （柱撑）（i = 1, \ 2, \ \cdots, \ n） \tag{7-33b}$$

$$F_w = \frac{\sum K_w}{K_s} F_{Ei} \ （墙肢）（i = 1, \ 2, \ \cdots, \ n） \tag{7-33c}$$

式中 F_{Ei}——质点 i 的横向水平地震作用，按式（7-31）计算；

n、m——第 i 柱列的柱子总根数、柱间支撑个数；

K_s、$\sum K_c$、$\sum K_b$、$\sum K_w$——意义与式（7-13）相同。

（2）有起重机柱列 有起重机纵向水平地震作用分配如图 7-15 所示。为简化计算，可粗略地假定柱为剪切杆，取柱列所有柱的总侧移刚度为该柱列全部柱间支撑总侧移刚度的 10%，取 $\sum K_c = 0.1 \sum K_b$。i 柱列一根柱、一片支撑和一片墙在柱顶标高处所分配的地震作用可按（7-33）计算。但式中 F_{Ei} 由式（7-28）算出等效重力荷载后求得。起重机所引起的地震作用，由柱和支撑承担。一根柱、一片支撑所分配的水平地震作用为

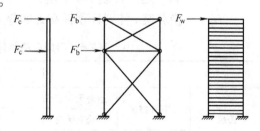

图 7-15 有起重机厂房纵向水平地震作用分配

$$F_c^i = \frac{1}{11n} F_{ci} \tag{7-34}$$

$$F_b^i = \frac{k_b}{1.1 \sum k_b} F_{ci} \tag{7-35}$$

式中　n——第 i 柱列柱的总根数。

　　F_{ci}——第 i 柱列吊车梁顶标高的纵向水平地震作用，按式（7-32）计算。

7.4.3　修正刚度法

1. 适用范围

修正刚度法适用于等高多跨的无檩或有檩钢筋混凝土屋盖厂房。

2. 计算原则

此法取整个抗震缝区段为纵向计算单元。在确定厂房的纵向自振周期时，首先假定整个屋盖为一刚性盘体，把所有柱列的纵向刚度加在一起，按"单质点体系"计算，但屋盖实际上并非绝对刚性，这样，自振周期计算中引入了一个修正系数 ψ_T（见表 7-7），以考虑屋盖变形的影响。确定地震作用在各柱列之间的分配时，只有当屋盖的刚度为无限大时，才仅与柱列刚度这惟一因素成正比。而当屋盖并非绝对刚性时，地震作用的分配系数应该根据柱列的实际侧移来考虑。修正刚度法仍采用按柱列刚度比例分配地震作用，但对屋盖的空间作用及纵向围护墙对柱列侧移的影响作了考虑。在具体计算中，通过系数 ψ_3（见表 7-8）来反映纵向围护墙的刚度对柱列侧移量的影响；用 ψ_4（见表 7-9）反映纵向采用砖围护墙时，中柱列支撑的强弱对柱列侧移量的影响，边柱列可采用 $\psi_4 = 1.0$。

表 7-7　厂房纵向基本周期修正系数 ψ_T

屋盖类型	无檩体系		有檩体系	
	边跨无天窗	边跨有天窗	边跨无天窗	边跨有天窗
周期修正系数	1.3	1.35	1.4	1.45

由于厂房屋盖的纵向水平刚度很大，整体空间作用显著，在地震动时，整个厂房结构的纵向振动特性比较接近于刚性屋盖厂房。因此，采用刚性屋盖厂房结构的纵向振动特性来确定纵向地震作用，以及采取刚性屋盖分配的原则来确定纵向地震作用在各柱列间的分配，是可行的。

3. 纵向等效重力荷载代表值

按 7.4.2 节有关内容计算。

4. 基本自振周期

修正刚度法是假定整个屋盖为一刚性盘体，把所有柱列的纵向结构连接起来，近似地按单质点体系进行计算。单层砖柱厂房纵向基本自振周期为

$$T_1 = 2\psi_T \sqrt{\frac{\sum G_i}{\sum K_i}} \tag{7-36}$$

式中　ψ_T——厂房自振周期修正系数（见表 7-7）；

$\sum G_i$——厂房单元集中到屋盖标高处的等效重力荷载;

$\sum K_i$——厂房单元纵向侧移刚度。

对于柱顶高度不超过 15m 且平均跨度不超过 30m 的单跨或多跨的钢筋混凝土柱砖围护墙厂房,其纵向基本周期亦可按下列经验公式确定

$$T_1 = 0.23 + 0.00025\psi_1 l \sqrt{H^3} \tag{7-37}$$

式中 ψ_1——屋盖类型系数,大型屋面板钢筋混凝土屋架可采用 1.0,钢屋架采用 0.85;

l——厂房跨度(m),多跨厂房可取各跨的平均值;

H——基础顶面至柱顶的高度。

对于敞开、半敞开或墙板与柱子柔性连接的厂房,基本周期应乘以围护墙影响系数 ψ_2,$\psi_2 = 2.6 - 0.002l \sqrt{H^3}$,$\psi_2$ 小于 1.0 时取 1.0。

5. 柱列纵向水平地震作用

(1)无起重机厂房 作用于第 i 柱列柱顶标高处的地震作用标准值为

$$F_i = \alpha_1 G_{eq} \frac{K_{ai}}{\sum K_{ai}} \tag{7-38}$$

$$K_{ai} = \psi_3 \psi_4 K_i \tag{7-39}$$

式中 α_1——相应于结构纵向基本周期 T_1 的水平地震影响系数;

G_{eq}——厂房单元各柱列等效总重力荷载代表值,按式(7-29)计算;

K_i——i 柱列柱顶的总侧移刚度,应包括 i 柱列内柱子和上、下柱间支撑的侧移刚度及纵墙的折减侧移刚度的总和;贴砌的砖围护墙侧移,刚度的折减系数,可根据柱列侧移值的大小,采用 0.2~0.6;

K_{ai}——i 柱列柱顶的调整侧移刚度;

ψ_3、ψ_4——柱列刚度调整系数,按表 7-8、表 7-9 取值。

表 7-8 围护墙影响系数 ψ_3

围护墙类别和烈度		柱列和屋盖类别				
		边柱列	中柱列			
			无檩屋盖		有檩屋盖	
240 砖墙	370 砖墙		边跨无天窗	边跨有天窗	边跨无天窗	边跨有天窗
	7 度	0.85	1.7	1.8	1.8	1.9
7 度	8 度	0.85	1.5	1.6	1.6	1.7
8 度	9 度	0.85	1.3	1.4	1.4	1.5
9 度		0.85	1.2	1.3	1.3	1.4
无墙、石棉瓦或挂瓦		0.90	1.1	1.1	1.2	1.2

表7-9 纵向采用砖围护墙的中柱列柱间支撑影响系数 ψ_4

厂房单元内设置下柱支撑的柱间数	中柱列下柱支撑斜杆的长细比					中柱列无支撑
	≤40	41~80	81~120	121~150	>150	
一柱间	0.9	0.95	1.0	1.1	1.25	1.4
二柱间			0.9	0.95	1.0	

（2）有起重机厂房 第 i 柱列顶标高处的地震作用时，按式（7-31）计算，但其中的 G_{eq} 按式（7-28）计算。第 i 柱列吊车梁顶标高处的纵向地震作用时，按式（7-32）计算。

6. 柱列构件水平地震作用计算

（1）无起重机柱列 柱、支撑、墙在柱顶标高处的水平地震作用分别按式（7-33a）、式（7-33b）、式（7-33c）计算。

（2）有起重机柱列 计算方法与柱列法相同。

7.4.4 拟能量法

1. 适用范围

拟能量法适用于钢筋混凝土无檩及有檩屋盖的两跨不等高厂房的纵向抗震计算。

2. 计算原则

由于存在高低跨柱列，使得厂房的纵向自振特性和柱列间地震作用的分配复杂化。拟能量法以剪扭振动空间分析结果为标准，进行试算对比，找出各柱列按跨度中心划分质量的调整系数，从而得出各柱列作为分离体时的有效质量，然后按能量法公式确定整个厂房的自振周期，并用底部剪力法按单独柱列分别计算出各柱列的水平地震作用。

3. 基本周期

以一个抗震缝区段作为计算单元，将厂房质量按跨度中心线划分开，并将墙柱等支承结构的质量换算集中到各柱列的柱顶高度处。质量换算求基本周期需要按动力等效原则，而计算水平地震作用时应按结构底部内力等效原则，两者在数值上是不相等的。但为了减少手算工作量，在计算周期和地震作用时统一用后一数值，同时对计算周期乘以小于1的周期修正系数 ψ_T。计算周期时，对于无起重机的或起重机吨位较小的厂房，一般将质量全部集中到柱顶；而对有较大吨位起重机的厂房，则应在支承起重机梁的牛腿面处增设一个质点。为了考虑厂房纵向的空间作用影响，对有关质点的质量尚应进行某些调整。然后将各柱列的集中质量视为水平力作用于相应位置，并求出各柱列在各质点位置处的侧移（图7-16），按能量法确定厂房纵向基本周期，即

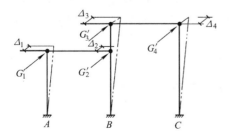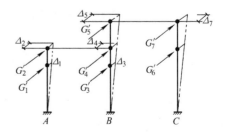

图7-16 纵向周期计算简图

$$T_1 = 2\psi_T \sqrt{\frac{\sum G'_{si}\Delta_i^2}{\sum G'_{si}\Delta_i}} \qquad (7\text{-}40)$$

式中 ψ_T——周期修正系数，无围护墙时，取 0.9，有围护墙时，取 0.8；

  Δ_i——各柱列作为独立单元，在本柱列各质点等效重力荷载（代表值）作为纵向水平力的共同作用下，i 质点处产生的侧移（图 7-16）；

  G'_{si}——按厂房空间作用进行质量调整后，s 列第 i 个质点的等效重力荷载代表值。

G'_{si} 按下列方法确定：

1）高低跨中柱列柱顶高度处质点。$G'_i = \xi G_{si}$，其中 G_{si} 为中柱列柱顶等效重力荷载，ξ 取值见表 7-10。

2）边柱列柱顶高度处质点。$G'_{si} = G_{si} + (1-\xi)G_{(s\pm1)i}$，其中 G_{si} 为边柱列柱顶等效重力荷载；$G_{(s\pm1)i}$ 为与 G_{si} 相邻的中柱列的同标高柱顶的等效重力荷载。

3）其他中柱柱顶质点及牛腿顶面处质点重力荷载代表值不调整。

表 7-10 中柱列质量调整系数 ξ

围护墙类别和烈度		柱列和屋盖类别			
		中柱列			
		无檩屋盖		有檩屋盖	
240 砖墙	370 砖墙	边跨无天窗	边跨有天窗	边跨无天窗	边跨有天窗
	7 度	0.50	0.55	0.60	0.65
7 度	8 度	0.60	0.65	0.70	0.75
8 度	9 度	0.70	0.75	0.80	0.85
9 度		0.75	0.80	0.85	0.90
无墙、石棉瓦或挂瓦		0.90		1.0	

4. 高低跨各柱列重力荷载代表值

按结构底部内力等效原则等效质点重力荷载代表值，按下述方法计算：

（1）边柱列 无起重机或有较小吨位起重机时，质点重力荷载代表值为

$$G_s = 1.0(G_{屋盖} + 0.50G_{雪} + 0.50G_{灰}) + 0.75(G_{吊车梁} + G_{起重机桥}) + 0.5(G_{柱} + G_{横墙}) + 0.7G_{纵墙} \qquad (7\text{-}41)$$

有较大吨位起重机时，质点重力荷载代表值为

$$G_s = 1.0(G_{屋盖} + 0.50G_{雪} + 0.50G_{灰}) + 0.1G_{柱} + 0.5G_{横墙} + 0.7G_{纵墙} \qquad (7\text{-}42)$$

（2）中柱列 无起重机或有较小吨位起重机时，对于低跨柱顶，质点重力荷载代表值为

$$G_s = 1.0(G_{屋盖} + 0.50G_{雪} + 0.50G_{灰}) + 1.0(G_{吊车梁} + G_{起重机桥})_{高跨} + 0.75(G_{吊车梁} + G_{起重机桥})_{高跨} + 0.5(G_{柱} + G_{横墙}) + 0.70G_{纵墙} + 0.5G_{悬墙} \qquad (7\text{-}43)$$

对于高跨柱顶，质点重力荷载代表值为

$$G_s = 1.0(G_{屋盖} + 0.50G_{雪} + 0.50G_{灰}) + 0.5G_{横墙} + 0.5G_{悬墙} \qquad (7\text{-}44)$$

有较大吨位起重机时，对于低跨柱顶，质点重力荷载代表值为

$$G_s = 1.0(G_{屋盖} + 0.50G_{雪} + 0.50G_{灰}) + 1.0(G_{吊车梁} +$$
$$G_{起重机桥})_{高跨} + 0.1G_{柱} + 0.5G_{横墙} + 0.5G_{悬墙} \tag{7-45}$$

对于高跨柱顶，质点重力荷载代表值为

$$G_s = 1.0(G_{屋盖} + 0.50G_{雪} + 0.50G_{灰}) + 0.5G_{横墙} + 0.5G_{悬墙} \tag{7-46}$$

（3）集中于牛腿处质点　质点重力荷载代表值为

$$G_s = 1.0(G_{吊车梁} + G_{起重机桥})_{高跨} + 0.4G_{柱} \tag{7-47}$$

在式（7-41）～式（7-47）中，$G_{起重机桥}$取各跨内起重机桥重的 1/2。

5. 柱列水平地震作用标准值

作用于第 i 柱列屋盖标高处的地震作用标准值，按调整后的质点重力荷载代表值计算：

边柱列
$$F_i = \alpha_1 G'_{si} \tag{7-48}$$

中柱列

$$F_{ik} = \frac{G'_{ik}H_{ik}}{G'_{i1}H_{i1} + G'_{i2}H_{i2}}\alpha_1(G'_{i1} + G'_{i2}) \quad (i \text{ 为柱列号}; k \text{ 为质点号}) \tag{7-49}$$

对有起重机的厂房，作用于第 i 柱列吊车梁顶标高处的水平地震作用标准值，可按式（7-32）近似计算。

6. 构件水平地震作用分配

1）边柱列。边柱列水平地震作用标准值，可参照式（7-33）计算。

2）高低跨中柱列。高低跨柱列水平地震作用如图 7-17 所示；高低跨柱列水平地震作用分配如图 7-18 所示。为简化计算，可粗略地假定柱为剪切杆，取柱列所有柱的总侧移刚度为该柱列全部柱间支撑总侧移刚度的 10%，这样可按下式计算各抗侧力构件的水平地震作用标准值。

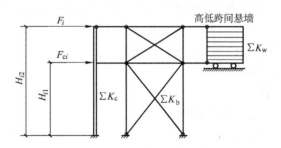

图 7-17　高低跨柱列水平地震作用示意图

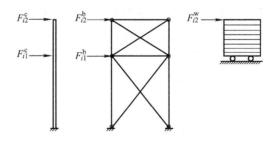

图 7-18　高低跨柱列水平地震作用分配

悬墙
$$F_{i2}^{w} = \frac{\psi_k K_{22}^{w}}{1.1 K_{22}^{b} + \psi_k K_{22}^{w}} F_{i2} \tag{7-50}$$

支撑
$$F_{i2}^{b} = \frac{K_{22}^{b}}{1.1 K_{22}^{b} + \psi_k K_{22}^{w}} F_{i2} \tag{7-51a}$$

$$F_{i1}^{b} = \frac{F_{i1} + F_{i2}^{w}}{1.1} \tag{7-51b}$$

柱
$$F_{i1}^{c} = 0.1 F_{i1}^{b} \tag{7-52a}$$

$$F_{i2}^{c} = 0.1 F_{i2}^{b} \tag{7-52b}$$

式中 F_{i2}^{w}——悬墙顶点所分配的水平地震作用标准值;

F_{i1}——第 i 柱列顶点标高处（即 2 点）所承受的水平地震作用;

F_{i2}——第 i 柱列低跨标高处（即 1 点）所承受的水平地震作用;

F_{i1}^{b}、F_{i2}^{b}——低跨和高跨屋盖标高处柱支撑所分配的水平地震作用;

F_{i1}^{c}、F_{i2}^{c}——低跨和高跨屋盖标高处柱所分配的水平地震作用。

7.4.5   突出屋面天窗架的纵向抗震计算

突出屋面天窗架的纵向抗震计算，可采用下列方法：

1）天窗架的纵向抗震计算，可采用空间结构分析法，并计及屋盖平面弹性变形和纵墙的有效刚度。

2）柱高不超过 15m 的单跨和等高多跨混凝土无檩屋盖厂房的天窗架纵向地震作用计算，可采用底部剪力法，但天窗架的地震作用效应应乘以效应增大系数，其值可按下列规定采用：

单跨、边跨屋盖或有纵向内隔墙的中跨屋盖 $\eta = 1 + 0.5n$

其他中跨屋盖 $\eta = 0.5n$

式中 η——等效增大系数;

n——厂房跨数，超过四跨时取四跨。

【例 7-1】   某稀土产品加工车间，为两跨不等高钢筋混凝土厂房，车间长度 60m，低跨、高跨各布置两台 5t 和 10t 中级工作制起重机，AB 跨 18m，BC 跨 24m。厂房剖面如图 7-19 所示，厂房柱间支撑布置示意图如图 7-20 所示。截面尺寸：上柱均为矩形 400mm × 400mm，A 列下柱为矩形 400mm × 600mm，B、C 列下柱为工字形 400mm × 800mm。屋盖结构采用钢筋混凝土大型屋面板、钢筋混凝土屋架、240mm 围护墙。屋盖雪荷载 0.4kN/m²，活荷载 0.5kN/m²；I_1 类场地，地震动参数划分的特征周期为二区，柱间支撑采用 A3 型钢（$E_s = 2.06 \times 10^5 N/mm^2$），按设防烈度为 8 度，计算横向及纵向水平地震作用。

【解】   1. 横向计算

（1）横向自振周期计算

1）计算简图如图 7-21 所示。作用于一个标准单元上的重力荷载值见表 7-11。

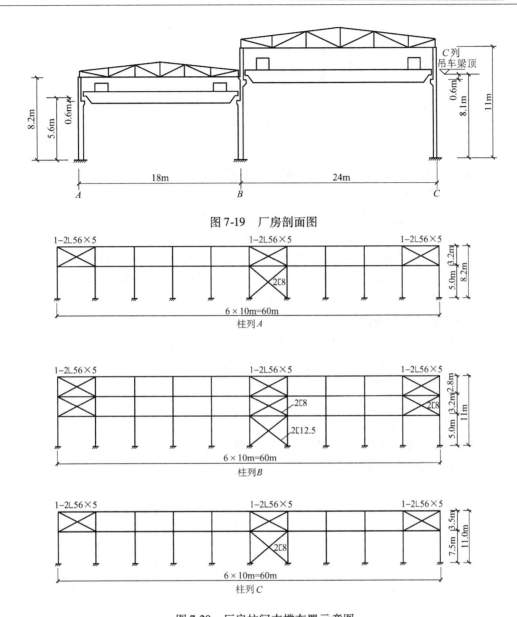

图 7-19 厂房剖面图

图 7-20 厂房柱间支撑布置示意图

表 7-11 作用于一个标准单元上的重力荷载值 （单位：kN）

荷载类别		跨 别	低跨 （18 m 跨）	高跨 （24 m 跨）
屋盖自重			370.5	509.1
雪荷载			43.2	57.6
吊车梁			37.2	42
柱自重	上柱		13	16
	下柱		32	48（B） 45（C）
外墙重			184	222
吊车桥架重			32	180
悬墙			56.2	

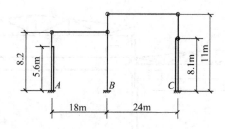

图 7-21 计算简图

2）屋盖（柱顶）及吊车梁顶面的等效重力荷载代表值

集中于低跨屋盖的重力荷载为

$$G_1 = 1.0 G_{低屋盖} + 0.5 G_{低雪} + 0.25 \times (G_{低边柱} + G_{中柱下柱} + G_{低外墙}) +$$
$$0.5 G_{中柱上柱} + 0.5 G_{低吊车梁} + 1.0 G_{高吊车梁} + 0.5 G_{高悬墙}$$
$$= 1.0 \times 370.5 kN + 0.5 \times 43.2 kN + 0.25 \times (13 + 32 + 48 + 184) kN +$$
$$0.5 \times 16 kN + 0.5 \times 2 \times 37.2 kN + 1.0 \times 42 kN + 0.5 \times 56.2 kN$$
$$= 576.7 kN$$

集中于高跨屋盖的重力荷载为

$$G_2 = 1.0 G_{高屋盖} + 0.5 G_{高雪} + 0.25 \times (G_{高边柱} + G_{高外墙}) +$$
$$0.50 (G_{中柱上柱} + G_{高悬墙}) + 0.50 G_{高吊车梁}$$
$$= 1.0 \times 509.1 kN + 0.5 \times 57.6 kN + 0.25 \times (16 + 45 + 222) kN +$$
$$0.5 \times (16 + 56.2) kN + 0.5 \times 42 kN$$
$$= 665.8 kN$$

3）排架位移计算。悬臂柱位移计算简图如图 7-22 所示。由图 7-22，可计算出 $\delta_{11}^A = 1.14 \times 10^{-3} m/kN$，$\delta_{22}^C = 1.33 \times 10^{-3} m/kN$。

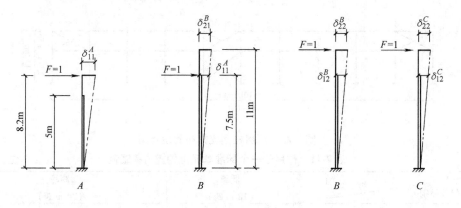

图 7-22 悬臂柱位移计算简图

排架位移计算简图如 7-23 所示。由图 7-23，可计算出

$X_{11} = 0.806, X_{12} = X_{21} = -0.214, X_{22} = 0.564$

$\delta_{11} = (1 - X_{11})\delta_{11}^A = (1 - 0.806) \times 1.14 \times 10^{-3} m/kN = 0.221 \times 10^{-3} m/kN$

$\delta_{12} = \delta_{21} = X_{21}\delta_{22}^C = 0.214 \times 1.33 \times 10^{-3} m/kN = 0.285 \times 10^{-3} m/kN$

$\delta_{22} = (1 - X_{22})\delta_{22}^C = (1 - 0.564) \times 1.33 \times 10^{-3} m/kN = 0.580 \times 10^{-3} m/kN$

4）排架基本周期为

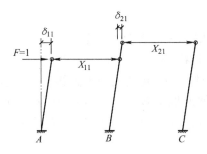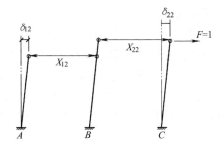

图 7-23 排架位移计算简图

$$\Delta_1 = G_1\delta_{11} + G_2\delta_{12} = 576.7 \times 0.221 \times 10^{-3}\text{m} + 665.8 \times 0.285 \times 10^{-3}\text{m}$$
$$= 0.317\text{m}$$

$$\Delta_2 = G_1\delta_{12} + G_2\delta_{22} = 576.7 \times 0.285 \times 10^{-3}\text{m} + 665.8 \times 0.580 \times 10^{-3}\text{m}$$
$$= 0.551\text{m}$$

$$T_1 = 2\sqrt{\frac{G_1\Delta_1^2 + G_2\Delta_2^2}{G_1\Delta_1 + G_2\Delta_2}} = 2\sqrt{\frac{576.7 \times 0.317^2 + 665.8 \times 0.551^2}{576.7 \times 0.317 + 665.8 \times 0.551}}\text{s} = 1.37\text{s}$$

修正系数为 0.8，修正后 $T_1 = 1.09\text{s}$。

（2）横向地震作用计算

1）集中于低跨屋盖的重力荷载为

$$G_1 = 1.0G_{低屋盖} + 0.5G_{低雪} + 0.5 \times （G_{低边柱} + G_{中柱}） + 0.5G_{低纵墙} +$$
$$0.75G_{低吊车梁} + 0.5G_{高悬墙}$$
$$= 1.0 \times 370.5\text{kN} + 0.5 \times 43.2\text{kN} + 0.5 \times （13 + 32 + 16 + 48）\text{kN} +$$
$$0.5 \times 184\text{kN} + 0.75 \times 2 \times 37.2\text{kN} + 1.0 \times 42\text{kN} + 0.5 \times 56.2\text{kN}$$
$$= 664.5\text{kN}$$

应注意的是，G_1 中包括了中柱高跨吊车梁重。

2）集中于高跨屋盖的重力荷载为

$$G_2 = 1.0G_{高屋盖} + 0.5G_{高雪} + 0.5 \times （G_{中柱上柱} + G_{高边柱} + G_{高外墙}） +$$
$$0.75G_{高吊车梁} + 0.50G_{高悬墙}$$
$$= 1.0 \times 509.1\text{kN} + 0.5 \times 57.6\text{kN} + 0.5 \times （16 + 16 + 45 + 222）\text{kN} +$$
$$0.75 \times 42\text{kN} + 0.5\text{kN} \times 56.2\text{kN} = 747\text{kN}$$

3）集中于吊车梁顶面的重力为 $G_3 = 164\text{kN}$，$G_4 = 180\text{kN}$。

4）作用于排架柱底的剪力为

$$F_E = \alpha_1 \times 0.85 \times \sum G_i = \left(\frac{0.3}{1.09}\right)^{0.9} \times 0.16 \times 0.85 \times$$
$$（664.5 + 747 + 164 + 180）\text{kN} = 74.7\text{kN}$$

5）各质点的地震作用

$$F_i = \frac{G_iH_i}{\sum\limits_{j=1}^{n} G_jH_j}F_E$$

由此得各质点的地震作用为 $F_1 = 25.3\text{kN}$，$F_2 = 38.3\text{kN}$，$F_3 = 4.2\text{kN}$，$F_4 = 6.8\text{kN}$。

（3）排架内力分析　屋盖标高处地震作用引起的柱子内力标准值。

1）横梁内力

$X_1 = F_1 X_{11} + F_2 X_{21} = 25.3 \times 0.806\text{kN} - 38.3 \times 0.214\text{kN} = 12.2\text{kN}$（压）

$X_2 = F_1 X_{12} + F_2 X_{22} = 25.3 \times 0.214\text{kN} - 38.3 \times 0.564\text{kN} = -16.2\text{kN}$（拉）

2）排架内力调整。本厂房两端有240mm厚山墙，并与屋盖有良好连接，厂房总长度与总跨度之比小于8，且柱顶高度小于15m，故对排架的地震剪力与弯矩乘以考虑空间工作和扭转影响的效应调整系数，柱截面（中柱上柱截面除外）内力乘以0.9。中柱上柱截面内力乘以效应增大系数

$$\eta = \zeta\left(1 + 1.7\,\frac{n_h}{n_o} \cdot \frac{G_{EL}}{G_{Eh}}\right) = 1.0 \times \left(1 + 1.7 \times \frac{1}{2} \times \frac{664.5}{747}\right) = 1.76$$

3）柱内力计算。屋盖标高处地震作用引起的柱子内力计算见表7-12。

表7-12 柱子内力计算结果

柱列		A			B			C		
截面		上柱底	下柱底		上柱底	下柱底		上柱底	下柱底	
内力	内力分类	$M/\text{kN}\cdot\text{m}$	$M/\text{kN}\cdot\text{m}$	V/kN	$M/\text{kN}\cdot\text{m}$	$M/\text{kN}\cdot\text{m}$	V/kN	$M/\text{kN}\cdot\text{m}$	$M/\text{kN}\cdot\text{m}$	V/kN
	按平面排架算	28.8	73.8	9.0	45.4	311.9	32.5	67.5	243.1	22.1
	考虑空间工作	25.9	66.4	8.1	79.9*	280.7	29.3	60.8	218.8	19.9

注：$79.9 = 16.2 \times (11 - 8.2) \times 1.76$，其余第二行数字由第一行数字乘以空间作用效应调整系数0.9（见表7-2）得到。

4）起重机桥架地震作用引起的柱的内力标准值。此时，柱的内力可由静力计算中起重机横向水平荷载所引起的柱内力乘以相应比值得到。还要对吊车梁顶标高处的上柱截面乘以表7-4的内力增大系数。

2. 纵向计算

（1）等效重力荷载代表值 厂房重力荷载集中示意图如图7-24所示。

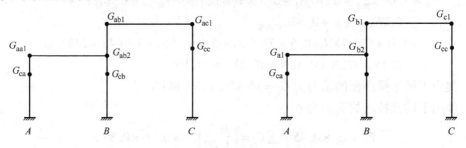

图7-24 厂房重力荷载集中示意图

1）集中于低跨屋盖的质点重力荷载为

$G_{a1} = 1.0G_{半低屋盖} + 0.5G_{半低雪} + 0.1G_{低边柱} + 0.5G_{低横墙} +$
$\qquad 0.7G_{低纵墙} + 0.75G_{低吊车梁} + 0.5G_{高悬墙}$

$= 1.0 \times 370.5 \times 0.5 \times 10\text{kN} + 0.5 \times 43.2 \times 0.5 \times 10\text{kN} +$

$\qquad 0.1 \times (13 + 32) \times 11\text{kN} + 0.5 \times 605 \times 2\text{kN} + 0.75 \times 184 \times 10\text{kN}$

$= 3995\text{kN}$

$$G_{b2} = 1.0G_{半低屋盖} + 0.5G_{半低雪} + 0.1G_{中柱} + 0.5G_{横墙} +$$
$$0.5G_{高悬墙} + 1.0 （G_{高桥架} + G_{高吊车梁}）$$
$$= 1.0 \times 370.5 \times 0.5 \times 10kN + 0.5 \times 43.2 \times 0.5 \times 10kN + 0.1 \times$$
$$（16 + 48）\times 11kN + 0.5 \times （605 + 807）\times 2kN +$$
$$0.5 \times 56.2 \times 10kN + 1.0 \times （42 \times 10 + 180）kN$$
$$= 4324kN$$

2）集中于高跨屋盖的质点重力荷载为

$$G_{b1} = 1.0G_{高屋盖} + 0.5G_{高雪} + 0.5G_{横墙} + 0.4G_{中柱上柱} + 0.50G_{高悬墙}$$
$$= 1.0 \times 509.1 \times 0.5 \times 10kN + 0.5 \times 57.6 \times 0.5 \times 10kN +$$
$$0.5 \times 2 \times 276kN + 0.4 \times 11 \times 16kN + 0.5 \times 10 \times 56.2kN$$
$$= 3317kN$$

$$G_{c1} = 1.0G_{高屋盖} + 0.5G_{高雪} + 0.1G_{边柱} + 0.5G_{横墙} + 0.7G_{高纵墙}$$
$$= 1.0 \times 509.1 \times 0.5 \times 10kN + 0.5 \times 57.6 \times 0.5 \times 10kN + 0.1 \times$$
$$（16 + 45）\times 11kN + 0.5 \times 807 \times 2kN + 0.7 \times 10 \times 222kN$$
$$= 5118kN$$

3）集中于牛腿标高处的质点重力荷载为

$$G_{ca} = 0.4G_{低柱} + 1.0（G_{吊车梁} + G_{桥架}）$$
$$= 0.4 \times （13 + 32）\times 11kN + 1.0 \times （37.2 \times 10 + 164）kN = 734kN$$

$$G_{cb} = 0.4G_{中下柱} + 1.0（G_{吊车梁} + G_{桥架}）$$
$$= 0.4 \times 48 \times 11kN + 1.0 \times （37.2 \times 10 + 164）kN = 747kN$$

$$G_{cc} = 0.4G_{边柱} + 1.0（G_{吊车梁} + G_{桥架}）$$
$$= 0.4 \times 48 \times 11kN + 1.0 \times （42 \times 10 + 180）kN = 811kN$$

考虑厂房空间作用对质点重力荷载进行调整如下

$$G_{aa1} = G_{a1} + （1 - \xi）G_{b2} = 3995kN + （1 - 0.7）\times 4324kN = 5292kN$$
$$G_{ac1} = G_{c1} + （1 - \xi）G_{b1} = 5118kN + （1 - 0.7）\times 3317kN = 6113kN$$
$$G_{ab1} = \xi G_{b1} = 0.7 \times 3317kN = 2322kN$$
$$G_{ab2} = \xi G_{b2} = 0.7 \times 4324kN = 3027kN$$

（2）柱列刚度

1）柱列 A

① A 列柱间支撑如图 7-25 所示，支撑参数见表 7-13。

表 7-13 A 列柱间支撑参数

序号	支撑位置	数量	截面	A/mm^2	回转半径 i/mm	l/mm	l_o/mm	λ	φ
1	上柱支撑	3	2L56×5	1083	21.7	6450	3225	148.6	0.325
2	下柱支撑	1	2[8	2048	31.5	7507	3754	119	0.458

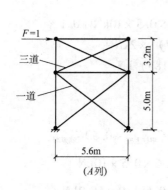
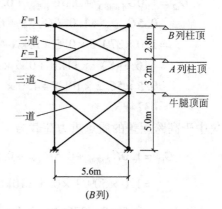

图 7-25　柱间支撑

$$\delta_{11} = \frac{1}{L^2 E}\left[\frac{l_1^3}{(1+\varphi_{\perp})A_1} \times \frac{1}{3} + \frac{l_2^3}{(1+\varphi_{\top})A_2}\right]$$

$$= \frac{1}{2.06 \times 10^5 \times 5600^2} \times \left[\frac{6450^3}{(1+0.325) \times 1083} \times \frac{1}{3} + \frac{7507^3}{(1+0.458) \times 2048}\right] \text{mm/N}$$

$$= 3.16 \times 10^{-5} \text{mm/N}$$

$$k_A^b = \frac{1}{\delta_{11}} = 31646 \text{kN/m}$$

② A 列纵墙刚度。纵墙计算结果见表 7-14。

表 7-14　A 列墙段刚度计算

序 号		h/m	b/m	$\rho = \dfrac{h}{b}$	$\dfrac{1}{\rho^3 + 3\rho}$	k_{ij} / (N/mm)	$k_w = \sum \dfrac{Et}{\rho^3 + 3\rho}$ / (N/mm)	$\delta_i = \dfrac{1}{k_i}$ / (mm/N)
1		1.7	60	0.0283	11.78		4.37×10^6	0.229×10^{-6}
2	2边	3.6	1.5	2.4	0.0476	17673	$2 \times 17673 + 9 \times 69689$ $= 662547$	1.51×10^{-6}
	2中	3.6	3	1.2	0.1877	69689		
3		0.9	60	0.015	22.22		8.25×10^6	0.121×10^{-6}
4	4边	1.8	1.5	1.2	0.1877	69689	$2 \times 69689 + 9 \times 174129$ $= 1706539$	0.586×10^{-6}
	4中	1.8	3	0.6	0.4690	174129		
5		0.2	60	0.0033	101		37.5×10^6	0.027×10^{-6}

$$\sum \delta_i = 2.473 \times 10^{-6}$$

由表 7-14，可计算出柱列 A 的纵墙刚度为

$$k_A^w = \frac{1}{\sum \delta_i} = 404367 \text{kN/m}$$

柱列 A 总刚度

$$k_A = \sum k_A^b + \sum k_A^c + \sum k_A^w = 1.1 \sum k_A^b + \sum k_A^w = 439288 \text{kN/m}$$

2）柱列 B。

① B 列柱间支撑。柱间支撑参数见表7-15。

表 7-15　B 列柱间支撑参数

序　号	支撑位置	数量	截面	A/mm^2	回转半径 i /mm	l/mm	l_o/mm	λ	φ	ψ
1	上柱支撑	3	2L56×5	1083	21.7	6261	3131	144	0.34	0.556
2	中柱支撑	3	2⌐8	2048	31.5	6500	3250	103	0.555	0.597
3	下柱支撑	1	2⌐12.5	3138	49.5	7507	3754	76	0.727	0.660

$$\begin{aligned}
\delta_{11} = \delta_{12} = \delta_{21} &= \frac{1}{L^2 E}\Big[\frac{l_2^3}{(1+\varphi_{中})A_2}\times\frac{1}{3} + \frac{l_3^3}{(1+\varphi_{下})A_3}\Big]\\
&= \frac{1}{2.06\times10^5\times5600^2}\times\Big[\frac{6500^3}{(1+0.555)\times2048}\times\frac{1}{3}+\\
&\quad \frac{7507^3}{(1+0.727)\times3138}\Big]\text{mm/N}\\
&= 1.65\times10^{-5}\text{mm/N}
\end{aligned}$$

$$\begin{aligned}
\delta_{22} &= \frac{1}{L^2 E}\Big[\frac{l_1^3}{(1+\varphi_{上})A_1}\times\frac{1}{3} + \frac{l_2^3}{(1+\varphi_{中})A_2}\times\frac{1}{3} + \frac{l_3^3}{(1+\varphi_{下})A_3}\Big]\\
&= 2.53\times10^{-5}\text{mm/N}
\end{aligned}$$

$$\begin{aligned}
|\boldsymbol{\delta}| &= \delta_{11}\delta_{22} - \delta_{12}^2 = (1.65\times2.53 - 1.65^2)\times10^{-10}(\text{mm/N})^2\\
&= 1.452\times10^{-10}(\text{mm/N})^2
\end{aligned}$$

$$k_{11B}^b = \frac{\delta_{22}}{|\boldsymbol{\delta}|} = \frac{2.53\times10^{-5}}{1.452\times10^{-10}}\text{kN/m} = 174242\text{kN/m}$$

$$k_{22B}^b = \frac{\delta_{11}}{|\boldsymbol{\delta}|} = \frac{1.65\times10^{-5}}{1.452\times10^{-10}}\text{kN/m} = 113636\text{kN/m}$$

$$k_{12B}^b = k_{21B}^b = \frac{-\delta_{21}}{|\boldsymbol{\delta}|} = \frac{-1.65\times10^{-5}}{1.452\times10^{-10}}\text{kN/m} = -113636\text{kN/m}$$

② 悬墙刚度。高低跨悬墙刚度计算方法与 A 列纵墙刚度计算方法相同，具体计算过程从略。

$$k_B^w = 500000\text{kN/m}$$

$$\boldsymbol{k}_B^w = \begin{pmatrix} 500000 & -500000 \\ -500000 & 500000 \end{pmatrix}$$

③ B 柱列刚度矩阵。柱子刚度可简化取为支撑刚度的 10%，则 B 柱列刚度矩阵为

$$\boldsymbol{k}_B = \begin{pmatrix} 1.1k_{11B}^b + 500000 & -1.1k_{12B}^b - 500000 \\ -1.1k_{21B}^b - 500000 & 1.1k_{22B}^b + 500000 \end{pmatrix}$$

$$= \begin{pmatrix} 1.1 \times 174242 + 500000 & -1.1 \times 113636 - 500000 \\ -1.1 \times 113636 - 500000 & 1.1 \times 113636 + 500000 \end{pmatrix}$$

$$= \begin{pmatrix} 691666 & -625000 \\ -625000 & 625000 \end{pmatrix}$$

$$|\boldsymbol{k}_B| = \begin{vmatrix} 691666 & -625000 \\ -625000 & 625000 \end{vmatrix} (kN/m)^2 = 4.17 \times 10^{10} (kN/m)^2$$

$$\delta_{11B} = \frac{k_{22}}{|\boldsymbol{k}_B|} = \frac{625000}{4.17 \times 10^{10}} m/kN = 1.5 \times 10^{-5} m/kN$$

$$\delta_{12B} = \delta_{21B} = \frac{-k_{21}}{|\boldsymbol{k}_B|} = \frac{625000}{4.17 \times 10^{10}} m/kN = 1.5 \times 10^{-5} m/kN$$

$$\delta_{22B} = \frac{k_{11}}{|\boldsymbol{k}_B|} = \frac{691666}{4.17 \times 10^{10}} m/kN = 1.66 \times 10^{-5} m/kN$$

（3）柱列 C 刚度矩阵　柱列 C 的刚度方法与柱列 A 的刚度方法相同，具体计算过程从略。

$$k_C^b = \frac{1}{\delta_{11}} = 17505 kN/m, \quad k_C^w = 415395 kN/m$$

（4）厂房纵向基本周期

$$\Delta_A = G_{aa1}\delta_A = 5292 \times 2.25 \times 10^{-6} mm = 0.0119 mm$$

$$\Delta_{B1} = G_{ab1}\delta_{11B} + G_{ab2}\delta_{12B} = 2322 \times 1.5 \times 10^{-5} mm + 3027 \times 1.5 \times 10^{-5} mm$$

$$= 0.0802 mm$$

$$\Delta_C = G_{ac1}\delta_C = 6113 \times 2.30 \times 10^{-6} mm = 0.0141 mm$$

$$T_1 = 2\psi_T \sqrt{\frac{\sum G'_{si}\Delta_i^2}{\sum G'_{si}\Delta_i}}$$

$$= 2 \times 0.8 \sqrt{\frac{5292 \times 0.0119^2 + 2322 \times 0.0802^2 + 3027 \times 0.0802^2 + 6113 \times 0.0141^2}{5292 \times 0.0119 + 2322 \times 0.0802 + 3027 \times 0.0802 + 6113 \times 0.0141}} s$$

$$= 0.401 s$$

（5）柱列水平地震作用标准值

$$\alpha_1 = \left(\frac{T_g}{T_1}\right)^{0.9} \alpha_{max} = \left(\frac{0.3}{0.410}\right)^{0.9} \times 0.16 = 0.121$$

$$F_{A1} = \alpha_1 G_{aa1} = 0.121 \times 5292 kN = 640 kN$$

$$F_{B1} = \alpha_1 (G_{ab1} + G_{ab2}) \frac{G_{ab1}H_1}{G_{ab1}H_1 + G_{ab2}H_2}$$

$$= 0.121 \times (2322 + 3027) \times \frac{2322 \times 11}{2322 \times 11 + 3027 \times 8.2} \text{kN} = 328\text{kN}$$

$$F_{B2} = \alpha_1 (G_{ab1} + G_{ab2}) \frac{G_{ab2} H_2}{G_{ab1} H_1 + G_{ab2} H_2}$$

$$= 0.121 \times (2322 + 3027) \times \frac{3027 \times 8.2}{2322 \times 11 + 3027 \times 8.2} \text{kN} = 319\text{kN}$$

$$F_c = \alpha_1 G_{ac1} = 0.121 \times 6113\text{kN} = 740\text{kN}$$

（6）计算构件水平地震作用标准值

1）柱列 A 为

$$k'_A = \sum k_A^b + \sum k_A^c + \psi \sum k_A^w = 1.1 \sum k_A^b + \psi \sum k_A^w = 196557\text{kN/m}$$

砖墙　$F_A^w = \dfrac{\psi \sum k_A^w}{k'_A} F_{A1} = \dfrac{0.4 \times 404367}{196557} \times 640\text{kN} = 527\text{kN}$

柱撑　$F_A^b = \dfrac{\sum k_A^b}{k'_A} F_{A1} = \dfrac{31646}{196557} \times 640\text{kN} = 103\text{kN}$

柱　$F_A^c = \dfrac{0.1 \sum k_A^b}{k'_A} F_{A1} = \dfrac{0.1 \times 31646}{196557} \times 640\text{kN} = 10\text{kN}$

2）柱列 B 为

$$k'_{B2} = 1.1 k_{22B}^b + \psi k_{22B}^w = 1.1 \times 113636\text{kN/m} + 0.2 \times 500000\text{kN/m}$$
$$= 225000\text{kN/m}$$

悬墙　$F_{B2}^w = \dfrac{\psi k_{22B}^w}{k'_{B2}} F_{B2} = \dfrac{0.2 \times 500000}{225000} \times 319\text{kN} = 142\text{kN}$

柱撑　$F_{B2}^b = \dfrac{k_{22B}^b}{k'_{B2}} F_{B2} = \dfrac{113636}{225000} \times 319\text{kN} = 161\text{kN}$

$$F_{B1}^b = \frac{1}{1.1} (F_{B1} + F_{B2}^w) = \frac{1}{1.1} \times (328 + 142)\text{kN} = 427\text{kN}$$

柱　$F_{B2}^c = \dfrac{1}{11} \times 0.1 F_{B2}^b = \dfrac{1}{11} \times 0.1 \times 161\text{kN} = 1.46\text{kN}$

$$F_{B1}^c = \frac{1}{11} \times 0.1 F_{B1}^b = \frac{1}{11} \times 0.1 \times 427\text{kN} = 3.88\text{kN}$$

3）柱列 C 的计算方法与柱列 A 相同，从略。

7.5　单层钢筋混凝土厂房柱抗震构造措施

7.5.1　有檩屋盖构件的连接及支撑布置

本节所指有檩屋盖，主要是波形瓦（包括石棉瓦及槽瓦）屋盖。有檩屋盖构件的连接及支撑布置，应符合下列要求：

1）檩条应与混凝土屋架（屋面梁）焊牢，并应有足够的支承长度。檩条端部埋设板与屋架（屋面梁）连接的焊缝长度不宜小于60mm，焊脚高度不宜小于6mm。不应利用檩条作为屋盖支撑的杆件。

2）双脊檩应在跨度 1/3 处采用两个螺栓相互拉结。

3）压型钢板应与檩条可靠连接，瓦楞铁、石棉瓦等与檩条拉结。

支撑布置宜符合表 7-16 的要求。

表 7-16　有檩屋盖的支撑布置

支撑名称		烈　　度		
		6、7	8	9
屋架支撑	上弦横向支撑	厂房单元端开间各设一道	厂房单元端开间及厂房单元长度大于 66m 的柱间支撑开间各设一道；天窗开洞范围的两端各增设局部的支撑一道	厂房单元端开间及厂房单元长度大于 42m 的柱间支撑开间各设一道；天窗开洞范围的两端各增设局部的上弦横向支撑一道
	下弦横向支撑	同非抗震设计		
	跨中竖向支撑			
	端部竖向支撑	屋架端部高度大于 900mm 时，厂房单元端开间及柱间支撑开间各设一道		
天窗架	上弦横向支撑	厂房单元天窗端开间各设一道	厂房单元天窗端开间及每隔 30m 各设一道	厂房单元天窗端开间及每隔 18m 各设一道
	两侧竖向支撑	厂房单元天窗端开间及每隔 36m 各设一道		

7.5.2　无檩屋盖构件的连接及支撑布置

无檩屋盖指的是各类不用檩条的钢筋混凝土屋面板与屋架（梁）组成的屋盖。我国目前仍大量采用钢筋混凝土大型屋面板，屋盖的各构件相互间连成整体是厂房抗震的重要保证，无檩屋盖构件的连接及支撑布置，应符合下列具体要求：

1）每块大型屋面板应有三点与屋架（屋面梁）焊牢，三点焊缝长度不小于 60mm，焊脚高度不小于 5mm。靠柱列的屋面板与屋架（屋面梁）的连接焊缝长度不宜小于 80mm。焊脚高度不小于 6mm。另外，为了使屋盖具有一定的剪切刚度，还要求板缝间应用高强度等级的细石混凝土浇灌密实。

2）6 度和 7 度时，有天窗厂房单元的端开间，或 8 度和 9 度时各开间，宜将垂直屋架方向两侧相邻的大型屋面板的顶面彼此焊牢。8 度和 9 度时，大型屋面板端头底面的预埋件宜采用角钢并与主筋焊牢。

3）非标准屋面板宜采用装配整体式接头，或将板四角切掉后与屋架（屋面梁）焊牢。

4）屋架（屋面梁）端部顶面预埋件的锚筋，8 度时不宜少于 $4\phi10mm$，9 度时不宜少于 $4\phi12mm$。

屋面板和屋架（梁）可靠焊连是第一道防线，相邻屋面板吊钩或四角顶面预埋铁件间的焊连是第二道防线。为保证焊连强度，要求屋面板端头底面预埋板和屋架端部顶面预埋件均应加强锚固。当制作非标准屋面板时，也应采取相应的措施。

无檩屋盖支撑的布置宜符合表 7-17 的要求，有中间井式天窗时宜符合表 7-18 的要求；8 度和 9 度跨度不大于 15m 的屋面梁屋盖，可仅在厂房单元两端各设竖向支撑一道。

表 7-17　无檩屋盖的支撑布置

<table>
<tr><th colspan="2" rowspan="2">支 撑 名 称</th><th colspan="3">烈　度</th></tr>
<tr><th>6、7</th><th>8</th><th>9</th></tr>
<tr><td rowspan="6">屋架支撑</td><td>上弦横向支撑</td><td>屋架跨度小于 18m 时同非抗震设计，跨度不小于 18m 时在厂房单元端开间各设一道</td><td>厂房单元端开间及柱间支撑开间各设一道，天窗开洞范围的两端各增设局部的支撑一道</td><td></td></tr>
<tr><td>上弦通长水平系杆</td><td rowspan="3">同非抗震设计</td><td>沿屋架跨度不大于 15m 设一道，但装配整体式屋面可不设；围护墙在屋架上弦高度有现浇圈梁时，其端部处可不另设</td><td>沿屋架跨度不大于 12m 设一道，但装配整体式屋面可不设；围护墙在屋架上弦高度有现浇圈梁时，其端部处可不另设</td></tr>
<tr><td>下弦横向支撑
跨中竖向支撑</td><td>同非抗震设计</td><td>同上弦横向支撑</td></tr>
<tr><td rowspan="2">两端竖向支撑</td><td>屋架端部高度 ≤900mm</td><td>厂房单元端开间各设一道</td><td>厂房单元端开间及每隔 48m 各设一道</td></tr>
<tr><td>屋架端部高度 >900mm</td><td>厂房单元端开间各设一道</td><td>厂房单元端开间及柱间支撑开间各设一道</td><td>厂房单元端开间、柱间支撑开间及每隔 30m 各设一道</td></tr>
<tr><td rowspan="2">天窗架支撑</td><td>天窗两侧竖向支撑</td><td>厂房单元天窗端开间及每隔 30m 各设一道</td><td>厂房单元天窗端开间及每隔 24m 各设一道</td><td>厂房单元天窗端开间及每隔 18m 各设一道</td></tr>
<tr><td>上弦横向支撑</td><td>同非抗震设计</td><td>天窗跨度 ≥9m 时，厂房单元天窗端开间及柱间支撑各设一道</td><td>厂房单元天窗端开间及柱间支撑各设一道</td></tr>
</table>

表 7-18　中间井式天窗无檩屋盖的支撑布置

<table>
<tr><th colspan="2" rowspan="2">支 撑 名 称</th><th colspan="3">烈　度</th></tr>
<tr><th>6、7</th><th>8</th><th>9</th></tr>
<tr><td colspan="2">上弦横向支撑
下弦横向支撑</td><td>厂房单元端开间各设一道</td><td colspan="2">厂房单元端开间及柱间支撑开间各设一道</td></tr>
<tr><td colspan="2">上弦通长水平系杆</td><td colspan="3">天窗范围内屋架跨中上弦节点处设置</td></tr>
<tr><td colspan="2">下弦通长水平系杆</td><td colspan="3">天窗两侧及天窗范围内屋架下弦节点处设置</td></tr>
<tr><td colspan="2">跨中竖向支撑</td><td colspan="3">有上弦横向支撑开间设置，位置与下弦通长系杆相对应</td></tr>
<tr><td rowspan="2">两端竖向支撑</td><td>屋架端部高度 ≤900mm</td><td colspan="2">同非抗震设计</td><td>有上弦横向支撑开间，且间距不大于 48m</td></tr>
<tr><td>屋架端部高度 >900mm</td><td>厂房单元端开间各设一道</td><td>有上弦横向支撑开间，且间距不大于 48m</td><td>有上弦横向支撑开间，且间距不大于 30m</td></tr>
</table>

屋盖支撑尚应符合下列要求：

1）天窗开洞范围内，在屋架脊点处应设上弦通长水平压杆。8 度 Ⅲ、Ⅳ 类场地和 9 度时，梯形屋架端部上节点应沿厂房纵向设置通长水平压杆。

2）屋架跨中竖向支撑在跨度方向的间距，6~8度时不大于15m，9度时不大于12m；当仅在跨中设一道时，应设在跨中屋架屋脊处；当设二道时，应在跨度方向均匀布置。

3）屋架上、下弦通长水平系杆与竖向支撑宜配合设置。

4）柱距不小于12m且屋架间距6m的厂房，托架（梁）区段及其相邻开间应设下弦纵向水平支撑。

5）屋盖支撑杆件宜用型钢。

7.5.3 屋架

在一般情况下宜采用预应力混凝土或钢筋混凝土屋架，当单层厂房结构的跨度大于24m，且位于8度设防Ⅲ、Ⅳ类场地土的地区，或位于9度设防地区时，优先选用钢屋架。

1）突出屋面的混凝土天窗架，其两侧墙板与天窗立柱宜采用螺栓连接。地震震害表明，采用刚性焊连构造时，天窗立柱普遍在下档和侧板连接处出现开裂和破坏，甚至倒塌，刚性连接仅在支撑很强的情况下才是可行的措施，故规定一般单层厂房宜用螺栓连接。

2）混凝土屋架的截面和配筋，应满足：① 屋架上弦第一节间和梯形屋架端竖杆的配筋，6度和7度时不宜少于4ϕ12mm，8度和9度时不宜少于4ϕ14mm；②梯形屋架的端竖杆截面宽度宜与上弦宽度相同；③拱形和折线形屋架上弦端部支撑屋面板的小立柱，截面不宜小于200mm×200mm，高度不宜大于500mm，主筋宜采用Ⅱ形，6度和7度时不宜少于4ϕ12mm，8度和9度时不宜少于4ϕ14mm，箍筋可采用ϕ6mm，间距不宜大于100mm。

7.5.4 柱

下列范围内柱的箍筋应加密：

1）柱头，取柱顶以下500mm并不小于柱截面长边尺寸。

2）上柱，取阶形柱自牛腿面至吊车梁顶面以上300mm高度范围内。

3）牛腿（柱肩），取全高。

4）柱根，取下柱柱底至室内地坪以上500mm。

5）柱间支撑与柱连接节点和柱变位受平台等约束的部位，取节点上、下各300mm。加密区箍筋间距不应大于100mm，箍筋肢距和最小直径应符合表7-19的规定。

表7-19 柱加密区箍筋最大肢距和最小箍筋直径

烈度和场地类别		6度和7度 Ⅰ、Ⅱ类场地	7度Ⅲ、Ⅳ类场地和 8度Ⅰ、Ⅱ类场地	8度Ⅲ、Ⅳ类场地 和9度
箍筋最大肢距		300	250	200
箍筋 最小 直径	一般柱头和柱根	ϕ6mm	ϕ8mm	ϕ8mm（ϕ10mm）
	角柱柱头	ϕ8mm	ϕ10mm	ϕ10mm
	上柱牛腿和有支撑的柱根	ϕ8mm	ϕ8mm	ϕ10mm
	有支撑的柱头和柱变位受约束部位	ϕ8mm	ϕ10mm	ϕ12mm

注：括号内数值用于柱根。

山墙抗风柱的配筋，应符合下列要求：

1）抗风柱柱顶以下300mm和牛腿（柱肩）面以上300mm范围内的箍筋，直径不宜小于6mm，间距不应大于100mm，肢距不宜大于250mm。

2）抗风柱的变截面牛腿（柱肩）处，宜设置纵向受拉钢筋。

大柱网厂房的抗震性能是唐山地震中发现的新问题，其震害特征是：① 柱根出现对角破坏，混凝土酥碎剥落，纵筋压曲，说明主要是纵、横两个方向或斜向地震作用的影响，柱根的强度和延性不足；② 中柱的破坏率和破坏程度均大于边柱，说明与柱的轴压比有关。大柱网厂房柱的截面和配筋构造，应符合下列要求：

1）柱截面宜采用正方形或接近正方形的矩形，边长不宜小于柱全高的1/18～1/16。

2）重屋盖厂房地震组合的柱轴压比，6、7度时不宜大于0.8，8度时不宜大于0.7，9度时不应大于0.6。

3）纵向钢筋宜沿柱截面周边对称配置，间距不宜大于200mm，角部宜配置直径较大的钢筋。

4）柱头和柱根的箍筋应加密，并应符合下列要求：①加密范围，柱根取基础顶面至室内地坪以上1m，且不小于柱全高的1/6；柱头取柱顶以下500mm，且不小于柱截面长边尺寸；②箍筋直径、间距和肢距，应符合表7-19的要求。

7.5.5 柱间支撑

柱间支撑是单层钢筋混凝土柱厂房的纵向主要抗侧力构件，当厂房单元较长或8度Ⅲ、Ⅳ类场地和9度时，纵向地震作用效应较大，设置一道下柱支撑不能满足要求时，可设置两道下柱支撑，但应注意：两道下柱支撑宜设置在厂房单元中间1/3区段内，不宜设置在厂房单元的两端，以避免温度应力过大；在满足工艺条件的前提下，两者靠近设置时，温度应力小；在厂房单元中部1/3区段内，适当拉开设置则有利于缩短地震作用的传递路线，设计中可根据具体情况确定。交叉式柱间支撑的侧移刚度大，对保证单层钢筋混凝土柱厂房在纵向地震作用下的稳定性有良好的效果，但在与下柱连接的节点处理时，会遇到一些困难。

1）厂房柱间支撑的布置，应符合下列规定：①一般情况下，应在厂房单元中部设置上、下柱间支撑，且下柱支撑应与上柱支撑配套设置；②有起重机或8度和9度时，宜在厂房单元两端增设上柱支撑；③厂房单元较长或8度Ⅲ、Ⅳ类场地和9度时，可在厂房单元中部1/3区段内设置两道柱间支撑。

2）柱间支撑应采用型钢，支撑形式宜采用交叉式，其斜杆与水平面的交角不宜大于55°。

3）支撑杆件的长细比不宜超过表7-20的规定。

4）下柱支撑的下节点位置和构造措施，应保证将地震作用直接传给基础；当6度和7度不能直接传给基础时，应计及支撑对柱和基础的不利影响。

5）交叉支撑在交叉点应设置节点板，其厚度不应小于10mm，斜杆与交叉节点板应焊接，与端节点板宜焊接。

表 7-20 交叉支撑斜杆的最大长细比

位　置	烈　度			
	6 度和 7 度 Ⅰ、Ⅱ类场地	7 度Ⅲ、Ⅳ类场地和 8 度Ⅰ、Ⅱ类场地	8 度Ⅲ、Ⅳ类场地和 9 度Ⅰ、Ⅱ类场地	9 度Ⅲ、Ⅳ类场地
上柱支撑	250	250	200	150
下柱支撑	200	150	120	120

7.5.6 连接节点

1) 8 度时跨度不小于 18m 的多跨厂房中柱和 9 度时多跨厂房各柱，柱顶宜设置通长水平压杆，此压杆可与梯形屋架支座处通长水平系杆合并设置，钢筋混凝土系杆端头与屋架间的空隙应采用混凝土填实。

2) 屋架（屋面梁）与柱顶的连接，8 度时宜采用螺栓，9 度时宜采用钢板铰，也可采用螺栓；屋架（屋面梁）端部支承垫板的厚度不宜小于 16mm。柱顶预埋件的锚筋，8 度时不宜少于 4φ14mm，9 度时不宜少于 4φ16mm；有柱间支撑的柱子，柱顶预埋件尚应增设抗剪钢板，为加强柱牛腿（柱肩）预埋板的锚固，要把相当于承受水平拉力的纵向钢筋与预埋板焊连。

3) 抗风柱的柱顶与屋架上弦的连接节点，要具有传递纵向水平地震力的承载力和延性。抗风柱顶与屋架（屋面梁）上弦可靠连接，不仅保证抗风柱的强度和稳定，同时也保证山墙产生的纵向地震作用的可靠传递，但连接点必须在上弦横向支撑与屋架的连接点，否则将使屋架上弦产生附加的节间平面外弯矩。山墙抗风柱的柱顶，应设置预埋板，使柱顶与端屋架的上弦（屋面梁上翼缘）可靠连接。连接部位应位于上弦横向支撑与屋架的连接点处，不符合时可在支撑中增设次腹杆或设置型钢横梁，将水平地震作用传至节点部位。

4) 支承低跨屋盖的中柱牛腿（柱肩）的预埋件，应与牛腿（柱肩）中按计算承受水平拉力部分的纵向钢筋焊接，且焊接的钢筋，6 度和 7 度时不应少于 2φ12mm，8 度时不应少于 2φ14mm，9 度时不应少于 2φ16mm。

5) 柱间支撑与柱连接节点预埋件的锚件，8 度Ⅲ、Ⅳ类场地和 9 度时，宜采用角钢加端板，埋板与锚件的焊接，通常用埋弧焊或开锥形孔塞焊。其他情况可采用不低于 HRB335 级热轧钢筋，但锚固长度不应小于 30 倍锚筋直径或增设端板。

6) 厂房中的起重机走道板、端屋架与山墙间的填充小屋面板、天沟板、天窗端壁板和天窗侧板下的填充砌体等构件应与支承结构有可靠的连接。

思　考　题

7-1　单层厂房主要震害有哪些？造成这些震害的成因是什么？

7-2　在什么情况下考虑桥架的质量？为什么？

7-3　什么情况下可不进行厂房横向和纵向的截面抗震验算？

7-4　单层厂房横向抗震计算应考虑哪些因素进行内力调整？

7-5　单层厂房纵向抗震计算有哪些方法？试简述各种方法的步骤与要点。

7-6　单层厂房结构在平面布置上有何要求？为什么？

7-7　单层厂房结构抗震计算时，计算周期和计算地震作用时所采取的简化假定有何不同？

7-8　简述无檩屋盖构件的连接及支撑布置的一般原则。

第 8 章

隔震与消能减震及非结构构件抗震设计

8.1 概述

一般来说，传统的结构抗震主要着眼于提高结构自身的承载力、刚度和延性，即由结构本身来吸收和消耗地震能量，以达到减轻地震灾害，减少严重破坏，防止发生倒塌的目的。其结果是在罕遇地震作用下结构构件将出现不同程度的破坏或者出现严重的塑性变形，结构进入塑性状态。如梁柱端出现塑性铰，以结构的局部破坏来消耗地震能。震后需花较高的修复费用来恢复原有的结构性能，若破坏太严重，将只能推倒重建。这是传统的被动消极的抗震对策。

随着科学技术的不断发展，人们已掌握另一种更合理有效的抗震途径，即对结构施加控制装置，由控制装置和结构共同承受地震作用，共同吸收和消耗地震能量，以协调和减轻结构的地震反应，这种积极主动的抗震对策，是抗震对策的重大突破和发展。包括我国在内，世界上许多国家都开展了对结构施加这种控制装置的研究，并已成功应用于工程结构的抗震中。目前比较成熟的是隔震和消能减震技术。

隔震即隔离地震。在建筑物基础与上部结构之间设置一层隔震层，把房屋与基础隔离开来，隔离地面运动能量向建筑物的传递，以减小建筑物的地震反应，实现地震时建筑物只发生较轻微运动和变形，从而保证建筑物的安全。

消能减震则是通过在建筑物中设置消能部件（消能部件可由消能器及斜撑、填充墙、梁或节点等组成），使地震输入到建筑物的能量一部分被消能部件所消耗，一部分由结构的动能和变形能承担，以此来达到减少结构地震反应的目的。

隔震体系能够减小结构的水平地震作用，已被国外强震记录所证实。国内外的大量试验和工程经验表明，隔震一般可使结构的水平地震加速度反应降低 60% 左右，从而消除或有效地减轻结构和非结构构件的地震破坏，提高建筑物及其内部设施和人员的地震安全性，增加了震后建筑物继续使用的功能。采用消能方案不仅可以减少结构在风作用下的位移，对减少结构水平和竖向地震反应也是有效的。

为了适应我国经济发展的需要，有条件地利用隔震和消能减震来减轻建筑结构的地震灾害是完全可能的。因此，《建筑抗震设计规范》中纳入了隔震与耗能减震的内容。

8.2 隔震结构房屋设计

8.2.1 结构隔震的原理与特点

1. 结构隔震的概念与原理

（1）隔震的概念　在基础和上部结构之间设置隔震装置，以避免或减小地震能向上部结构传输，以减小建筑物的地震反应，实现地震时建筑物只发生较轻微运动和变形，从而使建筑物在地震作用下不损坏或倒塌。图8-1为隔震结构的模型图。隔震系统一般由隔震器、阻尼器等所组成，它具有竖向刚度大、水平刚度小，能提供较大阻尼的特点。

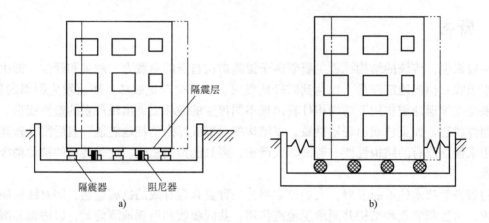

图8-1　隔震结构的模型图

（2）隔震的原理　利用隔震层延长结构的周期，适当增加结构的阻尼，使结构的加速度反应大大减小，同时使结构的位移集中于隔震层，上部结构像刚体一样，自身相对位移很小，结构基本上处于弹性工作状态，从而建筑物不产生破坏或倒塌。

2. 隔震结构的特点与使用范围

（1）隔震结构的特点　隔震层的集中大变形和所提供的阻尼将地震能隔离和消散掉，地震能不能向上部结构全部传输，因而上部结构的地震反应大大减小，震动减轻，结构不产生破坏，人员安全和财产安全均可以得到保证。图8-2为传统抗震结构与隔震结构在地震时的反应对比。与传统抗震结构相比，隔震结构具有以下优点：

1）提高结构的安全性。

2）上部结构设计简单。

3）防止内部物品倾倒，减少次生灾害。

4）防止非结构构件破坏。

5）抑制震动的不舒适感，提高了安全性。

6）保证机械、仪表的功能。

7）震后无需修复。

8）经济合理，降低造价。

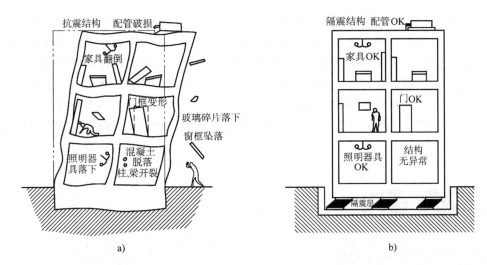

图 8-2 传统抗震房屋与隔震房屋在地震中的情况对比

a) 传统抗震房屋 b) 隔震房屋

（2）隔震结构的适用范围 隔震结构体系可以用于下列类型的建筑物：

1）医院、银行、保险、通信、警察、消防、电力等重要建筑。

2）首脑机关、指挥中心以及放置贵重设备、物品的房屋。

3）图书馆和纪念性建筑。

4）一般工业与民用建筑。

8.2.2 隔震系统的组成与类型

1. 隔震系统的组成

隔震系统一般由隔震器、阻尼器、地基微震动与风反应控制装置等部分组成。在实际应用中，通常可使几种功能由同一元件完成，以方便使用。

隔震器的主要作用是：一方面在竖向支撑建筑物的重力，另一方面在水平方向具有弹性，能提供一定的水平刚度，延长建筑物的周期，以避开地震动的卓越周期，降低建筑物的地震反应，能提供较大的变形能力和自复位能力。

阻尼器的主要作用是吸收和耗散地震能量，抑制结构产生大的位移反应，同时在地震终了时帮助隔震器迅速复位。

地基微震动与风反应控制装置的主要作用是增加隔震系统的初期刚度，使建筑物在风荷载和轻微地震下保持稳定。

2. 隔震系统的类型

常用的隔震器有叠层橡胶支座、螺旋弹簧支座、摩擦滑移支座等。目前国内外应用最广泛的是叠层橡胶支座。

常用的阻尼器有弹塑性阻尼器、粘弹性阻尼器、粘滞阻尼器、摩擦阻尼器等。

常用的隔震系统主要有叠层橡胶支座隔震系统、摩擦滑移加阻尼器隔震系统、摩擦滑移摆隔震系统等。其中叠层橡胶支座隔震系统技术相对成熟，应用最为广泛。下面主要介绍叠层橡胶支座的性能。

叠层橡胶支座是由薄橡胶板和薄钢板分层交替叠合，经高温高压硫化粘结而成，如图

8-3所示。由于在橡胶层中加入若干薄钢板,并且橡胶层与钢板紧密粘结,当橡胶支座承受竖向荷载时,橡胶层的横向变形受到上下钢板的约束,使橡胶支座具有很大的竖向承载力和刚度。当橡胶支座承受水平荷载时,橡胶层的相对位移大大减小,使橡胶支座可达到很大的整体侧移而不致失稳,并且保持较小的水平刚度(约为竖向刚度的 $1/500 \sim 1/1000$)。并且,由于橡胶层与中间钢板紧密粘结,橡胶层在竖向地震作用下还能承受一定拉力。因此,叠层橡胶支座是一种竖向刚度大,竖向承载力高,水平刚度小,水平变形能力大的隔震装置。

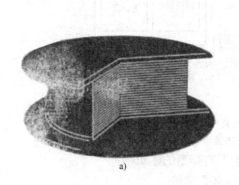
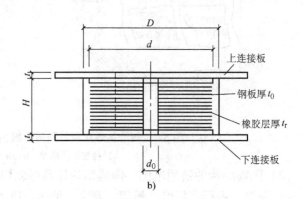

图8-3   橡胶支座的形状与构造详图

a) 橡胶支座的形状   b) 橡胶支座的构造

橡胶支座形状可为圆形、方形和矩形,一般多为圆形,因为圆形与方向无关。支座中间一般设有圆孔,以使硫化过程中橡胶支座所受热量均匀,从而保证产品质量。

叠层橡胶支座根据使用的橡胶材料和是否加有铅芯可分为普通叠层橡胶支座、高阻尼叠层橡胶支座、铅芯叠层橡胶支座。普通叠层橡胶支座弹性高,阻尼低,必须和阻尼器配合使用;铅芯叠层橡胶支座、高阻尼叠层橡胶支座既有隔震作用,又有阻尼作用,可单独使用。目前我国使用最普遍的是铅芯叠层橡胶支座,普通橡胶支座亦有少量应用,高阻尼叠层橡胶支座目前我国尚无使用。

8.2.3   隔震结构设计的基本要求

1. 隔震结构方案的选择

隔震建筑方案应根据建筑抗震设防类别、抗震设防烈度、场地条件、建筑结构方案和建筑使用要求,与采用抗震设计的设计方案进行技术、经济可行性的对比分析后,确定其设计方案。

隔震结构主要用于高烈度区(8度、9度)或使用功能有特别要求的低层和多层建筑。对于需要减少地震作用的多层砌体和钢筋混凝土框架等结构类型的房屋,采用隔震时应符合下列各项要求:

1) 结构高宽比宜小于4,且不应大于相关规范规程对非隔震结构的具体规定,其变形特征接近剪切变形,最大高度应满足非隔震结构的要求;高宽比大于4或非隔震结构相关规定的结构采用隔震设计时,应进行专门研究。

2) 建筑场地宜为Ⅰ、Ⅱ、Ⅲ类(硬土地较适合于隔震建筑),并应选用稳定性较好的基础类型。

3）考虑到隔震支座对结构整体稳定性的影响，应限制水平荷载的数值，即风荷载和其他非地震作用的水平荷载标准值产生的总水平力不宜超过结构总重力的10%。

4）隔震层应提供必要的竖向承载力、侧向刚度和阻尼；穿过隔震层的设备配管、配线，应采用柔性连接或其他有效措施适应隔震层的罕遇地震水平位移。

2. 隔震结构体系设计的基本要求

1）宜布置在结构第一层以下，当位于第一层及以上时，结构体系的特点与普通隔震结构可能有较大差异，隔震层以下的结构设计计算也更复杂，需作专门研究。

2）由于目前的橡胶支座只具有隔离水平地震作用，对竖向地震没有隔震效果，所以隔震建筑上部结构水平地震作用和抗震验算可采用"水平向减震系数"（详见第8.2.4节）；竖向地震作用和抗震验算宜仍按原设防烈度采用。

3）隔震层的防火措施和穿越隔震层的配管、配线，均有与其特性相关的专门要求。

8.2.4 隔震结构的抗震计算

1. 隔震结构的地震作用计算

1）隔震体系的计算简图可采用剪切型结构模型（图8-4）。当上部结构的质心与隔震层刚度中心不重合时应计入扭转变形的影响。隔震层顶部的梁板结构，应作为其上部结构的一部分进行计算和设计。

2）一般情况下，地震作用宜采用时程分析法计算，对于砌体结构及基本周期与其相当的结构可以采用底部剪力法。

3）隔震层以上结构的地震作用计算，应符合下列规定：

① 对多层结构，水平地震作用沿高度可按重力荷载代表值分布。

② 隔震后水平地震作用计算的水平地震影响系数可按第3.3.3节计算。其中，水平地震影响系数最大值可按下式计算

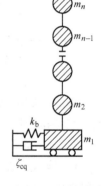

图8-4 隔震结构
计算简图

$$\alpha_{max1} = \beta\alpha_{max}/\psi$$

式中　α_{max1}——隔震后的水平地震影响系数最大值；

α_{max}——非隔震的水平地震影响系数最大值；

β——水平向减震系数，对于多层建筑，为按弹性计算所得的隔震与非隔震各层层间剪力的最大比值，对高层建筑结构，尚应计算隔震与非隔震各层倾覆力矩的最大比值，并与层间剪力的最大比值相比较，取两者的较大值；

ψ——调整系数，一般橡胶支座，取0.80，支座剪切性能偏差为S-A类，取0.85，隔震装置带有阻尼器时，相应减少0.05。

③ 隔震层以上结构的总水平地震作用不得低于非隔震结构在6度设防时的总水平地震作用，并应进行抗震验算；各楼层的水平地震剪力尚应符合规范对本地区设防烈度的最小地震剪力系数的规定。

④ 9度时和8度且水平向减震系数不大于0.3时，隔震层以上的结构应进行竖向地震作用的计算。隔震层以上结构竖向地震作用标准值计算时，各楼层可视为质点，并按式（3-109）计算竖向地震作用标准值沿高度的分布。

2. 隔震层的验算

隔震支座应进行竖向承载力的验算和罕遇地震下水平位移的验算。

1）橡胶隔震支座平均压应力和拉应力规定。橡胶支座平均压应力设计值不应超过表 8-1 中规定限值，在罕遇地震下，不宜出现拉应力。

表 8-1 橡胶隔震支座平均压应力限值

建筑类型	甲类建筑	乙类建筑	丙类建筑
平均压应力限值/MPa	10	12	15

2）隔震支座在罕遇地震下的水平位移验算。隔震支座对应于罕遇地震水平剪力的水平位移，应符合下列要求

$$u_i \le [u_i] \tag{8-1}$$
$$u_i = \beta_i u_e \tag{8-2}$$

式中　u_i——罕遇地震下，第 i 个隔震支座考虑扭转的水平位移；

　　$[u_i]$——第 i 个隔震支座水平位移限值，对于橡胶隔震支座，不应超过该支座有效直径的 0.55 倍和支座各橡胶层总厚度 3.0 倍两者的较小值；

　　u_e——罕遇地震下，隔震层质心处或不考虑扭转的水平位移，宜采用时程分析法计算；

　　β_i——第 i 个隔震支座的扭转影响系数，应取考虑扭转和不考虑扭转时第 i 支座计算位移的比值，当隔震层以上结构的质心与隔震层刚度中心在两个主轴方向均无偏心时，边支座的扭转影响系数不应小于 1.15。

隔震支座的水平剪力应根据隔震层在罕遇地震下的水平剪力按各隔震支座的水平刚度分配。当按扭转耦联计算时，尚应计及隔震支座的扭转刚度。

3. 隔震层以下结构的计算

1）隔震层以下结构（包括地下室）的地震作用和抗震验算，应采用罕遇地震下隔震支座底部的竖向力、水平力和力矩进行计算。

2）隔震建筑地基基础的抗震验算和地基处理仍按本地区抗震设防烈度进行，甲、乙类建筑的抗液化措施应按提高一个液化等级确定，直至全部消除液化沉陷。

8.2.5 隔震结构的构造措施

（1）隔震支座与阻尼器的连接措施　隔震层的隔震支座与阻尼器的连接应符合下列规定：

1）隔震支座与阻尼器应安装在便于维修人员接近的地方。

2）隔震支座与上部结构、基础结构之间的连接件，应能传递罕遇地震下支座的最大水平剪力。

3）外露的预埋件应有可靠的防锈措施。预埋件的锚固钢筋应与钢板牢固连接，锚固钢筋的锚固长度宜大于 20 倍锚固钢筋直径，且不小于 250mm。

（2）隔震层与上部结构的连接措施　隔震层顶部应设置梁板结构，且应满足下列要求：

1）应采用现浇混凝土板，现浇板厚度不宜小于 160mm。

2）隔震层顶部梁板的刚度和承载力，宜大于一般楼面梁板的刚度和承载力。

3）隔震支座附近的梁、柱应计算冲切和局部承压，加密箍筋并根据需要配置网状钢

筋。

（3）隔震层以上结构的隔震措施

1）隔震层以上结构应采取不阻碍隔震层在罕遇地震下发生大变形的下列措施：①上部结构的周边应设置竖向隔离缝，缝宽不宜小于各隔震支座在罕遇地震下的最大水平位移值的1.2倍，且不小于200mm；②上部结构（包括与其相连的任何构件）与地面（包括地下室和与其相连的构件）之间，宜设置明确的水平隔离缝，缝高可取20mm，并用柔性材料填充；当设置水平隔离缝确有困难时，应设置可靠的水平滑移垫层；③在走廊、楼梯、电梯等部位，应无任何障碍物。

2）在隔震层以上结构的抗震措施，当水平向减震系数大于0.4时不应降低非隔震时的有关要求；当水平向减震系数不大于0.4时，可适当降低有关章节对非隔震建筑的要求，但降低烈度不得超过1度，与抵抗竖向地震作用有关的抗震构造措施不应降低。对于钢筋混凝土结构，柱和墙肢的轴压比应仍按非隔震的有关规定采用。

8.3 消能减震结构设计

8.3.1 消能减震结构的原理与特点

1. 结构消能减震的概念与原理

（1）消能减震技术 在结构中某些部位设置消能装置，通过消能装置来消散或吸收地震能，以减小主体结构地震反应，达到减震目的。有消能减震装置的结构称为消能减震结构。

（2）消能减震的原理 消能减震技术借助于安装在结构的消能装置，将结构的振动能量转化为热能消散掉，从而起到降低结构反应的目的，见式（8-3）。

$$E = E_k + E_s + E_h + E_d \tag{8-3}$$

式中　E——地震或风输入的能量；

　　　E_k——结构动能；

　　　E_s——结构变形能；

　　　E_h——结构自身阻尼消耗的能量；

　　　E_d——结构中附加消能装置消耗的能量。

某结构由地震作用输入的总能量 E 是确定的，结构自身阻尼消耗的能量 E_h 也是固定的，此时消能装置消耗的能量 E_d 越大，结构的动能 E_k 和变形能 E_s 就越小，即结构的反应就越小。消能装置在主体结构进入非弹性状态前率先进入耗能工作状态，充分发挥耗能作用，耗散大量输入结构体系的地震能，则结构本身需要消耗的能量很少，使结构反应大大减小，从而有效保护了主体结构，使其不再受到损伤或破坏（图8-5）。

2. 消能减震结构的特点

消能减震结构具有以下特点：减震机理明确；减震效果显著；安全可靠；经济合理；技术先进；适用性广。

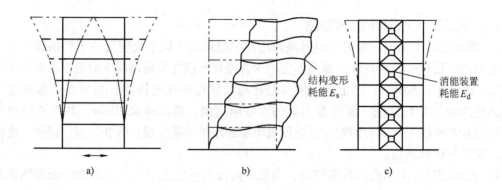

图 8-5 结构能量转换途径对比

a) 地震输入 b) 传统抗震结构 c) 消能减震结构

8.3.2 消能减震装置的类型与性能

消能部件可由消能器及斜撑、墙体、梁或节点等支承构件组成，根据消能器消能的依赖性可分为速度相关型、位移相关型和其他类型。速度相关型消能器是指粘滞消能器和粘弹性消能器等；位移相关型消能器是指金属屈服消能器和摩擦消能器等。

1. 摩擦型消能器

图 8-6 所示是由 Pall 设计的摩擦型消能器，它是一种可滑动而改变形状的机构，机构带有摩擦制动板，机构的滑移受板间摩擦力控制，而摩擦力取决于板间的挤压力，可以通过松紧节点板的高强度螺栓来调节。其原理是摩擦做功而耗散能量。该装置在小震和正常荷载下不发生滑动，在强震时产生滑移以摩擦耗能，一般安装在支撑上。

摩擦型消能器的特点是滞回性好，耗能能力强，工作性能稳定，图 8-6c 为典型的滞回曲线。

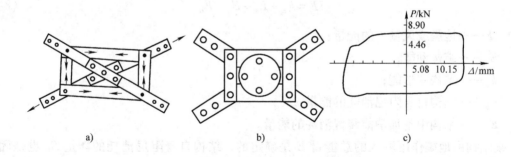

图 8-6 Pall 型摩擦型消能器及典型滞回曲线

a)、b) Pall 型摩擦型消能器 c) 滞回曲线

2. 钢弹塑性消能器

钢弹塑性消能器是利用软钢屈服后弹塑性变形吸收能量的原理制成的。钢弹塑性消能器分为加劲阻尼装置、圆环钢环消能器、加劲圆环消能器等，其特点是滞回性稳定，耗能能力强，不受环境和温度影响。

加劲阻尼装置是由数块相互平行的 X 形或三角形钢板通过定位组装而成的消能减震装

置（图8-7a）。它一般安装在支撑顶部和梁之间，在地震作用下，框架层间相对变形时使钢板产生弯曲屈服，利用弹塑性滞回变形耗散地震能。图8-7b为8块三角形钢板组成的加劲阻尼装置的滞回曲线。

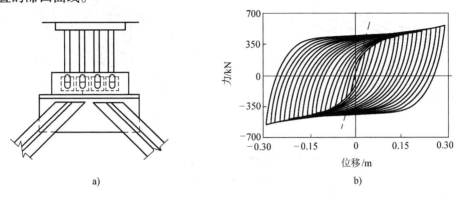

图8-7 加劲阻尼装置及其滞回曲线

a) 加劲阻尼器 b) 滞回曲线

3. 铅挤压消能器

铅挤压消能器是利用铅受挤压后产生塑性变形耗散能量的原理制成的（图8-8）。图8-8a所示为收缩管型，图8-8b所示为鼓凸轴型。当中心轴和钢管相对运动时，铅通过挤压口产生塑性变形而耗能。其特点是滞回曲线呈正方形（图8-8c）。铅挤压消能器的耗能能力与速度无关。

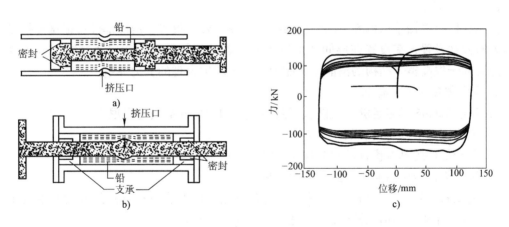

图8-8 铅挤压消能器及典型滞回曲线

a) 收缩管型 b) 鼓凸轴型 c) 铅挤压消能器典型滞回曲线

4. 粘弹性消能器

粘弹性消能器由粘弹性材料和约束钢板组成，如图8-9所示。它由两块T形约束钢板夹一块矩形钢板所组成，T形约束钢板和矩形钢板之间有一层粘弹性材料，在反复轴力作用下，T形约束钢板和矩形钢板之间产生相对运动，使粘弹性材料产生往复剪切滞回变形，以吸收和耗散能量。图8-9b所示为粘弹性消能器的典型滞回曲线。其特点是耗能性能好，同时能提供刚度和阻尼，但耗能能力受温度、频率和应变幅值的影响。

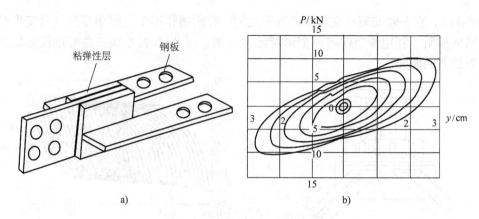

图 8-9 粘弹性消能器及滞回曲线

a）粘弹性消能器 b）滞回曲线

5. 粘滞消能器

粘滞消能器主要有筒式粘滞消能器和粘滞消能墙等。筒式粘滞消能器由缸体、活塞和粘滞流体组成，活塞上开有小孔，并可以在充有硅油或其他粘性流体的缸内作往复运动。当缸体与活塞相对运动时，流体通过活塞的小孔对其相对运动产生阻尼，从而耗散能量。阻尼力与速度和温度有关。

8.3.3 消能减震结构的设计要求

1. 消能部件的设置

消能部件应根据罕遇地震下的预期结构位移控制要求设置，消能部件可根据需要沿两个主轴方向分别设置，宜设置在层间变形较大的位置，其数量和分布应通过综合分析合理确定，并有利于提高整个结构的消能减震能力，形成均匀合理的受力体系。

2. 消能部件的性能要求

1）消能部件应具有足够的吸能和消散地震能的能力和恰当的阻尼。

2）消能部件应具有足够的初始刚度。

3）消能部件应具有优良的耐久性能，能长期保持其初始性能。

4）消能部件应构造简单，施工方便，易维护。

5）消能器与斜支撑、填充墙、梁或节点的连接，应符合钢构件连接或钢与混凝土构件连接的要求，并能承担消能器施加给连接节点的最大作用力。

3. 消能减震结构的抗震要求

消能减震结构体系的抗震计算分析，应符合下列规定：

1）一般情况，宜采用静力非线性分析法或非线性时程分析法。

2）当主体结构基本处于弹性工作阶段时，可采用线性分析法作简化估计，并根据结构的变形特征和高度等，采用底部剪力法、振型分解反应谱法和时程分析法，其地震影响系数可根据消能减震结构的总阻尼比确定。

3）消能减震结构的总刚度应为结构刚度和消能部件有效刚度的总和。

4）消能减震结构的总阻尼比应为结构阻尼比和消能部件附加给结构的有效阻尼比的总和。

5）消能减震结构的层间弹塑性位移角限值，应符合预期的变形控制要求，宜比非消能减振结构适当减小。

4. 消能部件附加给结构的有效阻尼比

1）消能部件的附加有效阻尼比可按下式估算

$$\zeta_a = W_c / (4\pi W_s) \tag{8-4}$$

式中 ζ_a——消能减震结构的附加有效阻尼比；

W_c——所有消能部件在结构预期位移下往复一周所消耗的能量；

W_s——设置消能部件的结构在预期位移下的总应变能。

2）不考虑扭转影响时，消能减震结构在水平地震作用下的总应变能可按下式估算

$$W_s = \frac{1}{2} \sum F_i u_i \tag{8-5}$$

式中 F_i——第 i 质点的水平地震作用标准值；

u_i——第 i 质点对应于水平地震作用标准值的位移。

3）速度线性相关型消能器在水平地震下所消耗的能量可按下式估算

$$W_c = (2\pi^2 / T_1) \sum C_j \cos^2\theta_j \Delta u_j^2 \tag{8-6}$$

式中 T_1——耗能减震结构的基本自振周期；

C_j——第 j 个消能器由试验确定的线性阻尼系数；

θ_j——第 j 个消能器的消能方向与水平方向的夹角；

Δu_j——第 j 个消能器两端的相对水平位移。

4）位移相关型、速度非线性相关型和其他类型消能器在水平地震下所消耗的能量，可按下式估算

$$W_c = \sum A_j \tag{8-7}$$

式中 A_j——第 j 个消能器的恢复力滞回环在相对水平位移 Δu_j 时的面积。

消能器的有效刚度可取消能器的恢复力滞回环在相对水平位移 Δu_j 时的割线刚度。

消能部件附加给结构的有效阻尼比不宜小于 10%，当超过 25% 时，宜按 25% 计算。

当采用底部剪力法、振型分解反应谱法和静力非线性法时，消能器附加给结构的有效阻尼比按以上公式计算，当采用非线性时程分析法时，宜采用消能部件的恢复力模型计算 ζ_a。

5. 消能部件的刚度要求

1）速度相关型消能器与斜撑、填充墙或梁等支承构件组成消能部件时，该支承构件在消能方向的刚度可按下式估算

$$K_b \geqslant (6\pi / T_1) C_v \tag{8-8}$$

式中 K_b——支承构件在消能器方向的刚度；

C_v——消能器由试验确定的相应于结构基本自振周期的线性阻尼系数；

T_1——消能减震结构的基本自振周期。

2）位移相关型消能器与斜撑、填充墙或梁等支承构件组成消能部件时，该部件的恢复力模型参数应符合下列要求

$$\Delta u_{py} / \Delta u_{sy} \leqslant 2/3 \tag{8-9}$$

$$(K_p / K_s)(\Delta u_{py} / \Delta u_{sy}) \geqslant 0.8 \tag{8-10}$$

式中 Δu_{py}——消能部件的屈服位移；

Δu_{sy}——设置消能部件的结构层间屈服位移；

K_p——消能部件在水平方向上的初始刚度；

K_s——设置消能部件的结构楼层侧向刚度。

8.4 非结构构件抗震设计规定

抗震设计中的非结构构件通常包括持久性的建筑非结构构件和支承于建筑结构的附属机电设备。建筑非结构构件是指建筑中除承重骨架体系以外的固定构件和部件，主要包括非承重墙，附着于楼面和屋面结构的构件、装饰构件和部件固定于楼面的大型储物架等；建筑附属机电设备指为现代建筑使用功能服务的附属机械、电气构件、部件和系统，主要包括电梯、照明和应急电源、通信设备、管道系统、采暖和空气调节系统，烟火监测和消防系统、公用天线等。

非结构构件的抗震设防目标，要与主体结构体系的三水准设防目标相协调，允许非结构构件的损坏程度略大于主体结构，但不得危及生命。《建筑抗震设计规范》把非结构构件的抗震设防要求大致分为高、中、低三个层次：

1）高要求时，外观可能损坏而不影响使用功能和防火能力，安全玻璃可能裂缝。

2）中等要求时，使用功能基本正常或可很快恢复，耐火时间减少1/4，强化玻璃破碎，其他玻璃无下落。

3）一般要求，多数构件基本处于原位，但系统可能损坏，需修理才能恢复使用，耐火时间明显降低，允许玻璃破碎下落。

非结构构件的抗震设计所涉及的设计领域较多，一般由相关的专业人员分别完成。因此，在《建筑抗震设计规范》中，主要规定了主体结构体系设计中与非结构有关的要求。

8.4.1 基本计算要求

（1）建筑结构抗震计算时，应计入非结构构件的影响

1）地震作用计算时，应计入支承于结构构件的建筑构件和建筑附属机电设备的重力。

2）对柔性连接的建筑构件，可不计入刚度；对嵌入抗侧力构件平面内的刚性建筑非结构构件，可采用周期调整等简化方法计入其刚度影响；一般情况下不应计入其抗震承载力，当有专门的构造措施时，尚可按有关规定计入其抗震承载力。

3）对需要采用楼面谱计算的建筑附属机电设备，宜采用合适的简化计算模型计入设备与结构的相互作用。

4）支承非结构构件的结构构件，应将非结构构件地震作用效应作为附加作用对待，并满足连接件的锚固要求。

（2）非结构构件自身的地震作用计算方法要求

1）各构件和部件的地震力应施加于其重心，水平地震力应沿任一水平方向。

2）一般情况下，非结构构件自身重力产生的地震作用可采用等效侧力法计算；对支承于不同楼层或防震缝两侧的非结构构件，除自身重力产生的地震作用外，尚应同时计及地震时支承点之间相对位移产生的作用效应。

3）建筑附属设备（含支架）的体系自振周期大于0.1s且其重力超过所在楼层重力的

1%，或建筑附属设备的重力超过所在楼层重力的 10% 时，宜采用楼面反应谱方法。其中，与楼盖非弹性连接的设备，可直接将设备与楼盖作为一个质点计入整个结构的分析中得到设备所受的地震作用。

当采用等效侧力法时，水平地震作用标准值宜按下列公式计算

$$F = \gamma \eta \zeta_1 \zeta_2 \alpha_{\max} G \qquad (8-11)$$

式中　F——沿最不利方向施加于非结构构件重心处的水平地震作用标准值；

γ——非结构构件功能系数，由相关标准根据建筑设防类别和使用要求等确定；

η——非结构构件类别系数，由相关标准根据构件材料性能等因素确定；

ζ_1——状态系数；对预制建筑构件、悬臂类构件、支承点低于质心的任何设备和柔性体系宜取 2.0，其余情况可取 1.0；

ζ_2——位置系数，建筑的顶点宜取 2.0，底部宜取 1.0，沿高度线性分布；当采用时程分析法补充计算时，顶点的数值加大，应按其计算结果调整；

$\alpha_{\max}$——地震影响系数最大值；可按多遇地震的规定采用；

G——非结构构件的重力，应包括运行时有关的人员、容器和管道中的介质及储物柜中物品的重力。

"楼面反应谱"对应于结构设计所用"地面反应谱"，即反映支承非结构构件的结构自身动力特性、非结构构件所在楼层位置，以及结构和非结构阻尼特性对地面地震运动的放大作用。当采用楼面反应谱法时，非结构构件通常采用单质点模型，其水平地震作用标准值宜按下列公式计算

$$F = \gamma \eta \beta_s G \qquad (8-12)$$

式中　β_s——非结构构件的楼面反应谱值。

非结构构件的楼面反应谱值取决于设防烈度、场地条件、非结构构件与结构体系之间的周期比、质量比和阻尼，以及非结构构件在结构的支承位置、数量和连接性质。通常将非结构构件简化为支承于结构的单质点体系，对支座间有相对位移的非结构构件则采用多支点体系，按专门方法计算。

（3）其他要求　非结构构件的地震作用，除了自身质量产生的惯性力外，还有地震时支座间相对位移产生的附加作用。非结构构件的地震作用效应（包括自身重力产生的效应和支座相对位移产生的效应）和其他荷载效应的基本组合，应按相关的规定计算；幕墙需计算地震作用效应与风荷载效应的组合；容器类尚应计及设备运转时的温度、工作压力等产生的作用效应。

非结构构件抗震验算时，摩擦力不得作为抵抗地震作用的抗力；承载力抗震调整系数，连接件可采用 1.0，其余可按相关标准的规定采用。

8.4.2　建筑非结构构件的基本抗震措施

1. 预埋件、锚固件的抗震措施

建筑结构中，设置连接幕墙、围护墙、隔墙、女儿墙、雨篷、商标、广告牌、顶棚支架、大型储物架等建筑非结构构件的预埋件、锚固件部位，应采取加强措施，以承受建筑非结构构件传给主体结构的地震作用。

2. 非承重墙体的抗震措施

非承重墙体的材料、选型和布置，应根据烈度、房屋高度、建筑体型、结构层间变形、墙体自身抗侧力性能的利用等因素，经综合分析后确定。

（1）墙体材料的选用　墙体材料的选用应符合下列要求：

1）混凝土结构和钢结构的非承重墙体应优先采用轻质墙体材料。

2）单层钢筋混凝土柱厂房的围护墙宜采用轻质墙板或钢筋混凝土大型墙板，外侧柱距为12m时应采用轻质墙板或钢筋混凝土大型墙板；不等高厂房的高跨封墙和纵横向厂房交接处的悬墙宜采用轻质墙板，8、9度时应采用轻质墙板。

3）钢结构厂房的围护墙，7、8度时宜采用轻质墙板或与柱柔性连接的钢筋混凝土墙板，不应采用嵌砌墙体；9度时宜采用轻质墙板。

（2）刚性非承重墙体的布置　刚性非承重墙体的布置，应避免使结构形成刚度和强度分布上的突变。单层钢筋混凝土柱厂房的刚性围护墙沿纵向宜均匀对称布置。

（3）墙体与主体结构的连接　墙体与主体结构应有可靠的拉结，应能适应主体结构不同方向的层间位移；8、9度时应具有满足层间变位的变形能力，与悬挑构件相连接时，尚应具有满足节点转动引起的竖向变形的能力。

（4）外墙板的连接件　外墙板的连接件应具有足够的延性和适当的转动能力，宜满足在设防烈度下主体结构层间变形的要求。

3. 砌体墙的抗震措施

砌体墙应采取措施减少对主体结构的不利影响，并应设置拉结筋、水平系梁、圈梁、构造柱等与主体结构可靠拉结。

（1）多层砌体结构　在多层砌体结构中，后砌的非承重隔墙应沿墙高每隔500mm配置2φ6mm拉结钢筋与承重墙或柱拉结，每边伸入墙内不应少于500mm；8、9度时，长度大于5m的后砌隔墙，墙顶尚应与楼板或梁拉结。

（2）砌体填充墙　钢筋混凝土结构中的砌体填充墙，宜与柱脱开或采用柔性连接，并应符合下列要求：

1）填充墙在平面和竖向的布置，宜均匀对称，宜避免形成薄弱层或短柱。

2）砌体的砂浆强度等级不应低于M5，墙顶应与框架梁密切结合。

3）填充墙应沿框架柱全高每隔500mm设2φ6mm拉筋，拉筋伸入墙内的长度，6、7度时宜沿墙全长贯通，8、9度时应沿墙全长贯通；

4）墙长大于5m时，墙顶与梁宜有拉结；墙长超过层高2倍时，宜设置钢筋混凝土构造柱；墙高超过4m时，墙体半高宜设置与柱连接且沿墙全长贯通的钢筋混凝土水平系梁。

（3）单层钢筋混凝土柱厂房的砌体隔墙和围护墙的基本抗震要求

1）砌体隔墙与柱宜脱开或柔性连接，并应采取措施使墙体稳定，隔墙顶部应设现浇钢筋混凝土压顶梁。

2）厂房的砌体围护墙宜采用外贴式并与柱可靠拉结；不等高厂房的高跨封墙和纵横向厂房交接处的悬墙采用砌体时，不应直接砌在低跨屋盖上。

3）砌体围护墙在下列部位应设置现浇钢筋混凝土圈梁：①梯形屋架端部上弦和柱顶的标高处应各设一道，但屋架端部高度不大于900mm时可合并设置；②8、9度时，应按上密下稀的原则每隔4m左右在窗顶增设一道圈梁，不等高厂房的高低跨封墙和纵墙跨交接处的悬墙，圈梁的竖向间距不应大于 3m；③山墙沿屋面应设钢筋混凝土卧梁，并应与屋架端部上弦标高处的圈梁连接。

4）圈梁的构造应符合下列规定：①圈梁宜闭合，圈梁截面宽度宜与墙厚相同，截面高度不应小于 180mm；圈梁的纵筋，6～8 度时不应少于 4ϕ12mm，9 度时不应少于 4ϕ14mm；②厂房转角处柱顶圈梁在端开间范围内的纵筋，6～8 度时不宜少于 4ϕ14mm，9 度时不宜少于 4ϕ16mm，转角两侧各 1m 范围内的箍筋直径不宜小于 ϕ8mm，间距不宜大于 100mm；圈梁转角处应增设不少于 3 根且直径与纵筋相同的水平斜筋；③圈梁应与柱或屋架牢固连接，山墙卧梁应与屋面板拉结；顶部圈梁与柱或屋架连接的锚拉钢筋不宜少于 4ϕ12mm，且锚固长度不宜少于 35 倍钢筋直径，防震缝处圈梁与柱或屋架的拉结宜加强。

5）8 度Ⅲ、Ⅳ类场地和 9 度时，砖围护墙下的预制基础梁应采用现浇接头；当另设条形基础时，在柱基础顶面标高处应设置连续的现浇钢筋混凝土圈梁，其配筋不应少于 4ϕ12mm。

6）墙梁宜采用现浇，当采用预制墙梁时，梁底应与砖墙顶面牢固拉结并应与柱锚拉；厂房转角处相邻的墙梁，应相互可靠连接。

（4）单层钢结构厂房的砌体围护墙的要求　单层钢结构厂房的砌体围护墙不应采用嵌砌式，8 度时尚应采取措施使墙体不妨碍厂房柱列沿纵向的水平位移。

（5）其他要求　砌体女儿墙在人流出入口应与主体结构锚固；防震缝处应留有足够的宽度，缝两侧的自由端应予以加强。

4. 其他措施

1）各类顶棚的构件与楼板的连接件，应能承受顶棚、悬挂重物和有关机电设施的自重和地震附加作用；其锚固的承载力应大于连接件的承载力。

2）悬挑雨篷或一端由柱支承的雨篷，应与主体结构可靠连接。

3）玻璃幕墙、预制墙板、附属于楼屋面的悬臂构件和大型储物架的抗震构造，应符合相关专门标准的规定。

8.4.3　建筑附属机电设备支架的基本抗震措施

1）附属于建筑的电梯、照明和应急电源系统、烟火监测和消防系统、采暖和空气调节系统、通信系统、公用天线等与建筑结构的连接构件和部件的抗震措施，应根据设防烈度、建筑使用功能、房屋高度、结构类型和变形特征、附属设备所处的位置和运转要求等，按相关专门标准的要求经综合分析后确定。

下列附属机电设备的支架可无抗震设防要求：①重力不超过 1.8kN 的设备；②内径小于 25mm 的煤气管道和内径小于 60mm 的电气配管；③矩形截面面积小于 0.38m² 和圆形直径小于 0.70m 的风管；④吊杆计算长度不超过 300mm 的吊杆悬挂管道。

2）建筑附属设备不应设置在可能导致其使用功能发生障碍等二次灾害的部位；对于有隔震装置的设备，应注意其强烈振动对连接件的影响，并防止设备和建筑结构发生谐振现象。

建筑附属机电设备的支架应具有足够的刚度和强度；其与建筑结构应有可靠的连接和锚固，应使设备在遭遇设防烈度地震影响后能迅速恢复运转。

3）管道、电缆、通风管和设备的洞口设置，应减少对主要承重结构构件的削弱；洞口边缘应有补强措施。管道和设备与建筑结构的连接，应能应允许两者间有一定的相对变位。

4）建筑附属机电设备的基座或连接件应能将设备承受的地震作用全部传递到建筑结构上。建筑结构中，用以固定建筑附属机电设备预埋件、锚固件的部位，应采取加强措施，以承受附属机电设备传给主体结构的地震作用。

5）建筑内的高位水箱应与所在的结构构件可靠连接；8、9度时按《建筑抗震设计规范》规定需采用时程分析的高层建筑，尚宜计及水对建筑结构产生的附加地震作用效应。

6）在设防烈度地震下需要连续工作的附属设备，宜设置在建筑结构地震反应较小的部位；相关部位的结构构件应采取相应的加强措施。

思 考 题

8-1 结构隔震的概念与原理是什么？

8-2 隔震系统的组成包括哪些？

8-3 隔震结构的抗震计算包含哪些内容？

8-4 什么是耗能减震技术？消能减震的原理是什么？

8-5 消能器有哪些类型？其性能特点是什么？

8-6 消能部件附加给消能减震结构的有效刚度和有效阻尼比如何确定？

8-7 非结构构件的抗震设防目标是什么？

参考文献

[1]　郭继武. 建筑抗震设计 [M]. 北京：中国建筑工业出版社，2006.

[2]　李国强，李杰，苏小卒. 建筑结构抗震设计 [M]. 北京：中国建筑工业出版社，2002.

[3]　罗福午. 单层工业厂房结构设计 [M]. 北京：清华大学出版社，1995.

[4]　丰定国，王清敏，钱国芳. 抗震结构设计 [M]. 北京：地震出版社，1990.

[5]　丰定国，王社良. 抗震结构设计 [M]. 武汉：武汉工业大学出版社，2002.

[6]　薛素铎，赵均，高向宇. 建筑抗震设计 [M]. 北京：科学出版社，2003.

[7]　尚守平. 工程结构抗震设计 [M]. 北京：高等教育出版社，2003.

[8]　中华人民共和国住房和城乡建设部. GB 50011—2010　建筑抗震设计规范 [S]. 北京：中国建筑工业出版社，2010.

参考文献

[1] ...